石油工程与化工安全管理

周柏贾　罗　川　王秉信　编著

吉林科学技术出版社

图书在版编目（CIP）数据

石油工程与化工安全管理 / 周柏贾，罗川，王秉信
编著． -- 长春：吉林科学技术出版社，2019.5
ISBN 978-7-5578-5479-9

Ⅰ．①石… Ⅱ．①周… ②罗… ③王… Ⅲ．①石油化
工－安全管理 Ⅳ．① TE687

中国版本图书馆 CIP 数据核字（2019）第 106136 号

石油工程与化工安全管理

编　　著	周柏贾　罗　川　王秉信	
出 版 人	李　梁	
责任编辑	杨超然	
封面设计	刘　华	
制　　版	王　朋	
开　　本	16	
字　　数	300 千字	
印　　张	13.5	
版　　次	2019 年 5 月第 1 版	
印　　次	2019 年 5 月第 1 次印刷	

出　　版　吉林科学技术出版社
发　　行　吉林科学技术出版社
地　　址　长春市福祉大路 5788 号出版集团 A 座
邮　　编　130118
发行部电话 / 传真　0431—81629529　　81629530　　81629531
　　　　　　　　　　81629532　　81629533　　81629534
储运部电话　0431—86059116
编辑部电话　0431—81629517
网　　址　www.jlstp.net
印　　刷　北京宝莲鸿图科技有限公司
书　　号　ISBN 978-7-5578-5479-9
定　　价　55.00 元

前　言

石油工程，是根据油气和储层特性建立适宜的流动通道并优选举升方法，经济有效地将深埋于地下油气从油气藏中开采到地面所实施的一系列工程和工艺技术的总称。包括油藏、钻井、采油和石油地面工程等。石油工程是集多种工艺技术和工程措施于一体，多种工艺技术相互配合、相互渗透、相互促进和发展的综合工程。石油化工指以石油和天然气为原料，生产石油产品和石油化工产品的加工工业。

本书主要从石油工程和化工安全管理入手对我国的石油现状进行剖析，提出展望，希望能够有助于我国石油事业的发展和进步。

作　者

目　录

第一章　石油工程概论

第一节　基本知识概论

石油资源在国家民生中占有极其重要的位置，是社会发展和人类生存不可缺少的能源。石油、天然气等是重要的能源资源，现代文明社会如果没有了能源，一切现代物质文明也将随之消失。冷战结束以来，全球面临经济发展与能源紧缺的双重压力。随着工业的迅速发展、人口的增长和人民生活水平的提高，能源短缺已成为世界性问题，能源安全受到越来越多国家的重视。尤其是在能源方面它有着举足轻重的地位，也是衡量一个国家工业经济发展水平的重要标志。

尽管我不是出身于一个石油家庭，正是基于石油对国民经济的重要影响以及从方方面面对石油的了解，使我对石油行业产生了浓厚的兴趣，于是我在这学期做出了一个重大的决定转到了石油工程专业，也许是对石油产生了浓厚的兴趣，也许是石油专业是学校的主体专业，我想根本的原因还是自己愿意在这方面有所成就、有所贡献，所以我决定在大学中选择石油工程作为我的主修专业。

一、我国石油工业的发展历程

按我国石油生产的专业和管理的门类划分，石油工程领域覆盖了油藏工程、钻井工程、采油工程和储运工程四个相互独立又相互衔接的工程领域。石油工程覆盖了石油开发生产的全过程，是石油生产的主体部分。我国的石油生产可以分为五个阶段。

1. 探索时期（新中国成立前的历史时期）

近代世界石油工业的发展是从 1859 年开始的。作为动力资源，石油受到了各国的普遍重视。1867 年美国开始向我国出口"洋油"，随后其他资本主义国家也开始大量向中国倾销"洋油"。在列强向我国输入的商品中，石油产品量列为鸦片、棉纱之后第三位的大宗商品。"洋油"的倾销垄断了中国市场，阻碍了中国石油工业的发展。为抵制倾销，中国逐渐发展起了自己的石油工业。在台湾苗栗（1878 年钻成，这是中国第一口用近代钻机钻成的油井）、陕西延长（1907 年钻成"延 1 井"，我国大陆第一口近代油井）、新疆独山子钻成了近代油井。这些油井都是采用机械设备钻成的，标志着中国古代以来的手工操作和以畜力为动力的石油开发方式发生了重大改变。中国古代石油事业因此发展到近代石油工业阶段。2008 年第 6 期中国近代石油工业萌芽于十九世纪后半叶。经过了多年的艰苦历程，直到新中国建立前夕，它的基础仍然极其薄弱。1949 年年产天然石油不到 7 万吨。从 1904 年到 1948 年的 45 年中，旧中国的累计生产原油只有 2 785 万吨，而同期进口"洋油" 2 800 万吨，中国是外国油品的倾销市场。

2. 恢复和发展时期（1949 ~ 1960 年）

抗日战争胜利后，中共中央决定以有一定工作基础和已发现油田的陕、甘地区为勘探重点。在甘肃河西走廊和陕西、四川、新疆的部分地区开展地质调查、地球物理勘探和钻探工作。新中国成立后，以玉门油矿军代表康世恩动员广大职工，积极恢复和发展生产。刚获得解放的石油工人以主人翁的姿态努力工作，为新中国的石油工业发展作出了巨大贡献。经过三年恢复，到 1952 年底，全国原油产量达到 43.5 万吨，为旧中国最高年产量的 13 倍，其中天然油 1 954 万吨，占原油总产量的 45%，人造 1 ~ 24 万吨，占 55%。到 1959 年玉门油矿已建成一个包括地质、钻井、开发、炼油、机械、科研、教育等在内的初具规模的石油天然气工业基地。当年生产原油 1 405 万吨，占全国原油产量的 50.9%。玉门油田在开发建设中取得的丰富经验，为当时和以后全国石油工业的发展，提供了重要经验。玉门油矿立足发展自己放眼全国，哪里有石油就到哪里去战斗，形成了著名的"玉门风格"，为发展中国石油工业立下了不可磨灭的功绩。克拉玛依油田的开发建设，有力地支援了建国初期的经济建设。1958 年，青海石油勘探局在地质部发现冷湖构造带的基础上，在冷湖 5 号构造上打出了日产 800 吨的高产油井，并相继探明了冷湖 5 号、4 号、3 号油田。在四川，发现了东起重庆，西至自贡，南达叙水的天然气区。1958 年石油部组织川中会战，发现南充、桂花等 7 个油田，结束了西南地区不产石油的历史。20 世纪 50 年代末，全国已初步形成玉门、新疆、青海，共 14 个石油天然气基地。1959 年，全国原油产量达到 373.3 吨，其中 4 个基地共产原油 276.3 万吨，占全国原油总产量的 739%，四川天然气产量从 1957 年的 6 000 多万立方米提高到 2.547 立方米。

3. 高速发展时期（1960 ~ 1978 年）

根据中央批示，1960 年 3 月，一场关系石油工业命运的大规模的石油会战在大庆揭开了序幕。会战领导层认真总结了过去的经验教训，明确了石油工作者的岗位在地下、对象是油层。在各项工作中以"两论"为指针，坚持高度的革命精神同严格的科学态度相结合，反对浮夸和脱离实际的瞎指挥，着力把人们的革命干劲引导到掌握油田第一性资料，探索油田地下客观规律上去。为此，一是要求在勘探、开发的整个过程中必须取全取准 20 项资料，72 项数据；二是狠抓科学实验，开辟开发实验区。进行 10 种开发方法的试验；三是抓综合研究和技术攻关，解决了一系列重大技术课题。从而编制了科学的油田开发方案，独创了符合大庆特点的原油集输工艺流程。1963 年，全国原油产量达到 648 万吨。同年12 月周总理在第二次全国人民代表大会第四次会议上庄严宣布，中国需要的石油，现在已经可以基本自给，中国人民使用"洋油"的时代，即将一去不复返了。在大庆石油会战取得决定性胜利以后，为继续加强我国东部地区的勘探，石油勘探队伍开始进入渤海湾地区。1964年，经中央批准在天津以南，山东东营以北的沿海地带。开展了华北石油会战。到1965年，在山东探明了胜利油田，拿下了838万吨的原油年产量。在天津拿下了大港油田。随后，石油人顶着各种压力与干扰，克服重重困难，不断探索，积极进取，开发建设了这两个新的石油基地。到1978年，大港油田原油年产量达到315万吨。胜利油田到20世纪70年代达到原油产量增长最快的高峰期。年产量从1966年的130多万吨提高到1978年的近2 000万吨，成为我国仅次于大庆的第二大油田。在渤海湾北缘的盘锦沼泽地区，石油大军三上辽河油田。20世纪70年代以来，在复杂的地质条件下，勘探开发了兴隆台油田，曙光油田和欢喜岭油田，总结出一套勘探开发复杂油气藏的工艺技术和方法。

1978年，辽河油田原油产量达到355吨。1970年4月，大庆油田进行了开发调整工作。至1973年，年产量形势恶化的情况得到扭转，原油产量比1970年增长了50%以上。1976年，大庆油田年产量突破5 000万吨，为全国原油年产量上亿吨打下了基础。我国从1966年到1978年的13年间，原油年产量以每年递增186%的速度增长，年产量突破1亿吨，原油加工能力增长5倍多，保证了国家的需要，缓和了能源供应的紧张局面。1973年，我国开始对日本等国出口原油，为国家换取了大量外汇。

4. 稳定发展时期（1978 ~ 1998年）

1978年12月，中国第十一届三中全会做出了从1979年起，把全党工作重点转移到社会现代化建设上来的战略决策，条条战线都出现了前所未有的大好形势。石油战线的广大职工经过艰苦努力，战胜十年动乱带来的严重困难，石油工业从此进入了一个新的发展时期。自20世纪70年代以来，我国石油工业生产发展迅速，到1978年突破了1亿吨。此后，原油产量一度下滑。针对这种情况，为了解决石油勘探、开发资金不足的困难，中央决定首先在石油全行业实施开放搞活的措施，实行1亿吨原油产量包干的重大决策。这一决策迅速收到效果，全国原油产量从1982年起，逐年增长，到1985年达到725亿吨，原油年产量居世界第六位。由于原油产量的持续增长，我国石油自给有余，在满足和保证国民经济持续对能源需求的基础上，并有部分出口，也为国家创汇做出了贡献。20世纪80年代中期石油创汇曾是国家外汇的主要来源。1985年创汇最高，占全国出口创汇总额的269%。自改革开放以来，我国国民经济连续高速发展，对能源的需求急剧增加。石油产量每年有所增长，但是仍不能满足市场需求。自1993年开始，原油加成品油进口总量大于出口总量。我国又开始成为石油产品净进口国。为了多元发展我国的石油工业，我国于1982年成立了中国海洋石油总公司。1983年7月，中国石油化工总公司成立。1998年将石油部改组为"中国石油天然气总公司"。中国第三家国有石油公司——中国新星石油有限责任公司也于1997年1月成立。至此，我国石油石化工业形成了四家公司团结协作，共同发展的新格局。"八五"期间为了适应国民经济快速发展对能源的新的更高的要求，国家决定石油工业实施"稳定东部，发展西部"的发展战略。1989年开始了塔里木会战，

1992 年中国石油总公司组织了吐哈石油会战。1997 年塔里木产量 4 203 万吨，吐哈的石油产量达 3 000 万吨，新疆（克拉玛依）油田产 8 702 万吨。西部已经成为中国石油的重要基地。

5.石油工业新时期（1998 年至今）

按国务院统一部署，1998 年 7 月中国石油与石化企业重组。在中国石油天然气总公司基础上，成立以上游为主的中国石油天然气集团公司。在中国石油化工总公司基础上，成立了以下游为主的中国石油化工集团公司。两大公司都是上下游、内外贸、产销一体化的集团公司。中国海洋总公司仍保留原体制和海洋石油勘探与开发业务。2000 ~ 2001 年，中石油、中石化、中海油三大国家石油公司纷纷上市，成功进入海外资本市场，预示着我国石油石化工业对外开放进入了产权融合的新的历史时期。进入新世纪，我国的油、气年产量都产生了可喜的变化：

①石油产量稳步增长。2000 年石油年产量 1.62 亿吨，2006 年石油年产量已稳步增加到 1.84 亿吨。

②天然气产量快速增长。2000 年天然气年产量 265 亿立方米，2006 年已快速增长到了 586 亿立方米。

这些成绩的取得，都饱含着科学家的心血和汗水，在相关领域的每一位科学院院士的背后，都有一段蕴含着促使中国石油工业腾飞的艰辛故事。

二、目标

石油工程直接的目标是以最小的代价最大限度地开采地下油气资源，为国民经济服务。衡量油气开采技术水平的高低的一个重要指标是油气采收率，它是指从油气藏中开采出来的油气总量与其地质储量的百分比。目前世界上已开发的油气田，采收率高的已经超过 70%，低的则不足 30%。我国东部各大油田的平均采收率约在 30% 左右，也就是说尚有约 2/3 的原油滞留在地下没有被采出来。

尤其是在近年来新探明储量不足的情况下，提高油气采收率则成为一项十分重要的技术、经济课题，也是石油工程中一项十分重要的任务。

第二节　石油、天然气的勘探与开发

一、石油、天然气的基本概念

（一）什么是石油和天然气

石油在西方是来源于希腊文 Petroleum（岩石中的油），是当时人们对从地下自然涌至地表的黑色液体的称谓。石油是一种深藏地下的可燃性矿物油；是一种不可再生的能源。原油是石油的基本类型，存在于地下储集层内，在常温和常压条件下呈液态。

天然气也是石油的主要类型，呈气相，或处于地下储集层时溶解在原油内。天然气分为伴生气和非伴生气两种，随原油同时被采出的油田气叫伴生气，非伴生气包括纯气田天然气和凝析气田天然气两种，在地层中都以气态存在。凝析气田天然气从地层流出井口后，随着压力和温度的下降，分离为气液两相，气相是凝析气田天然气，液相是凝析油。

（二）石油、天然气的性质和组成

石油是摸起来有油腻感的可燃液体。石油的外表颜色多种多样，从淡黄色、绿色到棕色、黑色等，例如四川盆地的原油是黄绿色的、大庆原油是黑色的、青海柴达木盆地的原油是淡黄、淡棕色的。颜色的不同主要是由于原油中含沥青质和胶质等重质成分的数量不同引起的，含沥青质和胶质越多，颜色就越深。石油中的轻质组分要自然挥发，所以石油是有味的液体，如果含有硫化物，则会散发出一种难闻的臭味。

石油在流动时由于分子间的摩擦力使石油具有一定的黏度，一般原油的黏度在几个毫帕·秒到几十个毫帕·秒之间，多数原油的比重在 0.8～0.93 之间，API 重度在 20～45 度之间。石油主要是由碳和氢两种元素组成，此外，还有少量硫、氮、氧等元素。

天然气主要指甲烷等碳氢化合物含量较多的可燃气体。天然气根据成分不同可分为贫气和富气两种。贫气主要成分是甲烷和少量乙烷，不容易液化，又叫干气；富气除主要成分是甲烷外，还含有少量的乙烷、丙烷和丁烷，乙烷、丙烷和丁烷在加大压力后可以变成液态，形成液化石油气，含有液化石油气的天然气又称湿气。

天然气没有颜色，比较纯净的天然气闻起来没有气味，但含有硫化氢气体时则有一股呛人的臭味。天然气是重要的热力来源之一，每一立方米天然气燃烧后发热量大体相当于一公斤石油的发热量，是同数量煤气发热量的 2～3 倍。

（三）石油和天然气的用途

目前的工农业生产、国防建设以及我们的日常生活都与石油、天然气息息相关、密不可分，可以说石油是"百宝箱"。归纳起来，主要用于三个方面：一是作为能源。原油经过炼制加工后可以制得汽油、煤油、柴油、燃料等，用作各种交通工具、国防武器和航天探测器的燃料。二是作为化工原料。石油经过多种形式的加工，可以制成各种各样的化工原料。用这些原料可制成多种生产和生活用品，如塑料制品、合成纤维、合成橡胶、洗涤剂、农药、医药、化肥、炸药、染料等。三是作为润滑剂。从石油中还可炼制出润滑油、沥青和石蜡。这些产品也广泛用于人们的生产、生活。

（四）石油、天然气的生产、聚集和运移

油气是由亿万年以前海洋和湖泊中的动物、植物、细菌等生成的。生成石油的过程大致是这样的：大批水生动物、植物、细菌等死亡后，沉到海底或湖底。河流又把陆上大量枯萎的植物和淤泥带到海中或湖中，与这些死亡的生物混合在一起，在一个低洼地带——盆地中沉积下来。随着地壳的不断下沉，盆地中的泥沙一层一层的沉积下来，越积越厚，把这些生物压在下面封闭起来，与空气隔绝，形成了缺氧环境。随着上升压力的不断增大、内部温度的升高和微生物的作用，这些生物慢慢分解，经过漫长的年代，就逐渐形成了分散的油滴和天然气。水是很重要的，海水或湖水加在淤泥上的压力很大，致使淤泥沉积物变得十分坚硬。经过亿万年，淤泥就变成了岩石，人们把这样形成的岩石叫"沉积岩"。沉积岩是疏松而有空隙或微裂缝的。分散的油滴和天然气通过地下水的推动，向空隙或微裂缝中移动，油、气的岩层就成为储油地层。因此，在地下埋藏的石油，并不是人们想象的地下油河或油海，而是像海绵中含着水，只不过这些"海绵"是一些坚硬的沉积岩。在这漫长的过程中，沉积岩上面又逐渐形成了坚硬的不透气的岩层。这种岩层在沉积岩上面盖起"屋顶"，又在沉积岩周围筑起"墙壁"。这样，石油、天然气就被放在了一个像倒扣的锅一样的"保护壳"内。这个"保护壳"好像一个"仓库"把油气储藏起来，在这个"仓库"中，石油、天然气和水是同时存在的，但他们确是分层分布的，各自处在岩层的不同位置。水在底部，油在水的上面，气在油的上面。

世界上所有的油、气藏开始都是在海洋或湖泊下面形成的，至少还有很多大油田依然处在海洋或湖泊下面。可是，为什么现在多数油田都在干燥的陆地下面呢？这是因为从石油在岩层中生成到现在，地壳经历了多次变化。

原来是海洋或湖泊的地方变成了陆地，中东波斯湾周围的沙漠最能说明这个问题。亿万年前，这些地方都在海底，石油就在海水下面的淤泥中生成。后来，地壳慢慢上升，海水消退，裸露在大气中的地表逐渐变成沙漠。今天，在这些干燥的沙漠下面，蕴藏着丰富的石油、天然气。

（五）沉积盆地及含油、气盆地

石油、天然气藏都分布在地壳上的沉积盆地之中。研究不同类型沉积盆地的地质特征及分布规律是找石油首先要遇到的课题。沉积盆地是指在一定特定时期，沉积物的堆积速度明显大于周围区域，并具有较厚沉积物的构造单元。盆地中沉积物的性质取决于盆地的位置，如盆地位于陆地，则有陆相沉积物堆积；如处于大洋中，则为海相沉积。一个沉积

盆地的发育，通常是经历了几百万年的历史，盆地中的沉积地层记录了所有这些地质时期的演变，从而对盆地历史的了解成为可能。在沉积盆地中如果发现了具有工业价值的油气田，那么这种盆地就可视为含油、气盆地。因此，含油气盆地必须首先是一个沉积盆地，在漫长的地质历史期间，曾不断下降接受沉积，具有油、气生产和聚集的有利条件，即发育着良好的生、储、盖组合及圈闭条件，并已发现油、气田。

二、石油工业发展常识

（一）世界第一口油、气井

美国和苏联曾经宣称自己是世界上第一口油井的开凿者。美国认为，1859年5月在宾夕法尼亚州打出的一口21.69米深的井，是世界上的第一口油井。苏联认为1848年在黑海沿岸上打的井是世界上第一口油井。实际上，我国明代学者曹学佺在他的《蜀中广记》一书中曾记载：明朝正德年间（公元1506年～1522年），四川乐山一带，在开凿盐井的时候，偶然发现有大量"油水"冒出来，这些油水可用以照明，于是便专门挖掘了几口，用于采集这些用于照明的"油水"。我国不仅是世界上第一口油井的开凿者，也是世界上第一口气井的开凿者。以前，西方学者大都认为英国在1668年开始开采天然气是最早的，而我国古书记载，东汉时期（公元25年～220年），就在四川开凿出了著名的临邛火井，比英国至少早1500年。

（二）世界最早开发的油田

1859年在宾夕法尼亚的Titusville钻成了一口现代石油井，发现和开发了第一个油田。我国最早开发的油田，是1878年发现的台湾省的苗粟油田。中国大陆最早开发的油田则是陕北的延长油田。1907年清政府聘请了日本技师对陕西省延长县的石油资源进行了调查，并在延长县西门外打成了第一口井，即现在的"延一井"。从此，揭开了中国大陆石油开发的历史，这口井后来被命名为中国大陆第一口油井。

（三）石油度量单位"桶"及其来历

一般国内的石油度量单位是"吨"，而在国际上，石油开采和石油贸易交往最常用的石油度量单位是"桶"，这是有一定来历的。石油大规模的开发利用是1859年从美国的宾夕法尼亚州开始的。当时，由于盛装原油的容器主要是木桶，于是人们在石油生产和交易中也就以"桶"为计算单位。"桶"与其他容量的单位换算关系如下：

1桶=41.5加仑（美制）　　1桶=35加仑（英制）　　1桶=0.159立方米

由于世界各地原油品质不同，为便于贸易换算，国际上规定以沙特阿拉伯产的轻质原油（相对密度为0.855）为国际标准原油。国际标准原油1桶约为0.136吨。

（四）中国油田发展点滴

1.我国石油、天然气的分布

国外学者一直认为，只有在海洋环境的沉积盆地里才能有丰富的石油。新中国成立前他们通过对中国东部地区的调查发现，中国基本上是陆地环境沉积盆地，因此断言：中国是一个贫油的国家。新中国成立后，我国地质科学家对已开采的陕北延长、甘肃玉门、新疆独山子油气田的地质特点进行了长期的探索和分析研究，大胆提出了著名的陆相生油理论。它是世界石油生成理论的一个重大突破，为我国石油、天然气的发现打下了坚实的理论基础。

由于石油、天然气形成的环境比较复杂，因此，中国油、气资源的分布很不均衡。原油资源主要集中于东北地区、环渤海湾地区、西北地区和东南部海域；天然气资源主要分布于中部地区、西北地区。

2.催人奋进的石油精神

中国石油工业取得辉煌成绩，一靠中国共产党的正确领导，二靠石油精神。这种石油精神概括为"爱国、创业、求实、奉献"，它是 20 世纪 60 年代初期在大庆石油会战中逐步形成的，也叫大庆精神。它是以铁人王进喜为代表的中国石油人理想、信念、情感和意志的结晶。石油精神主要体现在以下四个方面：一是为国分忧的爱国精神；二是艰苦奋斗的创业精神；三是实事求是的科学精神；四是忘我拼搏的奉献精神。石油精神是老一代石油职工在发展我国石油工业的实践中形成的，集中反映了石油职工的崇高和精神风貌，它将激励着一代一代石油人奋勇前进。

三、世界石油工业的基本格局

1.分布不平衡的石油资源

石油天然气资源在世界上的分布非常不均衡，东半球占 69%，西半球占 31%。探明储量有 1.2 万亿桶，仅中东地区就占 68% 的可采储量，其余依次为美洲、非洲、俄罗斯和亚太地区，分别占 14%、7%、4.8% 和 4.27%。

大油气田主要集中在中东、远东、北非、北海、乌拉尔山两侧和北美中西部等少数地区范围内。世界最大的油气富集带在中东波斯湾地区，向北到里海地区，再向北分布在乌拉尔山脉东西两边，再北到亚马尔半岛，集中了世界四分之三左右的油气资源；第二个油气富集带在美洲，以墨西哥湾为中心；第三个油气富集包括欧洲北海，向南到非洲西部和西海岸大陆架。油气资源分布的极度不平衡决定了世界石油工业发展水平不平衡，因此，资源共享、国际合作是当代世界石油天然气工业的显著特点。

2.发展不平衡的石油公司

石油企业是世界和各国石油公司的基本运作单位。经过 100 多年的历史发展，世界石油企业结构的基本架构已经形成：一方面是从事石油天然气勘探、开发（即上游）、储运、炼制与加工、销售（即下游）活动的石油公司（oil companies）；另一方面是为石油公司提供产品和技术服务的服务公司（service companies）。油公司按其业务性质分为一体化石油公司和专业化石油公司。一体化石油公司特别是少数巨头，对石油工业的发展起主导和决定性作用，它们占有世界上大多数石油资源。技术服务公司主要为油气田勘探、开发提供技术服务，它们拥有许多专利技术，有的为油公司提供产品，而更多的则是拥有技术，只提供服务而不卖产品，当然收费昂贵。专业化服务公司的杰出代表有从固井起家、井筒技术具有绝对优势的哈里伯顿公司，以测井起家的斯伦贝谢公司，以工具闻名于世的贝克休斯公司。同时这些专业化服务公司不断的兼并重组，甚至与石油公司"联盟"，不断推进石油工业向前发展。

第三节　油气田的勘探和开发

一、油气田勘探开发工作流程

石油天然气勘探开发工作是一个循序渐进的过程。完整的勘探开发过程可分为五个阶段：区域普查阶段、圈闭预探阶段、油气藏评价阶段、产能建设阶段、油气生产阶段。

1. 区域普查阶段

对盆地、坳陷、凹陷及周缘地区，进行区域地质调查，选择性地进行非地震物化探和地震概查、普查，以及进行区域探井钻探，了解烃源岩和储、盖层组合等基本石油地质情况，圈定有利含油气区带。

2. 圈闭预探阶段

对有利含油气区带，进行地震普查、详查及其他必要的物化探，查明圈闭及其分布，优选有利含油气的圈闭，进行预探井钻探，基本查明构造、储层、盖层等情况，发现油气藏（田）并初步了解油气藏（田）特征。

3. 油气藏评价阶段

在预探阶段发现油气后，为了科学有序、经济有效地投入正式开发，对油气藏（田）进行地震详查、精查或三维地震勘探，进行评价井钻探，查明构造形态、断层分布、储层分布、储层物性变化等地质特征，查明油气藏类型、储集类型、驱动类型、流体性质及分布和产能，了解开采技术条件和开发经济价值，完成开发方案设计。

4. 产能建设阶段

按照开发方案实施开发井网钻探，完成配套设施的建设，并补取必要的资料，进一步复查储量和核查产能，做好油气藏（田）投产工作。

5.油气生产阶段

在已建产能的区块或油气田维持正常的油气开采生产，并适时做好必要的生产调整、改造和完善，提高采收率，合理利用油气资源，提高经济效益。

二、油气藏类型及油气田分类

1.圈闭（Trap）

油、气运移到储集层中以后，还不一定形成油气藏。只有在运移的道路上遇到遮挡，阻止它继续前进时，才能集中起来，形成油、气藏。这种由于遮挡而造成的适于油、气聚集的场所，通常称为圈闭。

圈闭的形成必须具备以下三个条件：一是储集层，是具有储集油、气空间的岩层；二是盖层，它是紧邻储集层的不渗透岩层，起阻止油气向上逸散的作用；三是遮挡物，它是指从各方面阻止油、气逸散的封闭条件。上述三方面在一定地质条件下结合起来，就组成了圈闭。在不同的地质环境里，可以形成各式各样的圈闭条件，根据圈闭成因，一般可将圈闭分为构造圈闭、地层圈闭和岩性圈闭三种类型。

2.油、气藏类型（Oil&Gas Reservoir Type）

根据圈闭类型的不同，可以将油、气藏分为构造油气藏、地层油气藏和岩性油气藏三大类。

构造油气藏的基本特点是聚集油、气的圈闭是由于构造运动使岩层发生变形或变位而形成的，主要有背斜油、气藏和断层油、气藏。

地层油气藏是指地层圈闭中的油气聚集。

岩性油气藏是由于沉积环境变迁，导致沉积物岩性变化，形成岩性尖灭体和透镜体圈闭，在这类圈闭中形成的油气聚集。

常见的潜山油气藏是以地层圈闭为主，也有构造、岩性作用的复合成因的油气藏根据油气藏油层中有无固定隔层，可以将油气藏分为层状油气藏和块状油气藏。层状油气藏是指油层呈层状分布，油气聚集受固定层位限制，上下都被不渗透层分隔的油气藏，各层具有不同的油（气）水系统。块状油气藏是指油层顶部被不渗透岩层覆盖，而内部没有被不渗透岩层间隔，整个油层呈块状，具有统一油（气）水界面的油气藏。

根据地层中的原油性质，可以将油气藏分为稠油（重油）油藏、普通黑油油藏、挥发性油藏、凝析气藏和天然气藏。稠油（重油）油藏是指地下原油黏度大于50毫帕·秒（原油比重大于0.9，API重度小于25度）的油藏，液体颜色一般为黏稠黑色。普通黑油油藏是指地下原油黏度低于50毫帕秒（原油比重在0.82～0.9之间，API重度在25～41度）的油藏，液体颜色一般为黑色。挥发性油藏和凝析气藏都是油品性质比较特殊的油气藏。挥发性油藏是指在原始地层条件下原油与普通黑油相似，呈单一的液态，随着油藏流体的不断产出，地层压力不断降低，单一液体中开始有气体分离出来，从而形成气、液两相共存的这类油气藏；凝析气藏是指在原始地层条件下地层流体呈单一的气态，随着油藏流体的不断产出，地层压力不断降低，气藏中开始有液体反凝析出来，形成气液两相共存状态的一类油气藏。

3. 油气田分类（Oil&Gas Field Classification）

把在同一局部构造范围内的一群具有相同形成史的油、气藏总称为油、气田。所谓油田就是以原油为主，天然气主要是以溶解气的形式存在于油中，较少呈游离状态而已。油气田则一般是专指具有较多游离天然气和油共存而言。目前世界上已发现不少的纯气田，但纯油田却没见到，因此，油田和油气田之间并无严格的界线。习惯上就常常把油田和油气田都统称为油田，油气田的分类一把按照油气藏的类型不同而综合考虑划分。大的方面可划分为稠油油田、黑油油田、凝析气田和天然气田，也可按岩性划分为砂岩油田、裂缝性碳酸盐岩潜山油藏以及其他特殊岩性油田。

三、油气井分类

石油钻井类型按性质和用途一般分为地质探井、预探井、详探井（评价井）、开发井（包括检查资料井、生产井、注水井、调整井等）。按井身结构可分为直井、水平井和其他一些特殊结构井。

1. 地质探井（Geologic Wildcat Well）

也叫基准参数井，是指在很少了解的含油气沉积盆地中，为了了解地层的沉积年代、岩性、厚度、生储盖组合，并为地球物理解释提供各种参数所钻的井。

2. 预探井（Preliminary Prospecting Well）

是在地震详查和地质综合研究基础上所确定的有利圈闭范围内，为了发现油气藏所钻的井，在已知油气田范围内，以发现未知新油气藏为目的所钻的井，也叫预探井。

3. 详探井（Detailed Prospecting Well）

也叫油藏评价井，是在已发现的油气圈闭上，以探明含油、气边界和储量，了解油气层结构变化和产能为目的所钻的探井。

4. 检查资料井（Observation/Data Well）

是在已开发油气田内，为了录取相关资料，研究开发过程中地下情况变化所钻的井。

5. 生产井（Production Well）

是开发油气田所钻的采油、采气井。

6. 注水（气）井（Water（Gas）Injection Well）

是为合理开发油气田，保持油气田压力所钻的用于注水（气）的井。

7. 调整井（Adjustment Well）

是指油气田开发过程为更好地开发油气田在有利部位所钻的井。地质探井、预探井和详探井（评价井）总称为探井，检查资料井、生产井、注水井、和调整井总称为开发井。

四、油气田储量定义及分类

目前国内与国际对储量的分类和认识有一定区别。目前国内正逐步与国际接轨，这方面的差别将逐渐缩小。一般情况下，一个固定油田原始地质储量确定后随时间变化不大，而可采储量在不同时间段随技术进步将变化很大。因此，剩余可采储量（Reserves）都需要标明日期。

1. 原始地质储量（OOIP，Original Oilin Place）

是指已发现油气藏（田）中原始储藏的油气总量，是在钻探发现油气后，根据已发现油气藏（田）的地震、钻井、测井和测试等资料估算求得的。国内将地质储量分为预测地质储量、控制地质储量和探明地质储量。

2. 预测地质储量（Possible OOIP）

是指在圈闭预探阶段预探井获得了油气流或综合解释有油气层存在时，对有进一步勘探价值的、可能存在的油（气）藏（田），估算求得的、确定性很低的地质储量。

3. 控制地质储量（Probable OOIP）

是指预探阶段预探井获得工业油（气）流，并经过初步钻探认为可提供开采后，估算求得的、确定性较大的地质储量，其相对误差不超过 ±50%。

4. 探明地质储量（Proved OOIP）

是指在油气藏评价阶段，经评价钻探证实油气藏（田）可提供开采并能获得经济效益后，估算求得的、确定性很大的地质储量，其相对误差不超过 ±20%。各种资料应是钻井、测井、测试或可靠压力资料证实的，均具有较高的可靠程度。

5. 可采储量（Reserves）

是指在未来一定时间从已知油气藏中预计可商业采出的石油量。所有的储量估算都具有某种程度的不可靠性。不可靠性主要取决于估算时所获得可靠的地质和工程数据的数量以及对这些数据的解释。可采储量分为已证实可采储量（Proven）和未证实可采储量两类，已证实可采储量可划分为开发储量和未开发储量两类，未证实可采储量进一步划分为 P2 储量（控制可采储量 Probable）和 P3 储量（预测可采储量 Possible）。各级可采储量是一个与地质认识、技术和经济条件有关的变数，不同勘探开发阶段所计算的储量精度不同，因而在进行勘探和开发决策时，要和不同级别的储量相适应，以保证经济效益。

6. P3 可采储量（Possible Reserves）

是地质和工程数据分析表明比控制储量采出的可能性要小的待探明储量。采用概率估算法，表示实际采出的储量等于或超过"P1 储量 +P2 储量 +P3 储量"的概率至少为10%。

7. P2 可采储量（Probable Reserves）

是地质和工程数据的分析证明属于很可能被采出的待探明储量。采用概率估算法，表示实际采出的储量等于或超过"P1 储量 +P2 储量"的概率至少为 50%。

8. P1 可采储量（Proved Reserves）

是指根据地质和工程数据的分析进行合理估算的，在当前经济条件、作业方法和政府法规下，在未来一定时间从已知油藏中可商业开采的石油量。采用确定性方法，该储量采出可信度很高。采用概率估算法，表示实际采出的储量等于或超过其估算值的可能性至少为 90%。

五、油气田勘探开发专业

1. 石油地质（Petroleum Geology）

在发现工业油气流以后，随着勘探工作的不断深入，钻井数量的增多，随之而来的是大量的油气田地质研究工作。油气田地质研究主要包括油气田的分布范围、油气层的数量及埋藏深度、主要开采层的厚度、油气层物性及非均质性、圈闭类型、断层的分布、驱动油气的天然能源以及可能建立的驱动方式、油气水的物理化学性质、油气田储量等方面开展研究，为制定开发方案奠定基础。油气田地质研究是油气田开发的一个重要环节，对于油气田的开发具有重大意义。

2. 地球物理勘探（Geophysical Survey）

地球物理勘探简称物探，是石油勘探开发的主要专业之一，是目前石油工业中广泛用来寻找地下区域结构、局部构造、地层和岩性圈闭，从而确定井位进行钻探发现油气藏的主要方法。主要是利用仪器在地面采集（观测）来自地球内部的物理现象（各种与区域结构、局部构造、地层和岩性圈闭有关的原始资料），对这些资料进行校正和解释、处理（需要在大型工作站上进行），提出有利的圈闭，拟定井位。地球物理勘探方法主要是地震勘探方法，另外还包括重力勘探、磁力勘探和电法勘探等方法。

3. 地球物理测井（Geophysical Well Logging）

在勘探开发的过程中，要认识地下油层，直接的办法是从所钻井中把地下油层的岩石取上来进行分析研究，但这样做费时且成本高。所以，除在油田勘探开发初期钻少数取心井外，主要采取一种间接认识油层的方法，即地球物理测井。它是通过已钻的井，用电缆带着仪器沿井筒从下往上测量井壁以外地层的物理量，来研究储层的物理特性和其中的油气水的物理特性，所以人们常称"测井是地质和油田开发的眼睛"，主要有电法测井、声波测井和放射性测井等，测井资料需要进行处理和解释。

4. 钻井工程（Drilling Engineering）

油气田勘探、开发的各个阶段都离不开钻井。钻井工程主要包括钻井、固井、完井和试油四个过程。钻井类型按性质和用途一般分为探井和开发井两类，其中探井包括：地质探井、预探井、评价井和地质浅井等；而开发井包括检查资料井、生产井、注水井等。钻井按井的结构分为普通直井和特殊井（如定向井、丛式井、水平井等）。固井就是向井内下入一定尺寸的套管串，并在其周围注入水泥浆，把套管固定的井壁上，避免井壁坍塌，其目的是封隔疏松、易塌、易漏等复杂地层；封隔油、气、水层，防止互相窜漏；安装井口，控制油气流，以利钻进或生产油气。完井是根据油气田开发的需要，采用不同方法射开油气层进行生产的过程。试油是在油气井完成以后，通过一定的生产工作制度，对生产层的油、气、水产量、地层压力及油气物理化学性质等进行测定的一整套工艺。

5. 油气开采与开发

油气开采与开发主要包括油气藏工程和采油工程两个专业。油气藏工程：是采用工程手段来认识和研究、开发和改造油气藏的一门综合性学科，是继油气田地质研究后的油气田开发的一个重要环节，其主要研究内容包括：油藏天然能量大小、驱动类型和压力系统、油气藏渗流物理特性、油井生产能力和生产动态、开发井网和层系、开发方式及注水方式、采油速度、可采储量及采收率大小、油气田开发原则及部署、油气田开发调整等相关开发技术政策。油气藏工程研究是保证油气田经济有效开发的一个中心环节。

采油工程：是指从井底到井口这一段利用各种工艺技术合理有效将油气采出地面的一整套工艺，是处于石油钻井和地面工程之间的一个过程，其主要研究内容包括采油方式（自喷或机械采油）、合理工作制度、压裂和酸化、注水、井下作业、防砂、各种工艺增产措施等。

6. 油田地面生产系统与储运工程

地面工程和油气储运工程：油田地面工程和油气储运工程是石油工业必不可少的两个生产系统。它们是处于石油勘探、钻井、开发和炼油生产之间的两个过程。石油工业依靠这两个系统把油田地下产出的油气集中起来，进行初加工处理，成为质量合格的油气产品，通过管道输送到炼油厂、码头或装车站，为用户提供商品油气。油田地面过程包括了油气集输、油气处理、油田注水、油田供水供电、矿区通讯及道路等；油气储运工程包括了储油库、长输管道和油气计量等子系统。

7. 石油炼制与化工

石油炼制与化工是石油工业下游领域的一个重要环节。是研究怎样将石油加工为汽油、煤油、柴油、润滑油、石蜡、沥青等各种石油产品和日常使用的橡胶、纤维、药剂、洗涤剂、炸药等化工原料的一门专业。

六、油气田勘探基础知识

1. 油气资源评价（Oil&Gas Resource Evaluation）

油气资源评价是在勘探前期进行的一项战略性的研究任务，是预测和估算研究地区的油气资源远景，以便主管勘探的决策部门选择勘探目标区，投入普查或详查勘探工作量。油气资源评价的主要方法是地质类比法、风险分析法和蒙特卡罗模拟法。目前常用的资源量的计算方法是采用干酪根热降解生油理论计算生油量，再乘以两个系数（一个是排烃系数，一个是聚集系数）便可得到资源量。

2. 地震勘探（Seismic Exploration）

地震勘探方法：是记录人工制造的地震波（或称弹性波）来研究地下地质情况的勘探方法。它与第一次世界大战时确定德国军队大炮位置和研究天然地震震源一样，都是利用地震波的传播规律，只是研究对象和方法不同而已。石油勘探中所指的地震波是当固体（岩石）或液体（油或水）受了激发（如炸药爆炸）而发生的质点弹性振动向四周逐渐传播的一种波动方式。目前主要有二维地震勘探和三维地震勘探。

二维、三维地震勘探：一般在勘探初期都采用二维地震勘探方法。它是一条测线、一条测线地进行采集，提供的原始成果是二维的（测线方向 x 和深度方向 t）剖面图，精度较低。三维地震勘探一般在勘探后期和油田开发阶段采用的地震勘探方法，它比二维地震采集密度更大，成本更高，对资料的解释和处理也更复杂，分辨率（精度）也更高，它提供的原始成果是三维的。对于一些小断块、复杂岩性和构造油藏，三维地震可使钻井成功率提高 15 到 45 个百分点。

3. 油气资源量（Resources）

是经过石油地质、物探、化探等普查勘探的含油气盆地，虽然没有打过预探井，但根据普查资料的分析研究认为有希望找到油田或气田，对这个盆地或盆地内的有利圈闭所含油气资源的半定量估算，称为资源量。

4. 容积法计算地质储量（Cubage Method For OOIP Computation）

容积法是油气田整个勘探阶段和开发初期计算油田地质储量的主要方法。它可用于不同圈闭类型、储集类型和驱动方式的油（气）田。计算结果的可靠性取决于资料的数量和准确性。利用容积法计算石油地质储量的主要参数有 6 个：一个是含油面积，必需成分利用地震、钻井、录井、测井、试油试采、测压等资料，划分油、气、水层，圈定各层的含油气边界的位置。二是油层有效厚度，根据岩心资料和分析化验为依据，结合单层试油，确定有效油层厚度的下限界线，用测井资料对每口单井进行定量解释。三是有效孔隙度，是指岩石中连通孔隙体积占岩石总体积的百分数。四是原始含油饱和度，是指储集层处于地下原始状态下石油体积占有效孔隙体积的百分数。五是地层原油体积系数，指将地下原油体积换算到地面标准条件下脱气原油体积的参数。六是地面原油密度，原油吨和方的单位换算系数。容积法计算得到的地质储量乘以一个系数（采收率）就可得到可采储量。

5. 储量评估的概率法（Probability Method For OOIP Evaluation）

概率法是一种风险分析方法，对于新发现钻井较少的油气藏的储量估算是一种较好的方法，它能给出储量的概率分布。不同大小的储量有不同大小的风险，可供决策者参考。概率法是基于对储量参数值范围的认识和评估，从而计算出相应的原始油气地质储量或可采储量。这种方法的基本步骤是，首先根据现有的资料，计算出各个变量的概率分布函数。这些概率分布函数反映某个参数的整个范围，包括最小值、最大值、期望值等；然后通过蒙特卡罗模拟法计算出储量的累积概率分布曲线，并求出低值（P90）、中值（P50）、高值（P10）。P90 表示证实储量会被开采出来的概率是 90%；P50 表示证实储量 + 概算储量的和值被开采出来的概率是 50%；P10 表示证实储量 + 概算储量 + 可能储量的和值被开采出来的概率是 10%。

七、油气田开发基础知识

1. 油气田开发方案（Oil&Gas Field Development Plan）

油气田开发方案是在油气地质研究的基础上，经过油藏工程、钻井工程和采油工程，地面建设工程的充分研究后，使油气田投入长期和正式生产的一个总体部署和设计，其主要研究内容包括油气田地质、储量计算、开发原则、开发程序、开发层系、井网、开采方式、注采系统、钻井工程和完井方法、采油工艺技术、油气水的地面集输和处理、生产指标预测及经济分析、实施要求等。在油田进入开发中后期开发阶段后，需要根据具体要求编制油田开发调整方案。

2. 油气井的钻井技术（Oil&Gas Well Drilling Techology）

地下油气资源通常都埋藏在地表以下几百、几千，甚至近万米深的各种岩层内。为了勘探开发这些油气资源，必须从地面或海底建立一条条直达地下油气藏的密闭通道。这种细长的密闭通道，有的与地面垂直，有的要定向弯曲伸向不能垂直钻达的油气藏，有的还要在油气藏内沿一定方向水平或弯曲延伸。这就在地下的三维空间内，构成了直井、定向井、水平井井或多分支井等多种形态的油气井。因此，钻井工程是勘探开发地下油气资源的基本手段，是扩大油气储量和提高油气田产量的重要环节。它主要包括钻井、固井、完井和测井等多种工程技术，涉及地质学、岩石矿物学、物理学、化学、数学、力学、机械工程、系统工程和遥感测控等各种学科。

油气井钻井工程中主要包括主要关键技术有井眼控制技术、井壁失稳和井下压力控制技术、高效破岩和洗井技术，钻井污染和油气层保护技术等。在油气井工程中，完钻井深在 4 500 ~ 6 000 米的井一般称为深井，完钻井深超过 6 000 米的井称为超深井。目前世界上已钻成多口超深井，苏联已钻达的井深为 12 200 米，阿根廷海上一口大位移井的水平位移达 11 000 多米。中国南海东部石油公司 1997 年在南海东部海域钻成一口完井深度达 9 238 米、水平位移达 8 062 米的高难度大位移井。

3. 油气井完井技术（Well Completion Technology）

油气井完井是指采用何种方式使地层中的油气合理流到井筒的一套工艺，是油气井钻井完成后、投产前的一项重要工作，它影响油气井的生产能力和寿命，也关系到油气田的合理开发。不同类型的油气藏采用的完井方法是不同的，完井方法应能满足有效地封隔油气水层，能减少油气流入井的阻力，能防止油气层井壁坍塌，保证油气井长期稳定高产，能满足注水、压裂、酸化等特殊作业要求。完井方法一般分为套管射孔完井和裸眼完井两大类。在完井工艺中，安装井口装置是很重要的工作，通过井口可以有控制的诱导油、气流，进行完井测试及投产后正常生产。完井井口通常装上油管头和采油树，采油树井口用油嘴来控制油井的压力和流量，油嘴的直径在 2 ~ 20mm 之间。

4. 试油（Oil Testing）

油气井完井以后，要通过试油工作才能知道油气层的含油气情况，对可能出现油气的生产层，在降低井内液柱压力的条件下，诱导油气入井，然后对生产层的油气水产量、地层压力及油气物理化学性质进行测定，这一整套工艺技术就叫试油。石油工艺由诱导油气流和完井测试两大部分组成。完井测试的主要任务是通过地下各种资料的收集和分析，确定油气层的工业价值。一般情况下，在油气井的钻井过程中，如果遇到油气层，在裸眼井内下入测试工具进行测试，这叫中途测试，也叫钻杆测试，或叫江斯顿测试。

5. 采油工艺技术（Oil Recovery Engineering）

是指从井底到井口这一段利用各种工艺技术合理有效将油气采出地面的一整套工艺。将油气从地下开采到地面有许多方式，但一般归结为两类，一类称为自喷井；另一类称为人工举升油气井。

自喷井就是在采油井完成以后，油气利用地面和地下的设施，通过井筒依靠自身的压力自动喷出的油气井。井下设施主要是井下节流阀、安全阀、油管、套管、喷油嘴等组成，井口装置主要是采油树及其他设备。在人工举升油气井中占主导地位的是有杆泵采油，同时还有无杆泵采油方式（包括电潜泵、射流泵、水力活塞泵等）。有杆泵采油的主要地面设备是游梁式抽油机。

6. 水平井采油（HorizontalWellProduction）

一般的油井是垂直或贯穿油层的，通过油层的井段比较短。而水平井是在垂直或倾斜地钻达油层后，井筒接近水平，以与油层保持平行，从而以较长井段在油层中钻进直到完井。这样的油井穿过油层井段上百米以至二千多米，有利于多采油，油层中流体流入井中的流动阻力减小，生产能力比普通直井生产能力提高几倍，是近年发展起来的最新采油工艺技术之一。

7. 油田注水（Water Injection）

利用注水井把水注入油层，以补充和保持油层压力。油田投入开发后，随着开采时间的增长，油层本身能量将不断地被消耗，致使油层压力不断下降，地下原油大量脱气，黏度增加，油井产量大大减少，甚至会停喷停产，造成地下残留大量死油采不出来。采用油田注水技术，可弥补原油采出后所造成的地下亏空，保持或提高油层压力，实现油田高产稳产，并获得较高采收率。

8. 井下作业（Downhole Operation）

井下作业是指在油田开发过程中，根据油田调整、改造、完善、挖潜的需要，按照工艺设计要求，利用一套地面和井下设备、工具，对油、水井采取各种井下技术措施，达到提高注采量，改善油层渗流条件及油水井技术状况，提高采油速度和最终采收率的目的。主要包括：油井投产、注水井投注，油井防砂、洗井、堵水、调剖，油水井检泵、换封隔器、井下管柱、调层等日常维修以及由于井下落物、管柱及套管变形、断脱等原因需要修复的大修作业等。

9. 油气计量（Oil&Gas Metering）

油气计量是指对石油和天然气流量的测定，可以准确掌握油田产油状况，主要分为油井产量计量和外输计量两种。油井产量计量是指对单井所生产的油量和生产气量的测定，它是进行油井管理、掌握油层动态的关键资料数据。外输计量是对石油和天然气输送流量的测定，它是输出方和接收方进行油气交接经营管理的基本依据。

10. 气举采油（Gas Lift Production）

当地层供给的能量不足以把原油从井底举升到地面时，油井就停止自喷。为了使油井继续出油，需要人为地把气体压入井底，使原油喷出地面，这种采油方法称为气举采油。海上采油，探井，斜井，含砂、气较多和有腐蚀性成分因而不宜采用其他机械采油方式的油井，都可采用气举采油。气举采油具有井口、井下设备较简单的优点，管理调节较方便。但地面设备系统复杂，投资大，而且气体能量利用率较低。

11. 油气藏工程方法（Oil&GasReservoirEngineering）

油气藏工程方法是将有关的科学原理应用在开发和开采油气藏时所发生的地下流体流动问题上，以最大限度了解和计算油气藏有关参数（如物理性质、地层压力、驱动能力、产量、可采储量、采收率等）的各种方法，其主要任务就是研究油藏在投入开发以后的变化规律，并且寻找控制这些变化的因素，运用这些规律来调整和完善油藏的开发方案。主要包括试井分析、物质平衡分析、数值模拟技术和一些经验分析方法（如产量递减曲线、水驱特征曲线等）。

12. 油气藏数值模拟技术（Oil&Gas Reservoir Numerical Simulation）

油藏数值模拟技术实际上就是通过数学的方法（渗流微分方程），借用大型计算机，计算数学模型的求解，结合油藏地质、油藏描述、油藏工程、试井等学科再现油田开发的过程，由此来解决油田实际问题。它可以仿真油气复杂开发过程，动态重现开发历史，预测未来开发动态，可进行油田开发方案优选、产量和地层压力动态预报、采收率预测以及寻找开发中后期剩余油分布等，是对整个油田开发的重大问题进行决策的一门有效工具。

13. 提高石油采收率技术（Improved Oil Recovery）

储藏在地下的原油到底能够从地层采出多少呢？其衡量指标是原油采收率，即原油可采储量与原始地质储量的比值。一般利用天然能量开采的油藏采收率比较低，只有8% ~ 15%，利用人工补充地层能量的油藏采收率在25% ~ 45%之间。影响采收率的因素除了其固有的地质因素外，主要是人为因素，如开发方式、井网密度、开发调整、开采工艺技术水平、驱油剂的选择等，因此，只要采取先进的工艺技术和开发调整来改变上述人为因素对采收率的影响，从而提高最终产油量的方式，都可以称为提高原油采收率。目前主要采用改变生产方式（如周期注水）、加密钻井、先进的生产工艺（如水平井）和三次采油（如化学驱油、热力法采油、注气、微生物等）等方法。提高石油采收率技术（IOR）主要包括先进的二次采油技术（ASR）和三次采油技术（EOR），它们之间的区别主要是提高采收率的作用机理不同。

八、油气田地面工程基础知识

油气田开发中的内容，都是围绕如何使石油和天然气从油气层中顺利地流向井底，又从井底流到地面的一套地下工程技术措施。至于石油和天然气由油井流到地面以后，又如何把它们从一口口油井上集中起来，并把油和气分离开来，再经过初步加工成为合格的原油和天然气分别储存起来或者输送到炼油厂，这就是通常称之为"油田集输技术"和"油田地面建设工程"的工程，其工作范围是以油井为起点，矿场原油库或输油、输气管线首站为终点的矿场业务。

1. 油气集输系统（Oil & Gas Collectionand Transportation System）

把分散的油井所生产的石油、伴生天然气和其他产品集中起来，经过必要的处理、初加工，合格的油和天然气分别外输到炼油厂和天然气用户的工艺全过程称为油气集输。主要包括油气分离、油气计量、原油脱水、天然气净化、原油稳定、轻烃回收等工艺。三级布站一般包括油井、计量站、接转站、集中处理站，如果从计量站直接到集中处理站，就叫二级布站。对于储量相对集中的油气田通常采用联合站的方式，联合站就是将集中处理、注水、污水处理及变电建在一起。

2. 油气处理系统（Oil & Gas Disposal System）

指对油气田所生产的原油和天然气进行原油稳定处理和天然气回收轻烃处理的初加工过程。经过油气处理后，油田基本实现了"三脱三回收，出四种合格产品"的目标，即原油脱气、脱水和伴生气脱油，回收污水、污油和轻油，产出稳定原油、干气、净化油田水和轻质油。原油脱水：从井中采出的原油一般都含有一定数量的水，而原油含水多了会给储运造成浪费，增加设备，多耗能；原油中的水多数含有盐类，加速了设备、容器和管线的腐蚀；在石油炼制过程中，水和原油一起被加热时，水会急速汽化膨胀，压力上升，影响炼厂正常操作和产品质量，甚至会发生爆炸。因此外输原油前，需进行脱水，使含水量要求不超过 0.5%。

3. 油田注水系统（Water Injection System）

利用注水井把水注入油层，以补充和保持油层压力的措施称为注水。油田投入开发后，随着开采时间的增长，油层本身能量将不断地被消耗，致使油层压力不断地下降，地下原油大量脱气，黏度增加，油井产量大大减少，甚至会停喷停产，造成地下残留大量死油采不出来。为了弥补原油采出后所造成的地下亏空，保持或提高油层压力，实现油田高产稳产，并获得较高的采收率，必须对油田进行注水。

第四节　石油、天然气的储运与炼化

一、油气储运工程基础知识

1. 油库（Storage Tank Farm）

油气储运中储存与运输占有同等重要的地位。油库是从事经营油品的接收、质量检测、储存和发送的企业。它是协调原油生产、原油加工、成品油供应及运输的纽带，是国家石油储备和供应的基地。油库服务的对象非常广阔，如加油站是个最小的油库单元，是直接面向社会服务的。总体上看油库的分类有多种方式，按油库的管理体制和性质可分为独立油库和企业附属油库两大类。独立油库包括民用油库（如储备油库、中转油库等）和军用油库。

2. 地下储库（Subsurface Storage Tank Farm）

地面储罐由于储存的容量小，耗用的钢材大、占地多、安全性差等原因，已难以适应近代石油工业发展的需要。在二次世界大战以后，油品逐渐开始大规模的走入地下储存，以达到密闭、耐高压、安全、储量大、不占地和减少对环境的污染。不仅可以储存原油、成品油、液化石油气，同时还可以储存天然气。

3. 油气的管道输送（Oil & Gas Pipeline Transportation）

油气储运是石油工业的重要组成部分，各类油品的储存和输送都在油气储运的业务与技术范围之内。目前中国的原油总运输量中管道运输占 65%，水运占 28%，铁路运输占 7%。管道作为运输工具的特点，不仅可以翻山越岭跨过大江大河，可以穿越高温的沙漠和极寒冷的北极区，还可以长距离穿越海洋，可深入到海下 500 米，这是其他运输手段难以做到的，所以原油管道因其输送距离长、管径大、输油量高、经济、安全、稳定等原因，在各国的原油运输中的比重越来越大。原油的输送系统由输油站和管路两部分组成，输油站分为首站、若干中间加压站、若干中间加热站及末站，其任务是供给油流一定的压力能和热能，将原油安全、经济地输送给用户；管路上每隔一定距离设有为减少事故危害、便于抢修，可紧急关闭的若干截断阀室以及阴极保护站。

成品油管道是以输送经炼厂加工原油生产的最终产品如汽油、煤油、柴油以及液化石油气等。成品油的起点多设在炼油厂地区或设在海运成品油进口的码头附近，由一个或多个炼油厂将成品油用管道输向管道的首站。成品油管道与原油管道供应的对象不同，因此成品油管道的分支线和供油点要比原油管道多。

天然气管道是陆上输送大量天然气唯一的手段，世界上作为输送能源的管道中输气管道占总长的一半。在输气管道沿线将设多个压缩机站，目的是使气体在管道中流动消耗的能量得到补充，压缩机站的平均距离为70～140公里。天然气管道运行负荷是很不均匀的，每日用气日夜不同，年度也有夏冬的差异，所以对天然气的运输能力要在储气库的配合下做调峰处理。另外一种运输天然气的方法就是将天然气先降到 –160℃成为液化天然气，然后装车或船运输，到达目的地后加温又由液态转为气态，恢复天然气的性能。

4. 海上油田油气的输送

在过去的一百多年中，海上油气田的开发得到迅猛发展，到2004年底，全世界海上石油总产量达到了日产3 000万桶（约年产15亿吨），中国海上石油年产量达到3 000万吨。从油气水处理的工艺流程上讲，海上和陆上的油气生产是没有差别的。但是由于海上油气田的开发和生产是在特殊的海上环境中进行的，其生产设施的布置和集输系统设计具有许多不同于陆上油气田的特点。一是集输系统不仅要适应油气田的地层条件和处理工艺要求，还要适应所在海域的海洋条件，能在百年一遇的最恶劣的海况和气候条件下正常运行和生存。二是海上油气田一般远离岸上基地，故障设备的维修和更换费时、费工、费用高，有时还要动员昂贵的大型工程船。三是海上油气田生产设备和工艺处理设施安装在固定平台或浮式装置的甲板上，每平方米甲板的造价十分昂贵。四是在海上深水油气田的开发中要采用水下井口、管汇、水下增压泵、水下阀组，所有的集油、输油管线均在海底铺设，这些对设计、施工、维修提出了更高的技术要求。五是海上工艺处理设施和集输系统自动化程度高。六是海上油气田的开发原则是高速开发、高速回收，以便能够在短期内回收投资、实现设定的盈利率。七是由于海上平台、生产设施和海底管线的投资很大，在开发建设大油气田时，其集输系统和基础设施的布置要考虑周围小油气田的开发。

在海上油气田的开发中，要根据油气田所处的海况条件和水深、离岸边基地的远近、油气产量的规模、油气销售市场等因素，经过方案的分析和优化，选用具有经济效益的油气生产和集输模式。目前通用的海上油气生产和集输系统主要采用半海半陆式模式。

海上平台功能用途可分为井口平台，生活、储存或生产、处理、集输、生活等组合的综合平台。井口平台上只进行油气的测试计量，然后将油气水通过海底集输管线往生产平台处理。生产平台上安装有油气水处理设施、动力发电设备、通信设备、生活住房等生产和生活所必需的装备，在此对油气井产出的流体进行计量、分离、净化等处理。一座平台的生产井数可多达几十口，采用定向井、大斜度井和水平井等钻井技术，在少建平台的情况下，最大限度地覆盖采油。

二、石油炼制与化工基础知识

石油从地下采出以后，如果不经过炼制加工，只能作燃料等用。随着石油炼制加工业的发展，石油加工的深度也在不断提高，一般在石油炼厂和化工厂对原油进行多次加工，从而提高其经济效益和社会效益。一般将原油加工为各种成品油后总价值将增加 5 倍，进一步加工成化工产品后，总价值将增加 8 倍，如果再加工成纺织工业品，其总价值可增加 40 倍。

1. 炼油厂类型（Refinery Plant Types）

将原油加工为汽油、煤油、柴油、润滑油、石蜡、沥青、石油焦等各种石油产品和化工原料的方法和过程叫石油炼制。炼油厂一般包括蒸馏、裂化、重整、脱蜡等多种工艺设备，按照不同的分类标准可以分成多种类型。如果按生产的目的产品分，可以分为燃料型、燃料—润滑油型、燃料—化工型、燃料—润滑油—化工型，如果按装置组成分可以分为简单型（主要有常减压蒸馏、催化裂化、产品精制等装置）和复杂型（在简单装置以外还有催化重整、加氢工艺、气体分馏等装置），按原油加工能力可分为大（年加工能力大于 400 万吨）、中（年加工能力在 100 ～ 400 万吨）、小炼油厂（年加工能力小于 100 万吨）。

2. 石油炼制过程及产物（Petroleum Refinery Processand Result）

石油炼制主要有一次加工和二次加工等过程。原油的蒸馏是炼制的第一道工序，又叫加工，这个工序使石油"大家庭"成员第一次"分家"，主要过程是：把经过脱盐脱水后的原油送入加热装置中，使油温达到 200℃ ～ 250℃，这时原油中极少的水全部汽化，沸点较低的油也部分汽化，然后把这些水蒸气、油气和没有汽化的油送入第一个蒸馏塔中进行蒸馏，从塔顶把水蒸气、油气分离出来，经过冷凝冷却后，就可以得到汽油，把剩下的油送入加热炉继续加温，使油温达到 350℃后，送入另一座蒸馏塔中进行蒸馏。这座塔由于是在正常压力下工作，所以叫常压塔。在这个过程中，从塔顶出来的是汽油，从塔侧面由高到低依次出来的是煤油、轻柴油、重柴油等。

塔底没有汽化的油含有价值极高的润滑油、石蜡、焦炭及很多化工原料，从中仍可提炼出汽油、煤油等。但这些油沸点高于 350℃，在常压下蒸馏就不行了。于是就设计了一种新的蒸馏塔——减压塔。通过减压塔，使油的沸点降低，把不易变成蒸气的油也变成蒸气。

在一次加工中，一般蒸馏出的汽油、煤油、柴油等轻质油只占原油总含量的三分之一左右，而且质量不高。在蒸馏后剩余的油中还可以提炼出更多的价值极高的产品。因此，还需要对剩余的油进一步加工，也就是原油的二次加工。二次加工就是在一次加工后剩余的油中加入专用化学物品，使其化学成分发生变化，这个过程的专业术语叫石油的催化裂化。二次加工是较为复杂的过程，通过二次加工能生产出上千种石油化工产品，使石油利用价值更高。

天然气的主要成分是甲烷，它不仅可以作燃料，还是宝贵的化工原料。通过不同的装置进行加工，可以分别制得乙烯、甲醇、乙炔、炭黑、氢气、消毒剂、防腐剂、有机溶剂和硫黄等等。

3.石油化工及其产品（Petroleum Chemistryand Products）

用石油或石油气（炼厂气、油田气、天然气）做起始原料生产化工产品的工业叫石油化学工业，简称石油化工。大部分有机化工产品主要是含碳、氢的化合物，而石油正是由碳氢化合物所组成，所以它能够作为有机化工原料的主要来源。生产石油化工产品的第一步是要从石油或石油气中制造出一级基本有机原料，如乙烯、苯、乙炔等。第二步是用一级基本有机原料制造醇、醛、酮、酸等其他四五十种有机原料。第三步才能进行各类石油化工产品的有机合成，形成合成纤维、洗涤剂、涤纶、塑料、化肥、农药、橡胶、炸药等生活用品。

4.天然气液化技术（LNG and LPG Technology）

LNG（Liquefied Natural Gas），即液化天然气的英文缩写。天然气是在气田中自然开采出来的可燃气体，主要成分由甲烷组成。而LNG则是通过在常压下气态的天然气深冷到零下162℃，使之凝结成液体。LNG无色、无味、无毒且无腐蚀性，其体积约为同量气态天然气体积的1/600，LNG的重量仅为同体积水的45%左右。LNG是最清洁安全及环保的高效天然燃料，1吨的LNG燃烧时释放的能量，能够供8 650盏40瓦的灯连续照明24小时。LPG（Liquefied Petroleum Gas），即液化石油气的英文缩写，经常容易与LNG混淆，其实它们有明显区别。LPG的主要组分是丙烷（超过95%），还有少量的丁烷。LPG在适当的压力下以液态储存在储罐容器中，常被用作炊事燃料。在国外，LPG被用作轻型车辆燃料已有许多年。炼油厂产的液化石油气由于含有大量的烯烃，不适于直接作汽车燃料，因为烯烃类为不饱和烃，燃烧后结胶，积碳严重，对汽车发动机的火花塞、气门、活塞环等零件有较大的损坏作用，因而影响其使用寿命。压缩天然气（Compressed Natural Gas，简称CNG）是天然气加压（超过3 600磅/平方英寸）并以气态储存在容器中。它与管道天然气的组分相同，CNG可作为车辆燃料利用；LNG可以用来制作CNG，这种以CNG为燃料的车辆叫作NGV（Natural Gas Vehicle）。与生产CNG的传统方法相比，这套工艺要求的精密设备费用更低，只需要约15%的运作和维护费用。

三、石油工业的安全生产与环境保护

石油工业是一个大的产业体系，是由石油与天然气的地质勘探、钻井、试油、采油、井下作业、油气集输与初加工、油气集输和油气田建设等生产过程组成的，而且大部分作业是在野外分散进行的。从生产方式的特殊、产品性质的易燃易爆、工艺上的多种多样，决定了石油工业安全生产与其他产业有很多不同之处。2003年12月23日发生在中石油西南油气田的含有硫化氢气体的油井井喷事件，造成了数百人的死亡，震动了全国，足以说明石油工业安全生产的重要性。

在油气田的勘探开发和运输、加工过程中，会产生大量废水、废气、废渣等，如果不加处理或处理不当，就会造成草原、农田、江河、湖泊、城市环境以及大气的污染，给人们的生活带来危害。目前国际上非常重视人类生存环境的保护，为了有效地防治污染，各国际石油组织或油公司都制定了严格的石油环境保护标准，建立了石油环境保护管理体系。

四、海外油气田项目评价基本方法

1. 新项目评价基本内容（Evaluation Content Of New Project）

海外油气田开发项目由于油气田已经被发现，有的还经过一段时间生产，地质资料和油藏工程资料等比较丰富，项目的不确定性相对较少，可以作为近似于确定性项目进行评价。由于获得油气田开发项目的代价比较高，估价过高，经济损失就很大；如果估价过低，又会丧失获得项目的机会。一般新项目评价主要包括以下几方面内容：①投资环境评价，包括地理和人文环境；政治社会环境、经济环境等。②石油法律、合同评价，主要包括租让制、产品分成、风险服务、回购合同等及有关石油法律。③油气藏特征评价。一个油气田的地质和生产特征决定了该油气田开发生产难易程度和应该采用的开发方式，所以油气田开发项目评价需要把油气藏特征研究放在首位。④储量评价。油气田的价值主要取决于其储量的大小、丰度和质量。对于未开发和开发初期的油气田要评估地质储量和原始可采储量；对于采出程度较高的老油气田，主要评价其剩余可采储量。⑤产能评估。一个油气田的潜力除储量外，产能也最重要的，如果一个油田的储量虽很大，但因储量丰度低或储层物性差、原油性质差等原因，单井产量很低，目前条件下也是很难开采的油田。⑥油气田开发规划。油田项目经济效益的定量评价，一般都需要通过编制开发方案、地面建设方案才能实现。⑦钻采工程和地面工程评价及规划。⑧经济评价。是建立在前面基础评价所提供的各种数据的基础之上，同时又要考虑其他的一些必要参数，如油气价格、汇率、贷款利率、物价及其上涨指数、劳动力成本、税收等。经济评价是项目评价结果的主要体现。

2. 储量评估方法（Method of Reserve Evaluation）

储量评估方法可分为静态法和动态法。对于未开发油气田和开发初期油气田主要用静态法；对于开发中后期的油气田可用动态法。静态法分为容积法和概率法。容积法储量计算参数包括含油面积、平均油层有效厚度、平均有效孔隙度、平均含油饱和度、平均地面原油密度、平均原油体积系数和采收率等。概率法对每个储量参数采用数学分布模型，用蒙特卡罗随机抽样计算，其结果是储量概率分布曲线，求出在不同概率下的储量值。证实储量的概率值不小于90%；概算储量不小于50%；可能储量不小于10%。一般勘探程度较低的油气田多采用概率法。动态法储量计算主要是根据油田已有的实际生产资料进行预测，主要有产量递减曲线法、水驱特征曲线法、物质平衡法、油藏模拟法。

3. 产能评估方法（Method of Production Capability Evaluation）

产能首先可以通过油田的基本特征做出宏观评估。一般油井的产能大小与储层厚度、渗透率、原油黏度、地层压力、饱和压力、流动压力、天然能量、工作制度等有关系。一个油田的产能大小都要经过单井测试（试油和试采）。通过单井测试取得采油指数资料，再根据生产压差和生产厚度求得产能；同时也可用系统试井求得产能，即一个油藏产量随压差的变化不完全是一条直线，通过系统试井求出变化的拐点，就是油井的合理产能。对产能的评估要注意到地层压力的下降、气油比上升、含水上升和气顶扩大等都会影响产能。在产能评价中，对产量递减速度的研究也是十分重要的，即从油气藏的特征和开发数据分析中确定油井产量递减速度和延缓递减速度的可能性。

4. 经济评价（Economic Evaluation）

经济评价主要采用现金流量法。油气田项目的收入主要来自油气产品的销售，支出费用包括前期费用（资料费、评价费、红利、项目进入费等）、开发建设投资、生产作业成本、油气运输成本、管理运行成本、矿费、税收和各种社会福利等。经济评价的主要指标有内部收益率、最大负现金流、净现金流和投资回收期等。另外，经济评价一般都需要选择收益和支出中的几个重要参数做风险和敏感性分析。

第二章 石油储备与石油勘探

第一节 石油储备

作为全球第二大能源消费国，中国的经济增长越来越依赖于稳定安全的能源供应。其中石油的地位尤其突出，在过去的 20 年间，为满足国内日益增长的能源需求，中国对国际石油市场的依赖不断增强。

从 1993 年，即变成石油净进口国的那年起，中国便启动了关于建立战略石油储备的讨论。但是，直到 2001 年，中国才正式确定其战略石油储备建设项目。3 年后，即开始了第一批项目的建设。

建立战略石油储备项目的目标，是降低石油供应异常中断的影响。据报道，国际能源组织订立的战略石油储备标准，应为该国 90 天的石油净进口量。中国正努力达到该标准。

在实施战略石油储备计划前，中国仅能依靠中石油、中石化、中海油的商业石油库存，但其却远远无法达到国际能源署（IEA）设定的标准。计划储备 4.4 亿桶石油的计划，是在 2010 年 3 月份净进口量的基础上确定的。但应当注意的是，中国的石油净进口量正大幅迅速增长，因此要达到上述标准并非易事。

尽管如此，中国已下决心，预计用 15 年的时间来完成三个阶段的建设，总投资将达到 1 000 亿元，设备的建设由中国国内的石油公司负责管理和监督。

一、中国能源问题分析

1. 中国对外石油贸易受大国制约

与欧美等发达国家的石油企业相比，我国的石油企业成长较晚，像中石油、中石化这样的大型石油公司，在国际市场与国外的石油大鳄竞争中，仍存在管理、技术等方面的差距。世界主要的优良石油产区基本已被像美国埃克森美孚、法国道达尔、荷兰壳牌、英国BP 等知名公司所控制，不论是在中东还是中亚，都有美俄日等国家疯狂追逐石油的身影。

2. 石油进口对外依存度较高

对外依存度上升意味着能源安全系数在下降。2001 年我国石油消费对进口的依赖程度只有29.1%, 2006年上升到47.3%, 2008年更是达到了49.8%, 比上年提高1.4个百分点。由此可见, 我国石油进口对外依赖程度逐年增加。如此高的对外依存度很容易使我国的石油安全受制于人。中国来自海外的石油需求有可能会被某些大国干扰或中断, 同时主要产油区动荡的政治环境和诸多不稳定因素给我国的海外石油进口带来很大隐患。

3. 中国缺乏自己的石油期货市场

中国的石油进口量逐年上涨, 在国际石油贸易中所占份额也很大, 进口石油量占世界6%, 但影响石油价格的权重还不到0.1%。需求大户不能影响价格, 主要原因还在于中国乃至亚洲没有自己的交易所, 很难反映东亚地区由供求决定价格的真实状况。欧洲使用布伦特期货价格从中东购买石油, 美国通过西德克萨斯期货市场进口石油, 中东地区对我国出口的石油价格每桶通常要比欧美高出1至3美元, 仅此一项, 我国每年要白白多花费近5亿美元。国际石油价格波动对我国的经济影响很大, 建立国内石油期货市场势在必行。

4. 石油商业储备体系不健全

目前我国石油企业的商业库存设计是在所需原油全部由国内供应的前提下, 考虑管线运输状况, 确定周转库存规模为两周的加工需求量, 这仅仅可以作为正常商业周转库存, 而真正的商业储备是指正常周转库存以外的剩余库存, 就此角度来说, 我国真正意义上的石油商业储备尚未建立起来, 而美国主要是通过商业储备来进行市场调节, 一般情况下不动用政府战略储备。此外, 激烈的国际石油争夺和剧烈的价格波动, 迫使我国尽快建立起健全的石油商业储备体系。

二、缓解我国能源问题的有效途径

1. 共同勘探开发石油资源

中石油与哈萨克斯坦早有多项能源合作。2005年中石油集团就收购了哈萨克斯坦石油公司的67%资产, 后注入上市公司。2009年4月, 中石油集团通过"贷款换石油"策略, 与哈萨克斯坦国家油气股份公司签署了关于扩大石油天然气领域合作及50亿美元融资支持的框架协议。随后, 双方与中亚石油公司签署了联合收购曼格什套油气公司的协议。只此一项, 哈萨克斯坦可获得中石油100亿美元贷款; 同时, 中国进出口银行还向哈萨克斯坦开发银行提供50亿美元的贷款。我国利用相对充足的资本和技术优势, 与中亚国家共同勘探开发其丰富的石油资源。

2. 石油管道建设

我国在与中亚能源合作的过程中, 重点体现在中哈石油管道工程项目上。中哈原油管道于2004年9月开工, 设计年输油能力1 000万吨。中哈管线一期工程"阿塔苏—阿拉山口"段已于2005年12月正式竣工投产, 截至2007年12月31日, 中哈原油管道已累计进口原油653.74万吨, 2008年通过中哈原油管道向独山子石化输送的原油超过500万吨。中哈原油管道已经运行3年, 二期一阶段工程将在2009年7月30日前完工。届时将实现原油管道由哈萨克斯坦西部到我国新疆全线贯通，来自中亚的石油将源源不断的奔向中国。

3. 促进中国与中亚石油贸易的思考

（1）加强上海合作组织的合作舞台作用

上海合作组织是中国和中亚邻国加强政治，经济，能源合作的重要舞台。目前，发展资源经济是中亚各国走出经济低谷的基本战略，而中国的地理位置和经济发展需求恰恰为中亚各国实现这一经济战略提供了广阔市场和可靠通道。在上海组织框架下，建立起有效的经济合作机制，对地区性经济问题进行协商与合作，通过包括能源合作在内的经济合作，提高本地区各国的经济实力与政治互信，增强上海合作组织的凝聚力和发展潜力。

（2）建立我国石油期货市场，培养期货人才

如前所述，之所以我国基本没有国际石油定价权与话语权，正是因为我国没有自己的石油期货市场，中国的石油进口几乎完全依赖于国际现货市场，而国际石油价格主要以期货价格表现。国外的期货市场规则使我国在石油贸易中只能被动接受别人提出的价格，讨价还价的余地非常有限。一个价格不断波动的国际石油市场不符合中国的经济利益，中国应承担起一个经济大国对国际经济稳定发展所应肩负的责任。我国应尽快建立自己的石油期货市场，并培养相应的期货交易人才。

（3）鼓励中国大型石油企业"走出去"

尽管目前我国对外石油贸易中，以"贸易油"为主，"份额油"只是利用国外石油资源的辅助渠道，但是海外份额油掌握得越多，利用国外石油资源的主动权就越大。中国应积极向外投资，获得海外油田开采权。我国一些大型石油企业已经具备这样的实力，如中石油、中石化等企业通过与中亚国家建立合资公司，利用中国的资金与炼油技术，共同开发中亚地区的石油资源；同时国家应采取一系列措施鼓励国内企业"走出去"，如制定海外石油投资的总体方针政策，对企业在海外的石油项目予以税收政策优惠等。

（4）建立完善石油商业储备

国际能源署根据储备主体的不同将石油储备划分为政府储备、企业储备和机构储备三种。政府储备是指纳入政府财政预算，完全由政府出资建设、采购、维护和控制的石油储备形式，其目的主要是及时解决和平息全国性的石油供应短缺与油价暴涨问题，具有其他储备形式无法取代的特殊作用，因而也被称为战略储备。企业储备是指石油生产商、进口商、炼油企业、销售企业和石油消费大户承担的石油储备，它由两部分组成：法定储备和商业储备。法定储备是企业为完成法定储备义务而在生产库存基础上增加的储备量，它对于维护社会经济的正常运行具有重要的保障作用。商业储备是指企业为应对市场波动而自行建立的储备，也是最常见的储备模式，绝大部分国家都有；机构储备（又称中介组织储备）是由法律规定的公共或民间组织承担的义务石油储备，它实际上是企业义务储备的一种变相模式。储备机构是一个公共法人实体，成员均为法律强制规定有储备义务的企业，由企业共同建立储备机构进行专业化运作。政府储备、企业法定储备、机构储备、企业商业储备功能各异、各司其职、相互补充，只有将它们有机组合，建立国家石油储备体系，

才能有效保障国家石油安全。

4.严峻的石油安全形势要求我国尽快建立石油储备体系

（1）石油在政治、军事和外交关系中的地位更加突出

石油是政治、军事和外交关系的重要筹码。纵观过去 50 年，围绕石油资源的争夺从来没有停止过，许多地区冲突和战争都与石油有密切关系，石油领域的竞争已经大大超出了一般商业范畴。里海地区由于其丰富的油气资源和重要的战略位置，已成为美国和俄罗斯争夺的焦点区域。我国的南海地区本来并不存在严重的领海争端，但自 20 世纪 60 年代后期其巨大的油气资源潜力揭示以后，也成了周边国家外交关系中的一个敏感问题。这充分说明，进入新的世纪，石油作为一种战略资源的地位不但没有降低，反而更加突出。

（2）国际油价在一定程度上脱离了基本供需关系而独立运行

当代石油经济出现了新的特点，传统的供需关系决定价格的理论已很难完全解释新的情况。国际油价与供求"背道而驰"已成为常态，如国际原油价格从 1997 年底开始下跌，1998 年底到 1999 年初，欧佩克一揽子原油平均价格一举跌破每桶 10 美元关口，创下此前 12 年来的历史最低纪录。而从 1999 年 3 月以来，国际油价开始大幅回升，并在进入 2000 年后加速上扬，2000 年第二季度，国际油价暴涨，2000 年 9 月曾一度突破每桶 38 美元的重要关口。2001 年这一行情又戏剧化地向谷底进发，最低跌到了每桶 17 美元。2003 年以来，国际市场油价在均价 25 美元 / 桶的基础上，总体呈现震荡攀升态势，实现了逐年连级跳，价格水平屡创新高。国际原油价格在 2007 年下半年更是持续攀高。近期许多分析机构都预测，2008 年原油的平均价格可能逼近甚至超过 100 美元。目前，国际市场原油供求基本面并不支持"天价"油价，但超高油价水平显然已非石油供求基本面所决定，地缘政治风险、投机炒作、欧佩克限产政策、经合组织国家商业石油库存、天气冷暖变化以及美元贬值等因素对国际油价走势具有重大推动作用。可见，国际油价已在一定程度上脱离了基本供需关系而独立运行。

（3）国家石油安全问题呼唤石油储备体系

国家石油储备是能源与经济安全的稳定器。事实说明，一个国家石油安全的核心问题不在于这个国家能否生产石油以及能生产多少石油，而在于这个国家能否以合理的价格稳定地保障石油的供应。据统计，美国石油消费量的 62% 依赖进口，而日本则几乎不生产一滴石油。各国的经验证明，建立战略能源储备是保障能源安全的必要措施。世界上主要消费国不仅多方开辟石油生产、供应基地，而且建立大量的储备，以稳定供求关系、平抑市场价格、应对突发事件。20 世纪 90 年代以来，世界主要石油消费国也相应采取了一系列的能源政策。美国继续力求在国际石油事务中起主导作用，加大对欧佩克产油国的压力，同时启用战略石油储备，加快能源多元化，减少对欧佩克的依赖。欧盟各国政府在高油价冲击下加强了联合行动。美国和日本曾凭借动用石油战略储备，安然度过 1973 年的石油危机；在本轮石油上涨行情中，日本因为储备充足，受到的经济影响远远小于中国。我国是世界上第二大石油消费国，中国的零储备制度使中国经济在最近两年的全球能源价

格飙升中吃尽了苦头。自从我国成为石油进口国后，原油价格一路上升，使我们不得不为其进口支付越来越高的成本。在当前国际环境下，我国面临的石油安全形势十分严峻，必须建立石油储备体系以确保我国的石油安全。

三、石油储备现状及问题

1.石油储备定义

石油储备是指为保障国家、社会与企业的石油安全供应而实行的石油储存。中国作为一个规模巨大的经济体，要保障国家安全并保持经济稳定运行，必须提高防范石油市场价格风险的能力，逐步完善我国的石油储备体系，加大石油储备量。

2.我国进行石油储备的必要性

近年来国际石油价格波动剧烈，从 2000 年开始震荡上行，到 2008 年甚至涨到了每桶 147 美元，2008 年 7 月以后短时期内连连破位，跌至每桶 34 美元，后又在 50 ~ 80 美元左右徘徊。国际石油价格的波动对国民经济的影响明显加大，由于能源在经济运行中的基础性作用，而使得石油的价格变动产生了强烈的连锁反应。持续攀升的高油价导致我国石油进口的代价不断加大，近几年每年因国际油价上涨而多支出进口成本上千亿元左右，而且加剧了国内石油市场的紧张。从某种意义上说，怎样在合理的价格水平上得到我们需要的石油资源，是我国能源安全战略的重要任务。

我国战略石油储备的真正意义是为了应付突发事件，目前主要由中东、非洲等地进口原油，而中东为世界最不稳定的地区，此外我国石油进口主要依赖于印度洋—马六甲海峡这一运输通道，而马六甲海峡一方面航道拥挤带来了运输效率的低下；另一方面，这一地区经常存在的海盗袭击以及大国的战略控制等因素，影响整个航路的安全。因此，石油运输通道安全问题突出。

3.石油储备现状

（1）国外石油储备情况

1）美国石油储备情况

美国建立和确保战略石油储备的总体思路是：以最低的成本，储备高质量的原油；在扩大战略石油储备时，把它对国际国内市场的不利影响减少到最低程度。1975 年 12 月 22 日福特总统签署《能源政策和保护法》后，美国战略石油储备库从 1977 年开始注入原油，30 多年来它先后从 25 个国家进口原油 7 亿多桶，其中约有 1/3 的原油在不同阶段通过不同方式得到更新。通过储备原油的"吐故纳新"，目前美国战略石油储备库里储存的原油，不仅在质量上高于国际市场上的一般原油，而且其成本价格仅为每桶 28.42 美元。即使国际石油供应全部中断，美国战略石油储备也可供全国消费 118 天。根据 2005 年颁布的新《能源政策法》，美国能源部最终将把战略石油储备增加到 10 亿桶，为此美国能源部正在扩展有关地下盐洞群的储备能力并开凿新的盐洞群。2009 年初美国能源部曾发表声明说，由于国际油价处于低位，将在未来几个月内为战略石油储备补充近 2 000 万桶原油，战略石油储备为美国应对国内外各种危机发挥了预期作用，其在建立和确保战略石油储备方面的一些做法，值得世界各国参考和借鉴。

2）日本石油储备情况

由于日本石油基本上全部依赖进口，其本国石油产量仅占全国石油供给量的 0.2%，进口石油的高度依赖使日本在第一次石油危机时损失巨大。此后，日本政府便将石油战略定为国策，一方面在中东以外的其他地区寻求稳定的石油供给，另一方面积极加强石油储备。1975 年制定了《石油储备法》，以法律形式明确了从事石油进口、精炼和销售业务的公司的责任义务关系，1978 年开始推进国家石油储备，确立了日本现行的国家和民间两极储备体制的雏形。到 1996 年，日本相继建成 10 个国家石油储备基地，政府还从民间租借了 21 个石油储备设施，国家储备全部是原油形式；民间储备的石油则保存在各石油加工厂和销售网点，民间储备中原油和成品油各占一半。根据日本政府的统计，2009 年 4 月的石油储备为 8 899 万吨，其中国家储备 4 844 万吨，民间储备 4 055 万吨，日本目前的石油储备量可供其消费 169 天，居世界第一。

（2）我国的石油储备体系建设

1）我国的石油储备管理机构

中国石油储备建设起步较晚，直到近年来中国石油对外依存度快速攀升，加上国际油价波动剧烈，石油储备才被提升到战略安全的层面加以考虑。进入 21 世纪后，我国的石油储备体系建设开始起步，2004 年 4 月，国家发改委能源局正式组建，其要职之一就是管理国家战略石油储备。此后，国家发改委石油储备办公室正式运作，其主要负责国家战略石油储备基地的建立；2007 年 12 月，国家石油储备中心正式成立；2008 年 8 月国家能源局成立，其职责之一为管理国家石油储备。国家石油储备中心是中国石油储备管理体系中的执行层，宗旨是为维护国家经济安全提供石油储备保障，职责是行使出资人权利，负责国家石油储备基地建设和管理，承担战略石油储备收储、轮换和动用任务，监测国内外石油市场供求变化。国家石油储备中心的成立增强了中国石油储备管理力量，理顺了中国石油储备管理层级关系，拉开了石油储备向专业化、正规化发展的帷幕。我国石油储备体系建设虽刚刚起步，然而不论从国内市场还是从外部环境来看，完善我国石油储备体系都是迫在眉睫的事情。

2）我国石油储备油库建设状况

我国石油储备量的初步目标是达到 90 天甚至 100 天的石油进口量，2008 年我国进口石油量为 2 亿吨，90 天进口量约为 5 000 万吨。

2004 年，我国首批四个国家战略石油储备基地正式确定并开工建设，分别位于镇海、舟山、大连、黄岛，2006 年 10 月起，开始向镇海石油储备基地注油，2008 年底，一期四大基地全部建成投用，储备能力总计 1 400 万吨，至此中国战略石油储备完成"开局"，即便如此，中国总的石油储备能力也仅仅只相当于约 28 天的原油进口量。

目前国家石油储备油库二期工程已规划完毕，影响选址的主要因素是石油需求量、运输成本及交通，工业发达、用油量大的东部地区是首要考虑对象。但考虑到石油进口的多元化，部分二期基地将设在内陆地区，可从俄罗斯、哈斯克斯坦等国进口石油，使布局更加合理，这样更符合国家石油安全的战略。在未来几年内，我国须加快石油储备二期甚至三期工程建设，使国家石油储备基地总库容加快达到 5 000 万吨以上，同时我国油气行业需尽快建设完善东北、西北、西南、海上四大进口油气战略通道。

3）石油储备油库宜采用地上与地下相结合

我国一期四大石油储备基地全部采用地上油库，鉴于地上石油储备油库存在一些缺点，借鉴国外的经验，建议今后国家石油储备宜主要采用地下储备库形式，美国战略储备油的70% 以上、韩国战略储备油的 80% 以上以及北欧国家等多采用地下库储备。地下石油储备油库有三大优势：安全环保，可有效防止雷击、恐怖袭击；可以节约土地，其地面设施占地仅为地上库的十分之一；节省费用，以一个 300 万立方米库计，据测算地下库比地上库节省 6 亿 ~ 7 亿元建设投资，运营费用仅相当于地上库的三分之一。因此我国应积极推动地下石油储备油库的建设。

4）我国的石油储备体系

石油储备是一个体系化的建设过程，涉及总量、地区分布、所有制分布这些因素，现在中国的石油储备体系化建设才真正开始，本质上就是构建政府储备与企业储备、战略储备与义务储备相结合的综合石油储备体系。结合目前中国实际情况，建议可以建立四级石油储备体系，所谓四级储备，分别是国家战略石油储备、各个地方政府的石油储备、三大石油公司的商业石油储备和中小型公司的石油储备。

由于石油储备将需要大量资金，因此国家应当在石油储备中占据主导，以战略储备承担和化解石油安全与经济保障的风险，同时采取政府与企业共担，中央与地方分担的财政负担机制，以分散战略储备的财政支出压力，企业可在经济杠杆的作用下承担商业储备的重任，而且根据国外经验，大型用油企业有义务承担一定的储备量，这需要我国进一步健全这方面的法律规定。

近两年来，中石化已在宁波和上海建设 475 万方商业储备油库，未来三年，还将建设库容约 1 000 万方的商业储备油库，同样中石油也建立了一定规模的商业储备油库，这些商业储备油库对于提高国家和企业应对风险能力，保障国家石油安全战略具有非常重要的意义。

（3）我国的石油储备管理机构

中国石油储备建设起步较晚，直到近年来中国石油对外依存度快速攀升，加上国际油价波动剧烈，石油储备才被提升到战略安全的层面加以考虑。进入 21 世纪后，我国的石油储备体系建设开始起步，2004 年 4 月，国家发改委能源局正式组建，其要职之一就是管理国家战略石油储备。此后，国家发改委石油储备办公室正式运作，其主要负责国家战略石油储备基地的建立；2007 年 12 月，国家石油储备中心正式成立；2008 年 8 月国家能源局成立，其职责之一为管理国家石油储备。国家石油储备中心是中国石油储备管理体系中的执行层，宗旨是为维护国家经济安全提供石油储备保障，职责是行使出资人权利，负责国家石油储备基地建设和管理，承担战略石油储备收储、轮换和动用任务，监测国内外石油市场供求变化。国家石油储备中心的成立增强了中国石油储备管理力量，理顺了中国石油储备管理层级关系，拉开了石油储备向专业化、正规化发展的帷幕。我国石油储备体系建设虽刚刚起步，然而不论从国内市场还是从外部环境来看，完善我国石油储备体系都是迫在眉睫的事情。

（4）我国石油储备油库建设状况

我国石油储备量的初步目标是达到90天甚至100天的石油进口量，2008年我国进口石油量为2亿吨，90天进口量约为5 000万吨。

2004年，我国首批四个国家战略石油储备基地正式确定并开工建设，分别位于镇海、舟山、大连、黄岛，2006年10月起，开始向镇海石油储备基地注油，2008年底，一期四大基地全部建成投用，储备能力总计1 400万吨，至此中国战略石油储备完成"开局"，即便如此，中国总的石油储备能力也仅仅只相当于约28天的原油进口量。

目前国家石油储备油库二期工程已规划完毕，影响选址的主要因素是石油需求量、运输成本及交通，工业发达、用油量大的东部地区是首要考虑对象。但考虑到石油进口的多元化，部分二期基地将设在内陆地区，可从俄罗斯、哈斯克斯坦等国进口石油，使布局更加合理，这样更符合国家石油安全的战略。在未来几年内，我国须加快石油储备二期甚至三期工程建设，使国家石油储备基地总库容加快达到5 000万吨以上，同时我国油气行业需尽快建设完善东北、西北、西南、海上四大进口油气战略通道。

（5）石油储备油库宜采用地上与地下相结合

我国一期四大石油储备基地全部采用地上油库，鉴于地上石油储备油库存在一些缺点，借鉴国外的经验，建议今后国家石油储备宜主要采用地下储备库形式，美国战略储备油的70%以上、韩国战略储备油的80%以上以及北欧国家等多采用地下库储备。地下石油储备油库有三大优势：安全环保，可有效防止雷击、恐怖袭击；可以节约土地，其地面设施占地仅为地上库的十分之一；节省费用，以一个300万立方米库计，据测算地下库比地上库节省6亿~7亿元建设投资，运营费用仅相当于地上库的三分之一。因此我国应积极推动地下石油储备油库的建设。

4. 我国的石油储备体系

（1）是一个体系化的建设过程

石油储备涉及总量、地区分布、所有制分布这些因素，现在中国的石油储备体系化建设才真正开始，本质上就是构建政府储备与企业储备、战略储备与义务储备相结合的综合石油储备体系。结合目前中国实际情况，建议可以建立四级石油储备体系，所谓四级储备，分别是国家战略石油储备、各个地方政府的石油储备、三大石油公司的商业石油储备和中小型公司的石油储备。

由于石油储备将需要大量资金，因此国家应当在石油储备中占据主导，以战略储备承担和化解石油安全与经济保障的风险，同时采取政府与企业共担，中央与地方分担的财政负担机制，以分散战略储备的财政支出压力，企业可在经济杠杆的作用下承担商业储备的重任，而且根据国外经验，大型用油企业有义务承担一定的储备量，这需要我国进一步健全这方面的法律规定。

近两年来，中石化已在宁波和上海建设475万方商业储备油库，未来三年，还将建设库容约1000万方的商业储备油库，同样中石油也建立了一定规模的商业储备油库，这些商业储备油库对于提高国家和企业应对风险能力，保障国家石油安全战略具有非常重要的意义。

（2）分三阶段建设，选址更加多元

第一阶段（2004～2009年）：已注满石油

设计储量：1.02亿桶（1640万立方米）或者是21天的净进口量，由位于不同地点的四个储备库组成。

选址标准：第一阶段的四个储备库镇海、黄岛、大连和舟山均位于沿海地区，主要考虑如下四个标准：注入石油的方便程度，交通的便利程度，与周边石油冶炼设备的距离，在紧急情况下的迅速反应能力。

举例来说，镇海储备库就很好地满足上述四个标准。其位于交通便利的长三角地区，周边有诸多大型的石油冶炼设备，诸如中国石油（601857，股吧）、上海石化工厂、扬子石油化工厂等，还有建设中的其他一些石化工厂。

建设进展：2004年浙江镇海项目开工建设，截至2008年，第一阶段所有四个储备库均已完工。

储油需求：从2006年三季度至2009年二季度，四个储备基地共注入了1.02亿桶原油。如果注入速度平稳的话，这意味着此间每天平均注入量，亦即储油增量，约为10万桶。但据报道，第一阶段的原油平均收储成本为58美元/桶，这说明大部分原油是在2008年下半年至2009年上半年间入库的，意味着此间储油提升量约为28万桶/天。

第二阶段（2009年至今）：建设中

设计储量：1.69亿桶（2680万立方米）或相当于21天的石油净进口量，将分别储存于8个储备库，其中仅有一些得到确认。

选址标准：截至目前，中国尚未披露第二阶段储备库选址的完整名单。

与第一阶段的标准相比，第二阶段有两个明显的转变值得关注：一是更多的石油储备库将位于中国的内陆地区，以保证地域的多元性。二是更注重开发地下石油储备库的潜力。其具备潜在的储存空间，且与地上石油储备库相比，建设和维护费用较低。对这些项目的可行性研究，据说已经开始。辽宁锦州等地是此阶段地下储备库的候选地。

建设进展：所有的计划和准备工作均已就绪，并且在2010年的三四月份，得到了相关政府部门的批准。第二阶段将包括8个石油储备库。其中的4个已经开工建设。据以往经验，预计第二阶段的时间跨度可能是3～4年。

储油需求：随着第二阶段部分建设将于2011年年中陆续竣工，预计随后的6～18个月内储油需求可能会再次升至10万～20万桶/天。

第三阶段（预计 2020 年完成）：规划中

设计储量：1.69 亿桶（2 680 万立方米）或相当于 21 天的净进口量，储备库的数量尚待确定。

选址标准：类似于第二阶段，以进一步多元化选址为目标。截至目前，官方尚未披露任何已经确认的选址。

建设进展：选址尚未确定，相关准备工作正在进展中，预计 2020 年完成。

低价买油，储备库尚未注满。

尽管没有官方的石油注入战略，但在实践中，中国遵循了一定的策略，倾向于在石油价格低谷期大量买入石油。

2007 年年末，黄岛储备库虽已完工，却仍有大部分的储备空间等待注入。因为在 2007 年晚期及 2008 年的早期，国际油价处于高位，中国希望以更为合理的价格来购买石油，便选择了等待。

在国际金融危机冲击下，油价大跌，同时大连和舟山两个储备库的完工，于是中国在 2008 年末和 2009 年早期大规模买入石油。2009 年 6 月，中国宣布第一阶段的 4 个储备库均已注满石油，总量达 1.02 亿桶，购买均价为 58 美元 / 桶。

第二阶段的建设工作始于 2008 年末期，其总储量达到 1.69 亿桶。截至目前第二阶段仅有 600 万桶石油注入量，只占其总储量的很小比例。由于第二阶段的建设工作要持续到 2011 年中期，所以预计届时储备库的石油注入需求量为每天 10 万 ～ 20 万桶。

第三阶段建设工程未启动，亦未有石油注入。

四、能源储备发展方向及解决方案

1. 尽快完善相关法律法规

石油储备是一项事关国家与产业安全，且投资巨大、选点严格、建设周期较长的系统工程。要完成这样的工程建设，必须有法律法规作保障。中国现在迫切需要在石油储备和能源安全方面立法，加快石油储备建设和管理的法制化、规范化，使石油储备建设的全过程有法可依，具体应包括：战略石油储备建设的中长期目标、发展规划；政府规模和商业储备的最低规模、紧急情况下的动用程序和规模；原油及设备的采购费、日常管理费；企业所承担的储备义务等。

2. 确保规模，坚持分步走和多元化储备策略

国际能源署成员国的石油储备标准是 90 天的石油净进口量。为使战略石油储备更好地发挥应有的作用，中国的石油储备远期目标也应以此为标准，这就需要非常大的储备规模。在实施过程中，应结合我国实际情况，一是采取分步实施的办法。先制定近期目标，在此基础上制定中期和远期储备目标。二是加强商业储备。鼓励相关企业在正常的周转库存外建立相应的商业储备，作为对国家战略石油储备的重要补充，确保在石油价格动荡变

化时企业生产经营的稳定和国家战略石油供应安全。三是在储存方式上，应充分考虑战备安全、运输、储存成本等因素，采取多样化的储存方式，做到"三个结合"：地面储存与地下储存相结合，人工设施储存与利用盐穴、溶洞等天然地理环境储存相结合，现有设施储备与新建基地储存相结合。四是在石油储备基地的布局和选址上，应合理规划，除重点考虑地理位置优越、交通运输便利、运转石油方便、有良好水域条件外，还应考虑要有一定的战略纵深度和隐蔽度，以应对敌对势力的战略打击和安全保密。

3. 完善管理体制和运行机制

借鉴美国、日本和德国等国经验，并结合我国的实际国情，本着适度集中、政企分开和机构精干的原则，建立起由中央统一管理，决策层、管理层和操作层相互分离的三级管理体制，其中，决策层是国务院的能源主管部门，可设立国家石油储备办公室作为具体办事机构；管理层是国家石油储备管理中心，是独立核算的特别法人机构；操作层包括政府成立的石油储备基地公司，未来将组建的石油储备联盟，也包括承储的民营企业。国家应通过法律界定好各层次的"责、权、利"关系。改革开放30年，我国民营经济快速发展，一些有实力的企业积累的殷实的资本和丰富的工商业管理经验，我国应科学借鉴国外"藏油于民"的石油储备策略，允许具有资质的民营企业以股份制的形式介入石油储备体系，增加市场竞争性，尽快制定相关法律法规，鼓励、引导民营企业参与国家石油商业储备体系建设，根据我国的实际国情，最终形成以国家战略石油储备为主体，以民间商业储备为重要补充的整体国家石油储备体系。

4. 石油统计和报告制度

国际能源署（IEA）和欧盟的大多数成员制定的能源安全和石油储备的法律中，大都含有对石油经营者定期报告石油生产、销售、进出口、库存统计数据的要求，报告对象或是国家统计部门，或是经济、能源主管部门，也有的是石油储备机构。通过信息的收集、分析，政府可以及时跟踪和监测石油供需形势、市场变化，对石油储备应保持多大规模、应急情况下的储备投放等进行决策。如果石油经营者未能如实按期报告，政府将依法采取惩罚措施。目前，我国的能源统计还不够完善，特别是石油统计数据还不完全，不能满足建立国家能源数据库的需要，不利于提高决策的科学性和及时性。在研究建立我国国家石油储备的过程中，应建立石油信息报告制度，完善石油统计。

5. 多方筹资，实行税收政策和部分商业化运作

建立战略石油储备，达到国际能源署成员国石油储备标准，必定要建立大型石油储备基地，这需要巨额资金，将给政府造成沉重的经济负担；同时，战略石油储备基地的维护、管理等也需要投入巨额资金，资金来源是一个难点、焦点问题。美国战略石油储备所需资金全部由联邦财政预算包揽，在政府财政赤字日益高涨的情况下，战略石油储备所需的巨额支出已成为联邦政府的沉重负担，并因此制约着其战略石油储备的发展。对此，我国应从中汲取教训，采取多种方式筹措资金，一是政府给予财政拨款。二是设立专门的战略石

油储备税，即对石油产品消费、石油及石油产品进口征收战略石油储备税，用于战略石油储备设施建设、石油购买、维护和管理等。三是开辟石油期货市场或远期合约交易制度，加强风险分散的市场化力量。四是建立期货储备，如参与国际期货市场投资，通过在期货市场上的适度持仓影响市场价格、摊低进口成本。五是对战略石油储备设立最低保有量，在达到最低保有量后，可利用超出的库容在国际市场进行以赢利为目的的商业运营，以减轻政府负担，使战略石油储备系统为国家整体利益服务。

6.加强石油储备体系建设的国际合作

石油是世界性的战略产品，而且供求关系十分脆弱，价格波动大，而我国已经成为石油消费和进口大国，对国际石油市场的影响越来越大。我国在建设石油储备体系过程中，应该加强国际合作，以增加国际石油信息的透明度，缓解全球油价的波动，首先，应加强与国际能源署的合作。虽然我国不是国际能源署的成员，但在采购和动用石油储备时应与该机构进行合作，遵循一致的石油储备使用原则，共同应对投机操作、恐怖主义等影响国际能源安全的重大问题，可以建立国家能源主管部门与国际能源署的定期对话机制，互相通报各自的石油供需情况，实际储备规模，在石油储备动用前双方应交换意见。其次，应强化东亚区域能源合作。目前，除日本和韩国外，东亚其他国家都没有建立公共石油储备，政府难以在石油供应中断时调控市场。一旦发生紧急情况，东亚大部分国家可使用的石油储备极其有限，难以应对石油危机，并影响区域能源安全。因此，我国应积极参与亚洲能源合作论坛，主导东亚区域能源协作，协调各国石油储备政策，共同维护能源安全。

第二节　石油勘探

石油勘探是指为了寻找和查明油气资源，而利用各种勘探手段了解地下的地质状况，认识生油、储油、油气运移、聚集、保存等条件，综合评价含油气远景，确定油气聚集的有利地区，找到储油气的圈闭，并探明油气田面积，搞清油气层情况和产出能力的过程。

一、简史

1.初期阶段

19世纪40年代以前，最初人们通过寻找油苗、气苗等指导寻找石油（以无机派为主）。早期的找油是从观察出露到地表的油或气（被称为"油气苗"）入手的，勘探队员们在野外特别注意寻找和打听工区内有没有石油或冒气泡的水泉，这是最直观的找油方法，古今中外都一样。我国的克拉玛依油田因其附近有"黑油山"而引起注意，投入钻探后发现的；独山子油田则因有含油气的泥水长期溢流而成的"泥火山"著称；玉门油田其旁有"石油沟"；延长油矿范围内有多处油苗出露；四川最早利用气井的自贡，也有不少气苗可以点燃，古籍中也有记载；青海有些与"油"有关的地名如"油砂山"、"油泉子"等则是现代的石油队员在勘查时以其油苗而取的名字。

2.第二阶段

19 世纪 40 年代至 20 世纪 40 年代。人们在长期利用和寻找石油的实践中，随着科学水平的提高，逐渐认识到油气的聚集和背斜构造有关。19 世纪 40 年代左右出现了"背斜聚油理论"，这个理论指导石油勘探近百年，目前仍起着重要作用。同时逐步完善了物探方法，运用重力、电、磁等进行油气勘探，这期间有机成油说逐渐占了统治地位。

3.第三阶段

20 世纪 40 年代至今。由于科学的迅速发展和油气田大规模勘探开发，获得了丰富的地质资料，对油气的生成、运移、聚集等各方面的规律有了进一步的认识，各种油气田勘探方法的质量有了明显的提高，勘探的精度和深度有了相当高的水平，并出现了许多新型找油技术，大大提高了找油效率。

二、勘探方法

目前主要的勘探方法有以下四类：地质法、地球物理法、地球化学法和钻探法。

1.地质法

地质法是利用地质资料寻找油气田基本方法。它所研究的内容包括：地面地质的观察和研究；井下地质的观察和研究；实验室的测定和研究；以及航空、卫星照片的地质解释等。

（1）油气地质测量：在油气普查和详查阶段采用的一般地质调查方法。填出不同比例尺的地质图，同时对区域地质构造（1/100 万 ~ 1/10 万）或局部地质构造（1/10 万 ~ 1/2.5 万）进行重点研究。

地质法过去和将来都是认识和研究地质构造的基本的、主要的方法，是直接获取地质资料的方法，是正确解释任何地球物理或地球化学成果的基础。

（2）油气专题地质研究：在油气勘探各个时期，结合生产需要进行各方面的专题或综合地质研究。例如地层、构造、岩相古地理、生、储油层、水文地质、地貌等方面专题研究。地质法一般具有技术简单、成本低的优点，但是，地质法在第四系覆盖区或构造上下不符合地区就受到限制，因此，应和其他方法配合使用。

2.地球物理法

（1）地震勘探：是根据地质学和物理学的原理，利用电子学和信息论等领域的新技术，采用人工方法引起地壳振动，如利用炸药爆炸产生人工地震。再用精密仪器记录下爆炸后地面上各点的震动情况，把记录下来的资料经过处理、解释。推断地下地质构造的特点，寻找可能的储油构造。目前，地震勘探是石油勘探中一种最常见和最重要的方法。

（2）重力勘探：各种岩石和矿物的密度是不同的，根据万有引力定律，其引力也不同。

据此研究出重力测量仪器，测量地面上各个部位的重力，排除区域性重力场的影响，就可得出局部的重力差值，发现异常区，称作重力勘探。它就是利用岩石和矿物的密度与重力场值之间的内在联系来研究地下的地质构造。

（3）磁力勘探：各种岩石和矿物的磁性是不同的，测定地面各部位的磁力强弱来研究地下岩石矿物的分布和地质构造，称作磁力勘探。在油气田区，由于烃类向地面渗漏而形成还原环境，可把岩石或土壤中的氧化铁还原成磁铁矿，用磁力仪可以测出这种异常，并与其他勘探手段配合，发现油气田。

（4）电法勘探：它实质是利用岩石和矿物（包括其中的流体）的电阻率不同，在地面测量地下不同深度地层介质电性差异，以研究各层地质构造的方法，对高电阻率岩层如石灰岩等效果明显。

3. 地球化学法

根据大多数油气藏的上方都存在着烃类扩散的"蚀变晕"的特点，用化学的方法寻找这类异常区，从而发现油气田，就是油气地球化学勘探。它通过测定地下油气向地表扩散和渗滤的微量烃类与周围介质所发生的生物化学、物理化学作用的产物，并根据这些产物的异常区来预测地下油气藏的存在（如生物体元素异常、大气、水体、土壤等元素异常）。

地球化学法是建立在有机化学、物理化学和生物化学的理论基础上，利用先进的分析仪器的新型勘探方法，其内容是研究有机质如何向油气转化及油气形成后与周围介质间的各种化学、物理化学和生物化学作用。利用研究所得到的各种指标，评价区域含油远景和局部构造的含油气性。

4. 钻探法

钻探法就是利用钻井寻找油气田的方法。钻探法是油气勘探中必须采用的重要手段，由调查、发现油气藏一直到油气藏的开采都要利用钻探。

三、勘探开发全流程

油气田勘探开发的主要流程：地质勘查→物探→钻井→录井→测井→固井→完井→射孔→采油→修井→增采→运输→加工等。这些环节，一环紧扣一环，相互依存、密不可分，作为专业石油人，我们有必要对石油勘探开发的流程有一个全局的了解！

（一）地质勘探

地质勘探就是石油勘探人员运用地质知识，携带罗盘、铁锤等简单工具，在野外通过直接观察和研究出露在地面的底层、岩石，了解沉积地层和构造特征。收集所有地质资料，以便查明油气生成和聚集的有利地带和分布规律，以达到找到油气田的目的。但因大部分地表都被近代沉积所覆盖，这使地质勘探受到了很大的限制。地质勘探的过程是必不可少的，它极大地缩小了接下来物探所要开展工作的区域，节约了成本。

地面地质调查法一般分为普查、详查和细测三个步骤。普查工作主要体现在"找"上，其基本图幅叫作地质图，它为详查阶段找出有含油希望的地区和范围；详查主要体现在"选"上，它把普查有希望的地区进一步证实选出更有力的含油构造；而细测主要体现在"定"上，它把选好的构造，通过细测把含油构造具体定下来，编制出精确的构造图以供进一步钻探，其目的是为了尽快找到油气田。

（二）地震勘探

在地球物理勘探中，反射波法地震方法是一种极重要的勘探方法。地震勘探是利用人工激发产生的地震波在弹性不同的地层内传播规律来勘测地下地质情况的方法。地震波在地下传播过程中，当地层岩石的弹性参数发生变化，从而引起地震波场发生变化，并发生反射、折射和透射现象，通过人工接收变化后的地震波，经数据处理、解释后即可反演出地下地质结构及岩性，达到地质勘查的目的。地震勘探方法可分为反射波法、折射波法和透射波法三大类，目前地震勘探主要以反射波法为主。

地震勘探的三个环节：

第一个环节是野外采集工作。这个环节的任务是在地质工作和其他物探工作初步确定的有含油气希望的探区布置测线，人工激发地震波，并用野外地震仪把地震波传播的情况记录下来。这一阶段的成果是得到一张张记录了地面振动情况的数字式"磁带"，进行野外生产工作的组织形式是地震队。野外生产又分为试验阶段和生产阶段，主要内容是激发地震波，接收地震波。

第二个环节是室内资料处理。这个环节的任务是对野外获得的原始资料进行各种加工处理工作，得出的成果是"地震剖面图"和地震波速度、频率等资料。

第三个环节是地震资料的解释。这个环节的任务是运用地震波传播的理论和石油地质学的原理，综合地质、钻井的资料，对地震剖面进行深入的分析研究，说明地层的岩性和地质时代，说明地下地质构造的特点，绘制反映某些主要层位的构造图和其他的综合分析图件；查明有含油、气希望的圈闭，提出钻探井位。

（三）钻井

经过石油工作者的勘探会发现储油区块，利用专用设备和技术，在预先选定的地表位置处，向下或一侧钻出一定直径的圆柱孔眼，并钻达地下油气层的工作，称为钻井。

在石油勘探和油田开发的各项任务中，钻井起着十分重要的作用。诸如寻找和证实含油气构造、获得工业油流、探明已证实的含油气构造的含油气面积和储量，取得有关油田的地质资料和开发数据，最后将原油从地下取到地面上来等等，无一不是通过钻井来完成的。钻井是勘探与开采石油及天然气资源的一个重要环节，是勘探和开发石油的重要手段。

石油勘探和开发过程是由许多不同性质、不同任务的阶段组成的。在不同的阶段中，钻井的目的和任务也不一样。一些是为了探明储油构造；另一些是为了开发油田、开采原油。为了适应不同阶段、不同任务的需要，钻井的种类可分为以下几种。

（1）基准井：在区域普查阶段，为了了解地层的沉积特征和含油气情况，验证物探成果，提供地球物理参数而钻的井，一般钻到基岩并要求全井取心。

（2）剖面井：在覆盖区沿区域性大剖面所钻的井，目的是为了揭露区域地质剖面，研究地层岩性、岩相变化并寻找构造，主要用于区域普查阶段。

（3）参数井：在含油盆地内，为了解区域构造，提供岩石物性参数所钻的井，参数井主要用于综合详查阶段。

（4）构造井：为了编制地下某一标准层的构造图，了解其地质构造特征，验证物探成果所钻的井。

（5）探井：在有利的集油气构造或油气田范围内，为确定油气藏是否存在，圈定油气藏的边界，并对油气藏进行工业评价及取得油气开发所需的地质资料而钻的井。各勘探阶段所钻的井，又可分为预探井、初探井、详探井等。

（6）资料井：为了编制油气田开发方案，或在开发过程中为某些专题研究取得资料数据而钻的井。

（7）生产井：在进行油田开发时，为开采石油和天然气而钻的井。生产井又可分为产油井和产气井。

（8）注水（气）井：为了提高采收率及开发速度，而对油田进行注水注气以补充和合理利用地层能量所钻的井。专为注水注气而钻的井叫注水井或注气井，有时统称注入井。

（9）检查井：油田开发到某一含水阶段，为了搞清各油层的压力和油、气、水分布状况，剩余油饱和度的分布和变化情况，以及了解各项调整挖潜措施的效果而钻的井。

（10）观察井：油田开发过程中，专门用来了解油田地下动态的井。如观察各类油层的压力、含水变化规律和单层水淹规律等，它一般不负担生产任务。

（11）调整井：油田开发中、后期，为进一步提高开发效果和最终采收率而调整原有开发井网所钻的井（包括生产井、注入井、观察井等）。这类井的生产层压力或因采油后期呈现低压，或因注入井保持能量而呈现高压。

（四）录井

录井技术是油气勘探开发活动中最基本的技术，是发现、评估油气藏最及时、最直接的手段，具有获取地下信息及时、多样，分析解释快捷的特点。通常基本录井数据包括ROP、深度、岩屑岩性、气体测量和岩屑描述，也可能包括对泥浆流变特征或钻井参数的说明。

1.录井概念

录井是用地球化学、地球物理、岩矿分析等方法，观察、收集、分析、记录随钻过程中的固体、液体、气体等返出物信息，以此建立录井剖面，发现油气显示，评价油气层，为石油工程提供钻井信息服务的过程。

（1）狭义录井

常规录井：岩屑录井、岩心录井、气测录井、钻井工程参数录井、荧光录井等。录井新技术：轻烃色谱分析录井、热蒸发烃色谱分析录井、核磁共振录井、离子色谱水分析、地层压力评价等。

（2）广义录井

除了常规录井以外，广义录井还包括：井位勘测、钻井地质设计、录井工程设计、录井信息传输、油气层综合评价解释、单井地质综合评价等。

2.录井工程

（1）从专业学科讲：以规模化录井工程生产为基础，以优化系统、提高生产率为目标，在石油地质学、地球化学、地球物理学。

（2）从工业生产角度讲：根据合同的要求，在钻井过程中依据钻井地质设计，录井工程设计的要求，录井施工人员采用相关录井技术，使用录井仪器设备，以合理的施工成本，完成录井施工的过程。

3.录井工程的任务

在钻井过程中，分析、测量、观察从井下返出的物质固态、液态、气态三种状态的物质信息，我们把必须在井场完成的叫作第一层录井信息，可以在室内完成分析的叫作第二层录井信息。

（1）第一层录井信息包括：固体：岩屑、岩心。液体：油的显示信息、钻井液及其滤液信息。气体：钻井液中的气体、岩心岩屑中的气体等。其他：工程施工参数（钻井、测井、测试、固井、完井、钻具、套管等），收集资料（井喷、井涌、井漏等）。

（2）第二层录井信息包括：照相扫描、热解分析、荧光分析、孔渗分析、岩矿分析、古生物分析等。

（3）录井的任务：录井的任务就是把这两层信息利用录井手段取全取准，还原成井筒地质剖面图的过程。

4.录井的方法

地球化学法（岩石热解、荧光分析、离子色谱分析等）、地球物理分析方法（岩石核磁共振分析等）、岩矿分析方法（岩屑、岩心、气测等）。

5.录井的手段

录井的手段主要是指录井分析仪器、设备，主要包括综合录井仪、气测仪、地化录井仪、荧光录井仪、核磁共振仪、泥页岩密度仪、碳酸盐岩分析仪、色谱分析仪、水分析仪等。

6.岩屑录井

岩屑录井是钻井地质现象录井方法之一，在钻井过程中，地质人员按照一定的取样间距和迟到时间，连续收集与观察岩屑并恢复地下地质剖面图的过程。岩屑录井的费用少，有识别井下地层岩性和油气的重要作用，是油气勘探中必须进行的一项工作。

岩屑录井主要过程：

（1）岩屑收集与整理；

（2）岩屑的描述；

（3）岩屑的保存；

（4）真假岩屑的识别；

（5）利用岩屑判断和分析地下岩石性质；

（6）岩屑录井草图和实物剖面；

（7）利用岩屑划分岩性和地层。

（五）测井

测井，也叫地球物理测井或矿场地球物理，简称测井，是利用岩层的电化学特性、导电特性、声学特性、放射性等地球物理特性，测量地球物理参数的方法，属于应用地球物理方法（包括重、磁、电、震、核）之一。简而言之，测井就是测量地层岩石的物理参数，就如同用温度计测量温度是同样的道理。

石油钻井时，在钻到设计井深深度后都必须进行测井，以获得各种石油地质及工程技术资料，作为完井和开发油田的原始资料，这种测井习惯上称为裸眼测井。而在油井下完套管后所进行的二系列测井，习惯上称为生产测井或开发测井。其发展大体经历了模拟测井、数字测井、数控测井、成像测井四个阶段。

1. 测井的原理

任何物质组成的基本单位是分子或原子，原子又包括原子核和电子。岩石可以导电的，我们可以通过向地层发射电流来测量电阻率，通过向地层发射高能粒子轰击地层的原子来测量中子孔隙度和密度。地层含有放射性物质，具有放射性（伽马）；地层作为一种介质，声波可以在其中传播，测量声波在地层里传播速度的快慢（声波时差）。地层里的地层水里面含有离子，它们会和井眼中泥浆中的离子发生移动，形成电流，我们可以测量到电位的高低（自然电位）。

2. 测井的方法

（1）电缆测井是用电缆将测井仪器下放至井底，再上提，上提的过程中进行测量记录。常规的测井曲线有 9 条；

（2）随钻测井（LWD-log while drilling）是将测井仪器连接在钻具上，在钻井的过程中进行测井的方式。边钻边测，为实时测井（real time），井眼打好之后起钻进行测井为（tipe log）。

3. 测井的参数

（1）GR- 自然伽马

GR 是测量地层里面的放射性含量，岩石里黏土含放射性物质最多。通常，泥岩 GR 高，砂岩 GR 低。

（2）SP- 自然电位

地层流体中除油气的地层水中的离子和井眼中泥浆的离子的浓度是不一样的，由于浓度差，高浓度的离子会向低浓度的离子发生转移，于是就形成电流。自然电位就是测量电位的高低，以分辨砂岩还是泥岩。

（3）CAL- 井径

井径就是测量井眼尺寸的大小。比如用八寸半的钻头钻的井眼，测量的井径或为八寸半，或大于八寸半（称扩径），或小于八寸半（称缩径）。测量的井径是对所钻井眼尺寸大小的直观认识。

（4）AC- 声波

常说人所说的声波即是声波时差，单位为毫秒每米，声波时差小，也就是声波在地层传播的时间少，说明地层比较致密和坚硬，反之地层比较疏松。

（5）ZDL- 密度

用放射源向地层发射高能粒子轰击地层的原子来测量密度，密度值是岩石单位体积的密度，包括固体和流体。

（6）CN- 中子

用放射源向地层发射高能粒子轰击地层的原子来测量中子，我们也叫中子孔隙度，也叫总孔隙度，测量的是流体体积占整个岩石的百分比。

（7）电阻率（resistivity）

电阻率分为微侧向和双侧向（包括浅侧向和深侧向），它们的区别就在于探测深度不一样，深侧向探测深度最大，浅侧向次之，微侧向最小。由于泥浆对地层的侵入不同，井眼为圆心在不同的半径范围内，地层有完全被泥浆侵入、部分被泥浆侵入、未被泥浆侵入，这分别对应微侧向、浅侧向、深侧向探测的地层。

（8）其他

①核磁测井：测压取样（测压是测量地层压力，以计算地层流体的密度，进而确定流体性质；取样是将地层里的流体抽出来取到地面）；

②井壁取心：垂直地震（VSP）（Vertical Seismic Profile）。

4. 测井解释

测井解释的一般过程：先找储层，再找油气，一般来说油气水只存在于砂岩中，GR值低的为砂岩。GR 高的为泥岩，找到砂岩之后，再在砂岩中找电阻率较高的层位，基本上就是油气层。一般地油气层的曲线响应是：伽马（GR）较低，电阻率较高，中子较小，密度较小，对应的水层的电阻率相对油气层电阻率偏低。

（六）固井

为了达到加固井壁，保证继续安全钻进，封隔油、气和水层，保证勘探期间的分层测试及在整个开采过程中合理的油气生产等目的而下入优质钢管，并在井筒与钢管环空充填好水泥的作业，称为固井工程。

1. 固井的目的

（1）封隔易坍塌、易漏失的复杂地层，巩固所钻过的井眼，保证钻井顺利进行；

（2）提供安装井口装置的基础，控制井口喷和保证井内泥浆出口高于泥浆池，以利钻井液流回泥浆池；

（3）封隔油、气、水层，防止不同压力的油气水层间互窜，为油气的正常开采提供有利条件；

（4）保护上部砂层中的淡水资源不受下部岩层中油、气、盐水等液体的污染；

（5）油井投产后，为酸化压裂进行增产措施创造了先决有利的条件。

2. 固井的步骤

（1）下套管

套管与钻杆不同，是一次性下入的管材，没有加厚部分，长度没有严格规定。为保证固井质量和顺利地下入套管，要做套管柱的结构设计。根据用途、地层预测压力和套管下入深度设计套管的强度，确定套管的使用壁厚，钢级和丝扣类型。

（2）注水泥

注水泥是套管下入井后的关键工序，其作用是将套管和井壁的环形空间封固起来，以封隔油气水层，使套管成为油气通向井中的通道。

（3）井口安装和套管试压

下套管注水泥之后，在水泥凝固期间就要安装井口。表层套管的顶端要安套管头的壳体。各层套管的顶端都挂在套管头内，套管头主要用来支撑技术套管和油层套管的重量，这对固井水泥未返至地面尤为重要。套管头还用来密封套管间的环形空间，防止压力互窜。套管头还是防喷器、油管头的过渡连接。陆地上使用的套管头上还有两个侧口，可以进行补挤水泥、监控井况、注平衡液等作业。

（4）检查固井质量

安装好套管头和接好防喷器及防喷管线后，要做套管头密封的耐压力检查，和与防喷器连接的密封试压。探套管内水泥塞后要做套管柱的压力检验，钻穿套管鞋2～3米后（技术套管）要做地层压裂试验。生产井要做水泥环的质量检验，用声波探测水泥环与套管和井壁的胶结情况。固井质量的全部指标合格后，才能进入到下一个作业程序。

3. 固井的方法

（1）内管柱固井

把与钻柱连接好的插头插入套管浮箍或浮鞋的密封插座内，通过钻柱注入水泥进行固井作业，称为内管柱固井。内管柱固井主要用于大尺寸（16″～30″）导管或表层套管的固井。

（2）单级双胶塞固井

首先下套管至预定井深后装水泥头、胶塞（顶塞和底塞），循环水泥，打隔离液，投底塞，再注入水泥浆，然后投顶塞，开始替泥浆。底塞落在浮箍上被击穿，顶底塞碰压，固井结束。

（3）尾管固井

尾管固井是用钻杆将尾管送至悬挂设计深度后，通过尾管悬挂器把尾管悬挂在外层套管上，首先坐封尾管悬挂器，然后开始注水泥、投钻杆胶塞顶替、钻杆胶塞剪断尾管胶塞后与尾管胶塞重合，下行至球座处碰压，固井结束。

（七）完井

根据油气层的地质特性和开发开采的技术要求，在井底建立油气层与油气井井筒之间的合理连通渠道或连通方式的过程叫作完井。

1.完井的要求

（1）油气层和井筒之间应保持最佳的连通条件，油、气层所受的损害最小；

（2）油、气层和井筒之间应有尽可能大的渗流面积，油、气入井的阻力最小；

（3）应能有效地封隔油、气、水层，防止气窜或水窜，防止层间的相互干扰；

（4）应能有效地控制油层出砂，防止井壁垮塌，确保油井长期生产；

（5）应具备进行分层注水、注气、分层压裂、酸化等分层处理措施，便于人工举升和井下作业等条件；

（6）对于稠油油藏，则稠油开采能达到热采（主要蒸汽吞吐和蒸汽驱）的要求；

（7）油田开发后期具备侧钻定向井及水平井的条件；

（8）工艺尽可能简便，成本尽可能低。

2.完井的方式

（1）射孔完井（perforating）又分为：套管射孔完井、尾管射孔完井；

（2）裸眼完井方式（Open-hole）；

（3）割缝衬管完井方式（Slotted Liner）；

（4）砾石充填完井方式（Gravel Packed）又分为：裸眼砾石充填完井、套管砾石充填完井、预充填砾石绕丝筛管。

3.完井井口装置

一口井从上往下是由井口装置、完井管柱和井底结构三部分组成。井口装置主要包括套管头、油管头和采油（气）树三部分，井口装置的主要作用是悬挂井下油管柱、套管柱、密封油管、套管和两层套管之间的环形空间以控制油气井生产、回注（注蒸汽、注气、注水、酸化、压裂和注化学剂等）和安全生产的关键设备。

完井管柱主要包括油管、套管和按一定功用组合而成的井下工具。下入完井管柱使生产井或注入井开始正常生产是完井的最后一个环节。井的类型（采油井、采气井、注水井、注蒸汽井、注气井）不一样，完井管柱也不一样。即使都为采油井，采油方式不同，完井管柱也不同。

目前的采油方式主要有自喷采油和人工举升（有杆泵、水力活塞泵、潜油电泵、气举）采油等。井底结构是连接在完井管柱最下端的与完井方法相匹配的工具和管柱的有机组合体。主要作业步骤：

（1）按设计要求摆放地面设备；

（2）立钻杆或管柱；

（3）装防喷器／功能／压力试验；

（4）刮管洗井；

（5）射孔校深；

（6）投棒点火；

（7）反涌／洗井；

（8）再次刮管洗井；

（9）下封隔器；

（10）下防砂管柱；

（12）下生产管柱；

（13）拆井口防喷器；

（14）装井口采油树；

（15）卸载；

（16）验收交井。

（八）射孔

用专用射孔弹射穿套管及水泥环，在岩体内产生孔道，建立地层与井筒之间的连通渠道，以促使储层流体进入井筒的工艺过程叫作射孔。

1.射孔的目的

固井结束之后，井筒与地层之间隔着一层套管和水泥环，另外还有一部分受泥浆污染的近井地带，而射孔的主要目的是穿透套管和水泥环，打开储层，建立地层与井筒之间的连通，使流体能够进入井筒，从而实现油气井的正常生产。

2.射孔器材

射孔器材包括火工品和非火工品。

火工品是指在外界能量刺激下能够产生爆炸，并实现预定功能的元件，包括射孔弹、导爆索、传爆管、传爆管退件、电雷管、撞击雷管、延时火药、复合火药、集束火药、桥塞火药、尾声弹和隔板火药等；非火工品包括射孔枪、枪接头、油管、玻璃盘接头、压力开孔装置，减震器，放射性接头、点火棒等。

3.射孔方式

射孔方式要根据油层和流体的特性、地层伤害状况、套管程序和油田生产条件来选择，射孔工艺可分为正压射孔和负压射孔，其中用高密度射孔液使液柱压力高于地层压力的射孔为正压射孔；将井筒液面降低到一定深度，形成低于地层压力建立适当负压的射孔为负压射孔。按传输方式又分为电缆输送射孔（WCP）和油管输送射孔（TCP），两种工艺各有优缺点，但是从技术工艺趋势来看，油管输送射孔将会越来越广泛使用。

4. 射孔主要参数

射孔参数主要包括射孔深度、射孔弹相位、孔径和孔密等（在后边射孔专题里会专门讲）。

射孔工程技术要求：

（1）射孔层位要准确；

（2）单层发射率在 90% 以上，不震裂套管及封隔的水泥环；

（3）合理选择射孔器；

（4）要根据油气层的具体情况，选择最合适的射孔工艺。

（九）采油

通过勘探、钻井、完井之后，油井开始正常生产，油田也开始进入采油阶段，根据油田开发需要，最大限度地将地下原油开采到地面上来，提高油井产量和原油采收率，合理开发油藏，实现高产、稳产的过得叫作采油。

1. 原油生产流道

油层—近井地带—射孔弹道—井眼内部—人工举升装置—油管—井口—采油树—地面管线—计量站—油气分离器—输油管网。

2. 常用的采油方法

（1）自喷采油法

利用油层本身的弹性能量使地层原油喷到地面的方法称为自喷采油法。自喷采油主要依靠溶解在原油中的气体随压力的降低分享出来而发生的膨胀。在整个生产系统中，原油依靠油层所提供的压能克服重力及流动阻力自行流动，不需要人为补充能量，因此自喷采油是最简单、最方便、最经济的采油方法。

（2）人工举升

人为地向油井井底增补能量，将油藏中的石油举升至井口的方法是人工举升采油法。随着采出石油总量的不断增加，油层压力日益降低；注水开发的油田，油井产水百分比逐渐增大，使流体的比重增加，这两种情况都使油井自喷能力逐步减弱。为提高产量，需采取人工举升法采油（又称机械采油），是油田开采的主要方式，特别在油田开发后期，有泵抽采油法和气举采油法两种。在陆地油田常用抽油机，海上多用电潜泵，像一些出砂井或稠油井多用螺杆泵，此外常用的还有射流泵、气举、柱塞泵等等。

3. 油气井增产工艺

油气井增产工艺是提高油井（包括气井）生产能力和注水井吸水能力的技术措施，常用的有水力压裂及酸化处理法，此外还有井下爆炸、溶剂处理等。

（1）水力压裂工艺

水力压裂是以超过地层吸收能力的大排量向井内注入黏度较高的压裂液，使井底压力提高，将地层压裂。随着压裂液的不断注入，裂缝向地层深处延伸。压裂液中要带有一定数量的支撑剂（主要是砂子），以防止停泵后裂缝闭合。充填了支撑剂的裂缝，改变了地层中油、气的渗流方式，增加了渗流面积，减少了流动阻力，使油井的产量成倍增加。最近全球石油行业很热门的"页岩气"就是利益于水力压裂技术的快速发展！

（2）油井酸化处理

油井酸化处理分为碳酸盐岩地层的盐酸处理及砂岩地层的土酸处理两大类，通称酸化。酸盐岩地层的盐酸处理：石灰岩与白云岩等碳酸盐岩与盐酸反应生成易溶于水的氯化钙或氯化镁，增加了地层的渗透性，有效地提高油井的生产能力。在地层的温度条件下，盐酸与岩石反应速度很快，大部分消耗在井底附近，不能深入到油层内部，影响酸化效果。

砂岩地层的土酸处理：砂岩的主要岩矿成分为石英、长石。胶结物多为硅酸盐（如黏土）及碳酸盐，都能溶于氢氟酸。但氢氟酸与碳酸盐类反应后，会发生不利于油气井生产的氟化钙沉淀。一般用 8% ~ 12% 盐酸加 2% ~ 4% 氢氟酸混合土酸处理砂岩，可避免生成氟化钙沉淀。

氢氟酸在土酸中的浓度不宜过高，以免破坏砂岩的结构，造成出砂事故。为防止地层中钙、镁离子与氢氟酸的不利反应及其他原因，在注入土酸前，还应该用盐酸对地层进行预处理，预处理范围要大于土酸处理范围。近年来发展了一种自生土酸技术，用甲酸甲酯与氟化铵在地层中反应生成氢氟酸，使其在深井高温油层内部起作用，以提高土酸处理效果，从而达到提高油井生产能力。

（十）油气集输

把分散的油井所生产的石油、天然气和其他产品集中起来，经过必要的处理、初加工，合格的油和天然气分别外输到炼油厂和天然气用户的工艺全过程称为油气集输。主要包括油气分离、油气计量、原油脱水、天然气净化、原油稳定、轻烃回收等工艺。

1.简要流程

（1）油气收集流程——油井至联合站；

（2）油气处理流程——联合站内流程；

（3）油气输送流程——联合站至原油库。

2.详细流程

（1）原油脱水

从井中采出的原油一般都含有一定数量的水，而原油含水多了会给储运造成浪费，增加设备，多耗能；原油中的水多数含有盐类，加速了设备、容器和管线的腐蚀；在石油炼制过程中，水和原油一起被加热时，水会急速汽化膨胀，压力上升，影响炼厂正常操作和产品质量，甚至会发生爆炸。因此外输原油前，需进行脱水。

（2）原油脱气

通过油气分离器和原油稳定装置把原油中的气体态轻烃组分脱离出去的工艺过程叫原油脱气。

（3）气液分离

地层中石油到达油气井口并继而沿出油管或采气管流动时，随压力和温度条件的变化，常形成气液两相。为满足油气井产品计量、矿厂加工、储存和输送需要，必须将已形成的气液两相分开，用不同的管线输送，这称为物理或机械分离。

（4）油气计量

油气计量是指对石油和天然气流量的测定，主要分为油井产量计量和外输流量计量两种。油井产量计量是指对单井所生产的油量和生产气量的测定，它是进行油井管理、掌握油层动态的关键资料数据。外输计量是对石油和天然气输送流量的测定，它是输出方和接收方进行油气交接经营管理的基本依据。

（5）转油站

转油站是把数座计量（接转）站来油集中在一起，进行油气分离、油气计量、加热沉降和油气转输等作业的中型油站，又叫集油站。有的转油站还包括原油脱水作业，这种站叫脱水转油站。

（6）联合站

它是油气集中处理联合作业站的简称，主要包括油气集中处理（原油脱水、天然气净化、原油稳定、轻烃回收等）、油田注水、污水处理、供变电和辅助生产设施等部分。

（7）油气储运

石油和天然气的储存和运输简称油气储运，主要指合格的原油、天然气及其他产品，从油气田的油库、转运码头或外输首站，通过长距离油气输送管线、油罐列车或油轮等输送到炼油厂、石油化工厂等用户的过程。

（8）储油罐

储油罐是储存油品的容器，它是石油库的主要设备。储油罐按材质可分金属油罐和非金属油罐；按所处位置可分地下油罐、半地下油罐和地上油罐；按安装形式可分立式、卧式；按形状可分圆柱形、方箱形和球形。

若将进油管从油罐的上部接入，当流速较大的油品管线由高向低呈雾状喷出，与空气摩擦增大了摩擦面积，落下的油滴撞击液面和罐壁，致使静电荷急剧增加，其电压有时可高达几千伏或上万伏，加之油品中液面漂浮的杂质，极易产生尖端放电，引起油罐爆炸起火。因此，进油管不能从油罐上部接入。

3. 所需化学品

油气集输所需化学品包括以下 14 个类型：缓蚀剂、破乳剂、减阻剂、乳化剂、流动性改性剂、天然气净化剂、水合物制剂、海面浮油清净剂、防蜡剂、清蜡剂、管道清洗剂、降凝剂、降粘剂、抑泡剂等。

破乳剂

破乳剂是一种表面活性物质，它能使乳化状的液体结构破坏，以达到乳化液中各相分离开来的目的。原油破乳是指利用破乳剂的化学作用将乳化状的油水混合液中油和水分离开来，使之达到原油脱水的目的，以保证原油外输含水标准。

（十一）炼油

炼油一般是指石油炼制，是将石油通过蒸馏的方法分离生产符合内燃机使用的煤油、汽油、柴油等燃料油，副产石油气和渣油；比燃料油重的组分，又通过热裂化、催化裂化等工艺化学转化为燃料油，这些燃料油有的要采用加氢等工艺进行精制。

最重的减压渣油则经溶剂脱沥青过程生产出脱沥青油和石油沥青，或经过延迟焦化工艺使重油裂化为燃料油组分，并副产石油焦。润滑油型炼油厂经溶剂精制、溶剂脱蜡和补充加氢等工艺，生产出各种发动机润滑油、机械油、变压器油、液压油等各种特殊工业用油。

1.炼油主要加工过程

习惯上将石油炼制过程分为一次加工和二次加工，一次加工主要指常减压蒸馏，属物理变化过程。二次加工是将一次加工产物进行再加工，除热裂化、催化裂化、催化重整外，还有加氢裂化（重质油在高氢压条件下，通过加热和加催化剂，发生裂化反应，生成汽油、喷气燃料、柴油等的过程）、石油焦化（将渣油全部转化为气体、轻质油、重质油和石油焦）等，二次加工属化学变化过程。

2.炼油工艺

石油制工艺过程因原油种类不同和生产油品的品种不同而有不同的选择。就生产燃料油品而言，大体可以分为三部分：原油蒸馏、二次加工、油品精制和提高质量的有关工艺。

（1）原油蒸馏

原油蒸馏是原油炼制加工的第一步，将原油进行初步的处理、分离，并且为二次加工装置提供合格的原料。原油蒸馏是炼油过程的龙头，各炼油厂均以其原油蒸馏的处理能力作为该炼油厂的规模。通过常压和减压蒸馏可以把原油中具有不同沸点范围的组分分离成各种馏分。常压系统主要生产：石脑油、重整原料、煤油、柴油等；减压系统主要生产：润滑油馏分、催化裂化原料、加氢裂化原料、焦化原料、沥青原料、燃料油等。

（2）二次加工工艺

从原油中直接得到的轻馏分是有限的，大量的重馏分和渣油需要进一步加工，将重质油进行轻质化，以得到更多的轻质油品。这就是石油炼制的第二大部分，即原油的二次加工。二次加工工艺包括许多过程，比如：催化裂化、催化重整、加氢裂化等向后延伸的炼制过程，原油的二次加工可提高石油产品的质量和轻质油收率，可根据生产要求加以选择，二次加工工艺是石油炼制过程的主体。

（3）油品精制

油品精制包括为使汽油、柴油的含硫量及安定性等指标达到产品标准而进行的加氢精制；油品的脱色、脱臭；炼厂气加工；为提高油品质量的添加剂如甲基叔丁基醚、烷基化油等加工工艺等。

3. 炼油装置

炼油工艺所使用的装置称为炼油（工艺）装置。炼油装置是由一定的设备，按照一定的工艺要求组合而成的。不同的工艺过程所使用的设备也有区别，根据作用的不同，可将炼油设备大致分为六类：

（1）流体输送设备

主要用于输送各种液体（如原油、汽油、柴油、水等）和气体（油气、空气、蒸气等），使这些物料从一个设备到另一个设备，或者使其压力升高或降低，以满足炼油工艺的要求，主要指各种泵和压缩机。

（2）加热设备

主要用于将原油或中间品加热到一定温度，使油品气化或为油品进行反应提供足够的热量和反应空间，主要指各类加热炉、加热，大家常见的烟筒就是加热炉的烟筒。

（3）换热设备

主要用于将高温流体传给低温液体。炼厂使用这些设备的目的是加热原料、冷凝、冷却油品，并从中回收热量、节约燃料，主要指各类换热器、冷却器。

（4）传质设备

用于精馏、吸收、解吸、抽提等过程，主要指各种塔，如常压塔、减压塔，大家熟悉的炼油厂的几个最高的塔就是。

（5）反应设备

是为炼油工艺中进行的各类化学反应提供场所，主要指各种反应器、反应釜、反应塔，在反应塔里面装有填料和催化剂。

（6）容器

主要适用于储存各种油品、石油气或其他物料，主要指各类压力容器和各类储罐，其中储油罐的用量最大。

以上各种设备，有的主要用于炼油装置，如加热炉、塔、换热器等工艺设备，有的则不限于炼油装置，如泵、压缩机等通用设备。

第三章　石油钻井技术和采油技术

石油行业日益发展的今天，需要越来越多的专业人才来提升行业水平，并且石油工业现在是现代行业的重中之重，钻井技术以及采油方法成了发展这个行业的关键，固井和完井技术的先进则决定着油水井的增产、增注。石油钻井是一项复杂的技艺工程，需要诸多方面的工种协调密切配合才能使钻井顺利完成。钻井主要的工种有钻井、内燃机、石油泥浆，这是紧密联系的三兄弟，有人形象比喻说："石油内燃机犹如人的心脏、钻井液（泥浆）犹如人的血液、石油钻井犹如人的骨骼。"这种比喻有一定的道理。石油钻井就是由这三种主要的工种组成的一个完整的钻井体系。钻井技术不断发展，对钻井液要求越来越高。

第一节　钻井技术概述

一、研究背景

石油工程技术不仅关系到钻井施工的速度与成本，也关系到勘探开发的水平与效益。钻井技术如何适应油田勘探开发新形势，为老油田稳产做贡献？应在关键技术和优势技术上寻求突破，提高老油田采收率，要不断拓宽石油钻井工程技术的支撑领域。

二、研究的意义

目前钻井工程技术的攻关领域有了很大的拓宽，已经从单纯为钻井施工提供技术支撑，延伸到为勘探开发提供强力支持上来。

传统的攻关领域，主要是为钻井施工提供实用新型的工艺技术和装备，目的是提高钻井速度、降低钻井成本。钻井公司作为施工方，是石油公司的乙方，为石油公司提供优质服务，并获得最大的经济效益是钻井公司的追求。对于目前占绝大多数的常规探井、开发井来说，不是能不能打成的问题，而是如何打快、打好，创造更大效益的问题。因此，一些实用、先进的钻井工艺技术和装备就成为提高钻井速度、降低钻井成本的重要手段，而这正是钻井工程技术传统的攻关方向。在这方面，一些先进的钻井工艺技术研究已经取得了突破并正在推广应用，如优快钻井技术的实施，将钻井完井周期缩短了40%以上；新型 PDC 钻头的推广应用，将过去几只钻头打一口井变成一只钻头打几口井。这些技术，对提高钻井质量、加快钻井速度、降低钻井成本起到了很大的推动作用。然而，这些技术和装备还远远不能满足现场需求，还有许多新的课题需要继续攻关。

第二节　钻井技术的现状

一、钻井技术存在的难题

就钻井工程而言，地层的勘探面临着地质结构复杂、压力层系多、井下高温等难题；在西部和南方海相地区，面临着超深井钻探、地质构造斜度大、地层压力复杂多变等难题；在海外，面临着地质资料不全、超长段盐层下的勘探难题，这些都是目前钻井工程技术面临的紧迫的攻关任务。在开发方面，东部老区由于进入开发中后期，边际油藏、薄油层及特殊岩性油藏和低渗透油藏开发成为主攻方向，钻井工程技术举足轻重。西部新区降低吨油成本、提高开发效益的要求，对钻井工程技术和保护油气层提出了许多新的课题。可以说，钻井工程技术已经成为勘探开发的先头"攻城"部队。

1.复杂地层钻前压力、岩性预测不准

钻前地层压力预测精度不高，造成井身结构和钻井液密度确定不合理，导致井漏、井喷等复杂情况发生。如塔里木库车山前迪那 11 井，由于没有预测出压力系数为 2.48 的高压盐水层；迪那 2 井，由于没有预测出压力系数为 2.15 的高压油气层，均导致井喷。对于预探井，要求地震重视层速度的采集质量，提供全井段相对准确的三压力预测，防止同一裸眼段存在多压力系统而增加钻井复杂情况。除地层压力以外，岩性预测也存在精度不高的问题，如川东罗家 3 井，钻井遭遇严重漏失，在采用清水强钻过程中又遭遇盐岩层，导致井眼垮塌、多次落鱼，最终报废。

2.山前高陡构造和逆掩推覆体防斜问题

高陡构造防斜技术没有完全突破。常规钟摆钻具防斜由于加不上钻压，影响了机械钻速；偏轴结构应用在大尺寸井眼的井斜方面取得了一定的效果，但需进一步加强研究。随着勘探开发的不断推进，逆掩推覆体的防斜问题成了困扰钻井的瓶颈。

3.钻头选型和钻井效率问题

山前复杂井地质条件的不确定性及钻前预测准确性不高仍然是影响钻头选型及使用效果的最大技术难点。对于硬度高、研磨性强的地层与软塑性地层交替频繁的井段，以及硬/极硬,具有一定塑性,中低研磨的泥岩地层还没有好的解决办法。地层夹层多、研磨性强、可钻性纵横向差异大，给钻头选型和合理使用带来了极大困难。

4. 井漏问题

近年来，随着天然气勘探的进一步深入，井漏问题变得日益突出。由于纵向大裂缝和溶洞发育的恶性井漏，导致罗家 3 井、东安 1 井相继报废，造成了重大经济损失，也影响了勘探开发进程。

5. 井壁稳定和井身结构问题

泥岩地层易缩径、垮塌，导致井下复杂情况较多；高地应力、多压力系统、地层认识不清等引起井壁失稳，使井身结构设计难度较大；川东、塔里木、青海地区高压盐水层、盐膏层、复合盐层交错，易缩径卡钻或井壁严重垮塌；此外地层的破碎和断层也使地层垮塌比较严。

6. 固井问题

长裸眼段多压力系统以及小井眼、小间隙井的固井质量仍存在很多问题，同时传统的 CBL 固井质量评价也已经不适应对固井质量的正确评价。

7. 深井钻进中套管严重磨损问题

深井、超深井 ª244.48m 套管磨损问题严重影响了钻井质量，如塔里木迪那 11 井 ª244.48mm 套管在 2 259 ～ 2 990m 处破裂后，为满足下部钻井安全的需要，不得不进行 ª177.8mm 套管回接。却勒 1 井 ª244.48m 套管磨损严重，最终仍然采取回接 ª177.8mm 套管的措施，ª177.8mm 套管回接给下步钻井带来了很多困难。

二、重点研究方向

面对这些新要求，石油工程技术必须在科技创新重点、科研攻关方向上进行新的调整，在关键技术和优势技术上寻求突破。在为提高钻井速度、降低钻井成本提供技术支撑的传统技术攻关领域，要瞄准世界前沿的钻井新技术，全面分析影响钻井速度和效率的各项因素，重点在钻井工艺、井下测量仪器、井下实用工具、新型钻井液、先进的钻井完井技术等方面开展有针对性的立项攻关，力争迅速形成成果并尽快转化。

1. 提高钻前压力预测精度

加强对地震、测井资料的处理与利用，提高压力、岩性预测精度；研究或引进随钻地震技术、地质导向技术等，解决钻井过程中的预测问题；加强对录井资料的综合利用，做好对预测压力和岩性的及时校正；加强随钻压力监测，提高措施的针对性。

2. 高陡构造防斜打快

完善偏轴防斜结构，加强偏轴结构在 ª215.9mm 井眼中的防斜技术研究，进一步推广该技术在高陡构造地层中的应用，研制或引进高效防斜技术。

3. 防漏堵漏技术

加强钻前预测，包括对上部非目的层大断裂带、溶洞、异常压力等进行预测；完善漏失层欠平衡等强行钻进技术；加强化学堵漏等综合堵漏技术研究；研制或引进膨胀管堵漏技术、波纹管堵漏技术。

4. 特殊工艺井技术

（1）分枝井技术。玉门、塔里木、四川等地面条件复杂地区及低渗透难动用储量开发对分枝井技术的需求。低渗透油田开发最重要的一点是"密井网"，而多分枝井正好可以满足这方面的需要，同时又降低了成本，提高了产量。

（2）大位移井技术大港、冀东、辽河滩海油田以及玉门、吉林、塔里木等复杂地表条件勘探开发对大位移井技术的需求，以及水平位移超过 4 000m 的大位移井配套技术储备。

（3）欠平衡钻井配套技术需求气基流体欠平衡水平井轨迹测量技术；起下钻、接单根不压井技术；欠平衡钻井、完井技术。

5. 小井眼钻井配套技术

截至 1999 年底，中石油股份公司现已探明低渗透石油地质储量约 40×10^8t，约占全部探明地质储量 25%。低渗透油气藏的油井产量都很低，从作业上能否做到低成本，是决定能否经济开发这类油气藏的关键。因此需要研究小井眼钻机等钻井配套工艺，降低小井眼钻井成本。开展 ^{a}120.65mm 井眼、^{a}88.9mm 套管等井眼尺寸的系列钻井完井技术研究，将小井眼技术应用到调整井、探井和老井再钻中，形成小井眼钻井技术系列，降低低渗油田的生产成本。

三、钻井新技术的应用

（一）套管钻井新技术

套管钻井是指用套管代替钻杆对钻头施加扭矩和钻压，实现钻头旋转与钻进。整个钻井过程不再使用钻杆、钻铤等，钻头是利用钢丝绳投捞，在套管内实现钻头升降，即实现不提钻更换钻头钻具。减少了起下钻和井喷、卡钻等意外事故，提高了钻井安全性，降低了钻井成本。

1. 套管钻井的特点

套管钻井与常规钻杆钻井相比有明显的优势，它是钻井工程的一次技术性革命，它能为油田经营者带来巨大的经济效益。套管钻井有如下特点：

（1）套管钻井使用标准的油井套管，并使钻井和下套管作业同时进行；

（2）井底钻具组合装在套管柱的下端，可用钢丝绳通过套管内部迅速取出，在取出过程中可保持泥浆连续循环；

（3）整个钻进过程中，一直保持套管直通到井底，改善井控状况；

（4）套管只是单方向钻入地层，不再起出。除非打完井后确认是干井，可能要起出最后一段套管柱；

（5）套管钻井可沿用许多已有的钻井技术，如定向钻井、注水泥、测井、取芯和试井等作业；

（6）应用这些技术和原来相比主要区别是不再依靠钻杆，而是靠钢丝绳进行更换钻头作业；

（7）套管钻井使用标准的油田套管进行，唯一不同的是，套管接箍或螺纹需要改进，以便提供钻井所需要的扭矩；Tesco 公司打第一口试验井时选用的螺纹是（Hydrill 511 Premium Thread），接箍则选用改进型加强接箍（Modified Buttress Coupling）。

2. 套管钻井的优点

（1）减少起下钻的时间。用钢丝绳起下更换钻头要比传统的用钻杆起下钻大约快 5 ~ 10 倍；

（2）节省与钻杆和钻铤有关的采购、运输、检验、维护和更换的费用；

（3）因为井筒内始终有套管，也不再有起下钻杆时对井筒内的抽汲作用，使井控状况得到改善；

（4）消除了因起下钻杆带来的抽汲作用和压力脉动；

（5）用钢丝绳起下钻头时能保持泥浆连续循环，可防止钻屑聚集，也减少了井涌的发生；

（6）改善了环空上返速度和清洗井筒的状况。向套管内泵入泥浆时因其内径比钻杆大，减少了水力损失，从而可以减少钻机泥浆泵的配备功率。泥浆从套管和井壁之间的环形空间返回时，由于环空面积减小，提高了上返速度，改善了钻屑的携出状况；

（7）可以减小钻机尺寸、简化钻机结构、降低钻机费用。

（8）钻机更加轻便，易于搬迁和操作。人工劳动量及费用都将减少；

（9）根据 Tesco 公司的测算，打一口 10 000 英尺的井，可节省钻井时间约 30%。

3. 套管钻井的范围

套管钻井适用于油层埋藏深度比较稳定的油区，由于套管钻井完井后直接固井完井，然后射孔采油，没有测井工艺对储层深度的测量、储层发育情况的评价，故此要求油层发育情况及埋藏深度必须稳定，这样套管钻井的深度设计才有了保证。

4. 套管钻井的准备条件

就位钻机基座必须水平，为设备平稳运转及钻井过程中的防斜打直创造良好的条件。

套管钻井中所选择套管必须是梯形扣套管，因其丝扣最小抗拉强度是同规格型号圆形扣套管的 2 倍左右，能有效增大套管钻井过程中的安全系数；其次梯形扣套管，便于操作过程中上卸扣钻头优选条件必须满足施工中扭矩尽可能小，水马力适中的原则。根据扭矩的情况，可以考虑选择牙轮钻头和 PDC 钻头。因牙轮钻头数滚动钻进，能有效减少转盘及套管扭矩，但其要求钻压较大，不利于套管柱的防斜。PDC 钻头需钻压小，一般

（20 ~ 60KN），钻进速度较快，套管柱所受弯曲应力小、扭矩小，符合选择要求。在选择钻头的同时，还要求选好水眼。水眼过小，总泵压高，对套管内壁冲蚀严重，长时间高压容易损坏套管；水眼过大，钻头处冲击力低，将影响钻井速度。

5. 套管钻井的参数设置

钻压控制在 10 ~ 30KN。一是有利于防止套管弯曲引起井斜；二是有利于减少套管扭矩，防止钻进过程中出现套管事故。

转速控制压 60 ~ 120r/min。其优点是：①减少套管柱扭矩；②低转速钻进，有利于减轻套管柱外壁与井壁之间的磨损。

总泵压控制在 6 ~ 7MPa 以内。一是减少钻井液对套管柱内壁冲蚀；二是减少对回压凡尔的冲蚀磨损。

6. 套管钻井的技术要求

套管钻井与常规钻杆钻井有相同之处，亦有不同之处。下面介绍套管钻井特有的技术要求。

钻具的主要构成有套管、扶正器、轴向承载壳体、承扭壳体、套管鞋、密封器、轴向锁定器、止位环、扭矩锁定器、扩眼器、钻头等，这些工具与常规钻杆钻井工具不同或者技术参数要求不同，它们构成了套管钻井独特的技术特征。

（二）水基钻井液新技术

水基钻井液的成膜理论与控制技术是近年来国内外研究较多和发展较快的一类新型钻井液技术和理论。该理论与技术的提出基于解决两方面问题：一是非酸化屏蔽暂堵保护储层；二是成膜护壁维持井壁稳定。

众所周知，国内外保护储层技术最普遍使用的是屏蔽暂堵技术，该技术在国内的应用已见到很好的效果。非酸化隔离膜保护储层技术的核心内容是尽量减少钻井液中的有害固相含量，通过改变钻井液处理剂的抑制性使钻井液本身固相颗粒的粒度大小与储层的孔隙大小相匹配，有效封堵孔隙，与此同时，利用成膜技术中特定的聚合物在井壁岩石表面形成一层防止钻井液和钻井液中有害固相进入储层的屏障，即隔离膜。无须进行酸化作业，求得最大自然产能，与屏蔽暂堵技术相比可节省大量的屏蔽暂堵材料费用和酸化作业费用。

1. 无渗透钻井新技术

无渗透钻井液技术（简称 NIF 钻井液），是由美国环保钻井技术公司（EDTI）生产的一种钻井液。该钻井液主要由 DWC2000（增粘剂）、FLC2000（动态降漏失剂，注意：不是 API 降滤失剂）、KFA2000（润滑剂）组成，是一种据称可以在超低固相含量下，使所钻地层损害接近于零的钻井液。这种钻井液依靠表面化学原理在地层表面产生可以密封地层的非渗透膜，实现同一种组分的钻井液封闭不同孔隙尺寸分布的地层的目的，从而实现钻井液对地层的无渗透。NIF 钻井液可以无损害地钻开油层，还可以钻进油层与页岩的互层、在同一裸眼井段中不同压力的油层、由于力学原因而严重失稳的地层。室内试验表明，NIF 钻井液可使岩石的渗透率恢复率达到 90% 以上。

2.水基成膜钻井液技术

这种技术在理论上认为，在水基钻井液中，通过加入一到几种成膜剂，可以使钻井液体系在泥页岩等类地层井壁表面形成较高质量的膜。这样可阻止钻井液滤液进入地层，从而在保护油气层和稳定井壁方面发挥类似油基钻井液的作用。国外 M—I 钻井液公司对页岩的膜效率进行过比较系统的研究，并取得了一些成果，比如他们研究认为，在水基钻井液中可以形成三种类型的膜：

（1）水基钻井液成膜（Ⅰ型膜）。这类膜形成于页岩表面，钻井液滤液、页岩黏土、孔隙流体的化学性、孔隙尺寸、滤液黏度、渗透率、黏土组分和页岩的胶结作用都会影响膜的形成。在水基钻井液中能够成膜的物质有糖类化合物及其衍生物（如甲基葡糖贰油酸酯 MEG）、丙烯酸类聚合物、硅氧烷、木质素磺酸盐、乙二醇及其衍生物和各种表面活性剂（如山梨糖醇配的脂肪酸盐）；

（2）封堵材料成膜（Ⅱ型膜）。如硅酸盐、铝酸盐、铝盐、氢氧化钙和酚醛树脂等封堵材料。在实验中发现在硅酸盐钻井液中加入糖类聚合物可保持实际渗透压接近理论渗透压。硅酸盐钻井液的成膜效率可达到 70% 以上；

（3）合成基和逆乳化钻井液成膜（Ⅲ型膜）。钻井液中的流体和页岩作用导致了毛细管力和较高的膜效率。此膜是由连续相的可移动薄膜、表面活性剂薄膜和钻井液的水相的薄膜组成的胀、机械整形，井漏现象完全消失。下入可膨胀波纹管后至该井完钻，完钻泥浆密度 $1.55g/cm^3$（临界漏点 $1.45g/cm^3$），整个过程井下均未发生漏失。完钻后井径测试曲线表明，波纹管内最小直径 220mm，完全满足钻头通过，充分证明了可膨胀波纹管堵漏技术试验成功。

3.纳米处理剂基础上的钻井液技术

通常将纳米尺寸范围定义为 1 ～ 100nm，处于团簇（尺寸小于 1nm 的原子聚集体）和亚微米级体系之间，其中纳米微粒是该体系的典型代表。由于纳米微粒尺寸小、比表面积大，表面原子数、表面能和表面张力随粒径的下降急剧增大，表现出四大效应：小尺寸效应、表面效应、量子尺寸效应和宏观量子隧道效应等特点，从而使纳米粒子出现了许多不同于常规粒子的新奇特性，展示了广阔的应用前景。为了在正电性钻井液技术基础上，进一步改善钻井液的综合性能，探索纳米技术在钻井液完井液领域中的应用。由中国石化石油勘探开发研究院、胜利石油管理局和山东大学共同承担了中国石化科技开发部《纳米技术在钻井液完井液中的应用研究》项目，通过此项攻关研究，欲达到以下目标：

（1）研究成功正电纳米钻井液处理剂；

（2）研究成功一种新型纳米润滑剂；

（3）形成一种新型防塌保护油层钻井液体系和新型纳米润滑工艺技术。在以往国内外同行对钻井液技术的研究中，均着眼于如何改变钻井液体系中组分的物理化学性质来达到目的，有目的地从纳米技术的角度来对钻井液技术进行研究，国内外这方面的工作做的还很少。目前，该项研究的室内工作已全部结束，取得一些阶段性成果，所研制的中试产品性能达到了合同的要求。在研究出的新材料基础上形成的钻井液体系，经在胜利油田三口井中进行试验，取得了明显的效果。可以预见，以上项目的研究完成，将提高钻井液的水平。

（三）应用钻井新技术控制污染

1.小井眼钻井工艺

小眼井集中地体现在大幅度降低钻井费用（降低 30% ~ 75%）和最大限度地减轻对环境的污染及不良影响方面。在减少环境污染的情况下基本不影响产能，因而切实可行、值得推广。

2.多功能钻井液技术

多功能钻井液是在原有钻井液基础上转化而来的，即添加不多的水淬高炉矿渣或其他可水化材料，基本上不影响钻井液的滤失性、润滑性、流变性、携岩能力及密度等性能。它在非碱性环境中呈化学惰性，可长期保持流动性；而固井时其泥饼和环空中残留钻井液全部固化，防止了油、气、水窜复杂情况，尤其适用于水平井固井施工。它不仅能大幅降低固井成本，还为减少废弃钻井液的污染提供了全新思路。

3.分支井钻井技术

分支井也称多底井，即在一口主井眼内钻出两口或多口分支井眼。分支井在环境保护方面的优点一是能够减少钻井液的用量，从而减少废弃钻井液的产生量；二是能够更好地利用平台和地面设施，减少井场占地面积；三是由于在一口主井眼内钻出两口或多口分支井眼，可减少钻井岩屑的产生量，减少对环境的污染；四是减少了钻井作业的时间，可节约燃料油，减少废气排放量。

4.应用新型钻井液体及添加剂

钻井废弃物对环境的危害性差别很大，这主要取决于所用的钻井液及其添加剂的类型，因此，积极开发并尽量选用低污染或无污染钻井液及添加剂，是从根本上治理钻井液污染的首要措施。

20 世纪 90 年代以来，为了减轻钻井废弃物对环境的污染，国外和国内一些公司特别注重各种新型低污染钻井液的开发，包括研制各种新型低毒无害的化学添加剂，以替代传统的化学添加剂，如甲酸盐基钻井液完井液体系、甘油聚合物钻井液、酯基钻井液体系和仿油性水基钻井液。另外，还利用气体或泡沫作为钻井流体来实施钻井，这些钻井液已在国内油田应用，既保护了油气层，又减少了对环境的污染。

现阶段钻井技术的发展经过了起步时期，正处于高速发展的阶段。而中国石化新的发展战略也为钻井工程技术的发展提供了广阔的舞台。目前胜利钻井院正在负责起草中国石化"十一五"钻井科技发展规划，旋转导向钻井技术、垂直钻井技术、空气钻井技术、套管钻井技术、膨胀管的制造与应用技术、随钻测井技术等一些世界领先的新技术、新装备将是攻关重点。要提升石油钻井技术，必须在引进、消化、吸收的基础上，强化自主创新，形成具有自主知识产权的核心技术，这既是参与市场竞争、壮大发展实力的需要，也是促进石油工程技术迈入全新发展阶段的需要。从管理上，一方面要加强钻井科技投入，与服务公司联合共同解决制约勘探开发的钻井技术难题，加强地质研究和钻井设计，降低钻井风险；另一方面要加强现场监督，提高生产时效，缩短钻井时间，推进钻井技术进步，通过高效钻井，不断降低勘探开发的成本。

第三节　采油技术概述

一、采油技术概述

采油是油田开采过程中根据开发目标通过生产井和注入井对油藏采取的各项工程技术措施的总称。它所研究的是可经济有效地作用于油藏，以提高油井产量和原油采收率的各项工程技术措施的理论、工程设计方法及实施技术。

采油的任务是通过一系列可作用于油藏的工程技术措施，使油、气畅流入井，并高效率地将其举升到地面进行分离和计量；其目标是经济有效地提高油井和原油采收率。

从系统工程观点出发，采油是油田开采大系统中的一个处于中心地位的重要子系统，与油藏工程和矿场油气集输工程有着紧密的联系。

采油面对的是不同地质条件和动态不断变化的各种类型的油藏，只有根据油藏地质条件和动态变化，正确地选择和实施技术上可行、经济上合理的工程技术方案，才能获得良好的经济效果。要做到这一点，就必须掌握各种工程技术措施的基本原理、计算与工程设计方法的基础上，进行综合对比分析。

我国当前和未来都将面对低渗、稠油等难开发油藏及特高含水期油藏，以及海上和沙漠油田的一系列开采问题。随着油田开采难度的增大，技术要求越来越高，必须运用现代科学技术改造传统开采工艺，以迎接 21 世纪的挑战。

解决采油过程中某一生产技术问题，有机械、化学和物理等各种不同的方法，这将涉及技术方法的选择，甚至是综合应用问题。

综上所述，采油工程的特点是：在整个开采过程中的地位十分重要；遇到的问题多、难度大、涉及面广；综合性强和针对性强；各项工程技术措施间的相对独立性强。

目前，我国大多数油田已处于高含水、高采出阶段，产量递减较快，水油比上升造成的油气田开采难度越来越大。对油田进行措施配置有利于延长油田稳产年限，降低开采难度，从而提高采油速度及提高最终采收率。

二、我国采油技术的发展历程

随着 20 世纪 50 年代老君庙和新疆克拉玛依油田的开发，我国引进和自我探索了一批适应油田开发的采油工程技术。在 20 世纪 60 年代到 70 年代大庆油田和渤海湾油田的开发过程中，形成了中国的采油工程技术，并在实践中逐步完善配套。20 世纪 80 年代以后，在老油田全面调整挖潜和特殊类型油藏开发中，从国外引进和自我研究发展了多种新技术，形成了适用中国多层砂岩油藏、气顶砂岩油藏、低渗透砂岩油藏、复杂断块砂岩油藏、沙砾岩油藏、裂缝性碳酸盐岩油藏、常规稠油油藏、热采稠油油藏、高凝油油藏和凝析油油气藏等 10 类油藏开发的 13 套采油工程技术。

第四节　我国采油技术的发展现状

一、采油技术的分类

一次采油：依赖地层天然压力采油称为一次采油。

二次采油：随着地层压力的下降，需要用注水补充地层压力的办法来采油，称为二次采油。二次采油（通过注水补充能量）后，采取物理—化学方法，改变流体的性质、相态和改变气—液、液—液、液—固相间界面作用，扩大注入水的波及范围以提高驱油效率，从而再一次大幅度提高采收率。

三次采油：三次采油提高原油采收率的方法主要分为化学法、混相法、热力法和微生物法等。

三次采油的分类：根据作用原理的不同，化学法又可以进一步分为碱驱、聚合物（Polymer）驱、表面活性剂驱以及在此基础上发展出来的碱—聚合物复合驱（AP 驱）、碱—表面活性剂—聚合物复合驱（ASP 驱）或表面活性剂—碱—聚合物复合驱（SAP 驱）。根据混相剂的不同，混相法分为溶剂混相驱、烃混相驱混相驱、混相驱以及其他惰性气体混相驱。在这些混相剂未达到混相压力之前为非混相气驱，近年来又开发出了气—水交替驱（WAG 驱）。热力法包括蒸汽驱、火烧油层等。

二、采油技术

1. 完井工程技术

勘探井和开发井在钻井的最后阶段都是完井，我国已掌握和配套发展了直井、定向斜井、丛式井和水平井等的裸眼完井、衬管完井、下套管射孔完井和对出砂井的不同的防砂管如套管内外绕丝筛管、砾石充填等多种完井方法。对碳酸盐岩裂缝油田采用先期裸眼完井方法，保护了生产层段，取得了油井的高产，如华北雾迷山油藏。对注水开发的老油田，由于油田压力高，对加密井用高密度钻井液钻井完井并进行油层保护取得重大突破，使大庆油田加密钻井完井获得成功。近几年来，我国的水平井钻井和开采技术也得到了发展，对水平井采用下套管射孔完井、裸眼完井、各种衬管完井都获得成功，如砾石充填，割缝衬管、金属纤维管、烧结成型管、打孔衬管完井和管外封隔器完井等。大庆油田采用水平井测井和射孔联作也取得好效果，塔中 4 油田水平井 500m 水平井段连续完井射孔 1 次 4 000 发以上。海上油田钻成的水平大位移井西江 24-3-A14 水平井段长达 8 062.70m，衬管完井工程获得成功。特别值得提出的是，我国在实践中发展配套了采油、钻井联合协作技术，以保护油层、达到高产为目标，以油层流出动态和油管节点分析为基础，用以解决生产套管直径问题的一套崭新的优化完井设计的新方法，是对完井工程技术的创新，是对传统完井工程概念的更新。

2. 分层注水技术

多层油藏注水开发中的一项关键技术就是要提高注入水的波及效率。20 世纪 50 年代克拉玛依油田在调整中对分层注水进行了探索，研究成功的管式活动配水器和支撑式封隔器，在油田分注中发挥了一定的作用。1963 年大庆油田采油工艺研究所经过上千次试验，研制成功水力压差式封隔器（糖葫芦封隔器），20 世纪 70 年代又研制成功活动式偏心配水器，使 1 口井分注 3～6 个层段分层注水工艺完整配套，并在大庆油田大面积推广应用。20 世纪 80 年代以来，江汉、胜利、大港、华北等油田对深井封隔器和配水器做了相应的研究和发展，为深井分层注水创造了条件，达到每井分注 2～3 层的基本目标。20 世纪 90 年代大庆油田、河南油田进一步研究成功液压投捞式分层注水管柱，达到了液压投捞一次可测试、调整多层的细分注水的目的。为使分层注水工艺技术系统配套，研制了多种水质过滤装置以提高注入水水质，同时研究了防腐注水管柱以及测试仪表。

3. 人工举升工艺技术

根据各类油田在不同开发阶段的需要，50 年中，我国发展配套和应用了多种人工举升工艺技术。

（1）抽油机有杆泵采油技术

该技术是机械采油方式的主导，其井数约占人工举升总井数的 95%。我国的抽油机、杆、泵和相应的配套技术已形成系列，其中抽油机有常规游梁式抽油机、异型游梁式抽油机、增距式抽油机、链条机和无游梁式抽油机等 8 种。抽油杆有各种强度级别的常规实心抽油杆、空心抽油杆、连续抽油杆、钢丝绳抽油杆和玻璃钢抽油杆等。根据开采的要求和流体性质的不同，研制了定筒式顶部固定杆式泵、定筒式底部固定杆式泵、动筒式底部固定杆式泵、整筒管式泵、组合管式泵、软密封泵和抽稠油泵、防砂卡抽油泵、防气抽油泵、防腐蚀抽油泵、双作用泵、过桥抽油泵、空心泵等特种泵，形成了抽油泵全套系列。20 世纪 80 年代以来在引进、消化、吸收国外先进经验的基础上，研究和发展了抽油井井下诊断和机杆泵优化设计技术，平均符合率达到 85% ~ 90%，提高了抽油机井的效率和管理水平。

（2）电动潜油泵采油技术

电动潜油泵分井下、地面和电力传递 3 个部分组成。井下部分主要有潜油电机、保护器、油气分离器和多级离心泵；地面部分主要有变压器、控制屏和电泵井口；电力传递部分是铠装潜油电缆。我国的潜油电泵已形成 4 个系列，适用于套管外径 139.7mmA 系列，其他套管直径的 QYB、QYDB 和 QQ 系列共 37 种型号，最大扬程 3 500m，最大额定排量 700m³/d，生产了 7 个型号的电缆额定耐压 3kV，研究了电动潜油泵采油设计及参数优选、诊断、压力测试及清防蜡等配套技术。电动潜油泵采油井数占 4%，但排液量占 21.7%，已成为油田举升的一项重要技术。

（3）水力活塞泵采油技术

水力活塞泵是液压传动的复式活塞泵，效率高达 40% ~ 60%，扬程高，最大可达 5 486m；排量大，最大可达 1 000m³/d；可适应用于直井、斜井、丛式井、水平井等。我国在应用中开发配套了水力活塞泵系列，形成了基本型长冲程双作用泵、定压力比单作用泵、平衡式单作用泵、双液马达双作用泵、阀组式双作用泵，并研究成功水力活塞泵抽油设计和诊断技术，高含水期水力活塞泵改用水基动力液等配套技术，使水力活塞泵采油技术更加完善。在高凝油开采和常规油藏含水低于 60% 的情况下应用，取得良好效果。

（4）地面驱动螺杆泵采油技术

近年来，我国研制成功用地面驱动头通过抽油杆带动井下螺杆泵采油的成套容积泵，其特点是钢材耗量低，安装简便，适于开采高黏度原油，在出砂量高的井可正常工作。目前投入正常生产的有 GLE、LB 和 LBJ 三个系列 29 个品种，其理论排量 3.5 ~ 250m³/d，最大扬程 500 ~ 2 100m，海上应用较普遍，在陆上中深井逐步推广。

（5）气举采油

在油井停喷后，用人工方法向井内注入气体（天然气或氮气等）达到举升井下流体的目的，优点是举升管柱简单，井深和井眼轨迹都不受限制，举升深度可达 3 658m。在中原、辽河、吐哈、塔里木等油田应用此种开采方法。作为一种工艺技术在气举管柱、气举阀、天然气压缩机及地面配气站等已形成系列，但其中高压（12MPa 以上）天然气压缩机尚需依赖进口。在气举施工中我国研究开发了设计软件和诊断方法，已获得良好应用效果。除以上几种举升方式外，还开发应用了水力射流泵、空心抽油泵和有杆泵无油管采油技术等。

4. 压裂、酸化工艺技术

压裂、酸化是采油工程的主导工艺技术之一。到 1997 年底全国大约压裂 17 万井次，年增产油量达 200 × 10⁴t 以上，为我国老油田的挖潜和新油田的开发做出了卓越的贡献。

我国发展完善了中深井和深井压裂以后，4 500 ~ 6 000m 的超深井压裂技术又在塔里木油田的实践中取得成功。相继研究成功和推广应用了限流压裂技术和投球、封隔器、化学暂堵剂选择性压裂技术。水平井限流压裂和化学剂暂堵压裂在大庆和长庆油田取得良好效果。20 世纪 90 年代以来的油田整体压裂技术，从油藏整体出发，开发了压前评估、材料优选、施工监测、实时诊断和压后评估等配套技术，使压裂工作创出了新水平。对低渗透的碳酸盐岩气田，在渗透率小于 $0.01 \times 10^{-3} \mu m^2$ 的条件进行酸压在四川气田取得良好效果。对碳酸盐岩油田、气田进行酸化处理，在任丘油田雾迷山油藏获得多口千吨高产井。

5. 堵水、调剖工艺技术

我国 50 年代开始进行堵水技术的探索和研究。玉门老君庙油田 1957 年就开始封堵水层，1957 年 ~ 1959 年 6 月，共堵水 66 井次，成功率 61.7%。20 世纪 80 年代初期进一步提出了注水井调整吸水剖面，改善 1 个井组 1 个区块整体的注入水的波及效率的新目标，经过多年的发展，已形成机械和化学两大类堵水、调剖技术，主要包括油井堵水技术，注水井调剖技术，油水井对应堵水、调剖技术，油田区块整体堵水调剖技术和油藏深部调剖技术。相应地研制成功 6 大类 60 多种堵水、调剖化学剂。研究了直井、斜井和机械采油井多种机械堵水调剖管柱，配套和完善了数值模拟技术、堵水、调剖目标筛选技术、测井测试技术、示踪剂注入和解释技术、优化工程设计技术、施工工艺技术、注入设备和流程等 7 套技术，达到年施工 2 000 井次，增产原油 $60 \times 10^4 t$ 的工业规模，为我国高含水油田挖潜、提高注水开发油田的开采效率做出了重要贡献；同时开展了室内机理研究，进行了微观、核磁成像物模的试验，使堵水、调剖机理的认识深入一步，为进一步发展打下了技术基础。近年来开发的弱冻胶（可动性冻胶）深部调剖和液流转向技术，为实现低成本高效益地提高注水开发采收率指出了一个新方向。

6. 稠油及超稠油开采技术

我国 20 世纪 50 年代就在新疆克拉玛依油区发现了浅层稠油，于 60—70 年代进行蒸汽驱和火烧油层的小井组试验。到 90 年代在我国 12 个盆地中已发现 70 多个稠油油田，地质储量超过 12 亿立方米。80 年代以来稠油的热力开采逐步走向工业化，1997 年稠油热采产量稳定在 $1\,100 \times 10^4 t$。经过几十年的科技攻关和实践，引进先进技术、设备和自力更生相结合，已形成与国内稠油油藏的特点配套的热采工艺技术。

7. 多层砂岩油藏"控水稳油"配套技术

20 世纪 90 年代以来，以大庆油田为代表，在油田进入高含水期后为达到稳定原油生产指标和控制不合理注水、产水和含水上升速度的目的，发展配套了"控水稳油"技术，实现了大庆油田年产 $5\,000 \times 10^4 t$ 原油稳产 20 年；减缓了油田含水上升速度，由年上升 4.15 个百分点下降为 0.23 个百分点；控制了年产液量增长速度，由年均增长 5.58% 降为 0.795%；控制了注水量的不合理增长，在注采比持平的情况下，地下存水率和水驱指数有所提高，地层压力有所回升。

第五节　采油技术发展前景展望

一、采油技术存在的问题

（一）常规采油工艺难以满足目前开发的需求

1. 大泵提液技术难度越来越大，目前应用的大抽油泵主要有 0.70mm 泵和 0.583mm 泵两种，其中由于实施控（停）注降压开采，油藏供液能量下降，从而给以大直径管式泵抽油为主的油藏生产带来困难。突出表现为，抽油系统冲程损失增大，漏失量增大，泵效下降，甚至有些井出现供液不足，泵效大幅度降低。虽然限量恢复注水以来情况有所缓解，但仍不能完全解决。

2. 有杆泵加深泵挂受到限制，这使得普通 D 级抽油杆难以完成"以液保油"的重任，即使使用 H 级高强度抽油杆也只能加深泵挂 300m，不能满足整个油藏所有油井生产的需要。

3. 斜井采抽技术有待突破，由于需要加深泵挂，部分油井的杆、管、泵等抽油设备进入斜井段。特别是近年来增加了侧钻井和定向斜井，使得有杆泵采油需要克服井斜的影响。常用的解决办法是根据井斜资料，对杆、管偏磨井段采取扶正措施。扶正工具主要是抽油杆滚轮扶正器二抽油杆旋转防偏磨器等。抽油杆注塑扶正块、油管扶正器、油管井口旋转防偏磨器等，为了使这些工具在抽油杆柱组合中达到优化合理，引进了"三维斜井抽油工艺技术软件"来进行优化，同时在设计中，对大泵的抽油杆柱下部加加重杆来防止因下冲程杆柱受压弯曲导致的偏磨，而且在泵下加长尾管，可起到撑直、稳定管柱的作用。由于滚轮扶正器上的扶正轮与油管壁接触面积小，用钢轮则容易损坏油管，若用尼龙轮，其强度又不够。加之滚轮扶正器的轮轴容易断裂，所以下井时间不长，扶正器即失效，而且因滚轮脱落造成卡断抽油杆的事故也时有发生。注塑抽油杆扶正器也同样存在强度问题，因此扶正器只是在一定程度上减缓了杆、管偏磨程度，并没有从根本上解决杆管偏磨问题。

4. 高温限制了电潜泵应用范围。费用高限制了电泵的经济应用规模，而对高温的适应能力又限制了它的技术应用范围。电潜泵采油排量很大，加上降压开采阶段的泵挂加深，使得电泵总处于温度较高的地层环境中。目前在用的电泵均已达到或即将达到使用年限，工作状态极不稳定，主要表现为泵体质量老化，电机散热不良，烧坏频繁。这也是造成目前电泵井检泵周期短的主要原因。

（二）开发后期垢、锈现象日益严重

近年来，部分抽油井出现了结垢及铁锈卡泵现象，给油井生产带来很大危害。其中，

结垢情况主要在抽油泵、电潜泵吸入口、电潜泵叶轮等处，分析原因认为：一方面，经过多年的注水开发，由于地层水、注入水的相互作用、压力下降，原油及岩石的变化等引起原来流体的物理化学平衡破坏，使垢物质析出；另一方面，由于管式泵或电潜泵的机械结构引起在过流断面狭窄处流体流速骤增，压力下降，是垢物质析出所致，另外温度变化也是一个结垢的重要原因。分析铁锈卡泵认为，油藏经过加多年的开发，油井的套管不断发生腐蚀，产生的铁锈，长期积累于套管表面。一方面，在停注降压开采过程中，铁锈因压力变化而崩裂脱落；另一方面，在起下管柱作业时，油管与套管摩擦使锈垢剥落。铁锈悬浮于液体中，并随液流进泵，造成卡泵。近年来，在防垢及铁锈方面进行了一些技术探索，但收效甚微，此需进一步研究、探索和提高。

（三）重复堵水措施效果日益变差

目前我国有的油田主要遵循"堵水＋酸洗＋人工举升"的开发模式，从近年来的工作实践来看，主要表现出三轮后重复堵水措施选井困难、措施有效期短、效果变差，特别是在重复堵水方面，主要存在下列两方面的问题：

1. 堵剂适应差、成本高，强度小，不能有效地挖掘远井地带剩余油的潜力；

2. 堵剂耐酸性差，油井堵后酸洗低渗透层段时，容易使堵剂失效，再次沟通底水；

3. 堵剂进入地层范围小，深度堵水缺乏理论支持及现场实践。

4. 三次采油工艺技术储备不足。石灰岩油藏提高采收率技术的发展在国内外几乎仍是一个技术很少（室内理论评估除外今，中法合作的雁翎注氮项目是该类技术探可借鉴的经验次有益尝试。项目实施结果初步表明：注气是油藏一种比较有利的三次采油途径，但必须与其他先进的采油工艺技术相结合才能发挥作用，这是由于通过注气可以形成局部分布的气油界面；随着油气界面的下移，油水界面随之下移，在两个界面之间形成了一定厚度的含油富集带；当这一含油富集厚度能够满足防气和防水的双重开井生产要求时，才可以进行开采，而目前的采油工艺技术还不能满足注气后形成的次生富集油带的生产要求。从目前来看，对油藏来说，三次采油技术是一个系统工程，而且投资巨大。投资相对较少的单井或井组的三采技术目前仍很缺乏，其他技术如 CO_2 吞吐技术又需自然资源做保证，因此今后一个时期，油藏三次采油技术发展方向仍不明了。

5. 集检系统难以满足低产低效井的正常开发，油藏开发初期，油井单井产量高、井口温度高，地面采用无伴热管集输流程，且管径较大。随着开发过程中产液量的不断递减，这种集输模式越来越不适应。一方面，一些井的产液量下降幅度大，温度也随之大幅下降。另一方面，新钻的油藏特殊部位井或扩边井一般产量较低，温度也比较低，这些低温、低产井逐渐成为油藏后期开发的负担。这主要表现在两个方面：

①油藏开发后期，不断出现一些低温、低产井，而油藏地面集输一般无伴热系统，这给油井产液进站带来困难。若采用短串集输管线，与附近产量较高的油井串联，可以解决低温低产井进站问题，缓解了计量站容量（进站管线头数）紧张的压力，但又带来了油井计量的问题。

②若在低温井口安装电加热器如电阻丝电加热器和陶瓷片电加器，以提高液流温度，保证抽油井的正常进站生产，但又增加了开发成本和油井维护工作量。因此，短串流程和井口电加热的应用范围具有很大的局限性，如何在现有设备基础上力争减少投入，又能解决集输问题是油藏后期开发研究的一个新课题。

二、采油技术发展趋势及方向

1.复合驱油法

多种驱油方法的组合是由于各种驱油法，都有各自的优缺点，很难完全满足不同环境下油层的驱油。因此近年来，提出了各种驱油法组合的新型采油技术，有二元复合驱和三元复合驱。二元复合驱目前研究较多的是碱/聚合物复合驱、表面活性剂/聚合物复合驱。对于碱/聚合物复合驱，其中的碱与原油中的环烷酸类可形成皂类而自生出主要是狡酸盐类表面活性剂，不但可以除去原油中的酸类，而且能形成表面活性剂/聚合物驱。三元复合驱是碱/聚合物/表面活性剂体系，该技术引入廉价的碱部分或全部替代昂贵的表面活性剂，既减少表面活性剂的用量，又降低了表面活性剂和聚合物的吸附滞留损耗，还可大幅度降低油水界面张力，提高波及系数和驱油效率。由于上述优点，三元复合驱在国外发展很快，国内研究起步较晚但发展更为迅速。

2.混相法

混相法是将一种流体注入油层，在一定的温度压力下，通过复杂的相变关系与油藏中的石油形成一个混相区段，混相驱在提高采收率的方法中，具有很大的吸引力，因为它可以使排驱剂所到之处的油百分之百的采出。当这种技术与提高波及系数的技术结合起来时，实际油层的采收率就有可能达到95%以上。可用于混相驱油的气体中有烃类气体与非烃类气体。烃类气体有干气、富气和液化石油气（LPG）；非烃类气体有二氧化碳、氮气、烟道气等。气驱能否实现，不仅取决于油藏与设备条件，同样也取决于有无气源。虽然可用于混相的气体有数种，但烃类气体是重要的、昂贵的化工原料。而非烃类气体中的氮气的 MP 又极高，一般不易达到混相驱，因此混相驱的气体主要采用 CO 根据混相剂的不同，混相法分为溶剂混相驱、烃混相驱、CO 混相驱、NZ 混相驱以及其他惰性气体混相驱。在这些混相剂未达到混相压力之前为非混相气驱，近年来又开发出了气—水交替驱（WAG 驱）。

3.热力采油法

一般是通过提供热量、升高油藏温度、降低原油黏度来减小油藏流动阻力。当今使用的热采工艺可根据热量产生的地点分为两类：一类是把热流体从地面通过井筒注入油层；另一类是热量在油层内产生，如火烧油层法.将热流体连续的从一些井注入油层，而从另外一些井产油。热驱法不仅降低流动阻力，而且也提供驱油动力。热力法包括蒸汽驱、火烧油层等。

4.微生物法

微生物的应用十分广泛，与石油有关的，如早期苏联科学家就通过分析地面土壤中细菌的种类寻找油矿。1926年，巴斯丁首次发现地层水中含有硫酸盐还原菌（SRB），这是一种厌氧菌，能引起设备腐蚀和地层堵塞。同年萨勒洛夫斯第一次提出利用微生物在地层中的活动来提高采收率的设想。微生物提高原油采收率技术可用于提高大油田的原油产量，减缓腐蚀，控制原油含硫，改善地层渗透率，减缓气锥、水锥等。在国内外的一些油田中应用微生物采油技术，起到了一定收效。三次采油是充分利用石油资源的重要途径，虽然三次采油方法很多和这方面的研究取得巨大的突破，但是除聚合物驱外其他驱油法目前仍处于基础理论研究和先导性试验阶段，特别是现在油价不高的情况下还不宜实现大规模的工业化。随着三次采油技术的不断进步，一些特种表面活性剂成为重要的研究方向，同时各种三次采油的驱油方法，都有不同的适用条件，需要根据不同油田的油藏情况、原油组成、地层状况、盐的种类和含量、经济效益等因素合理选择和充分试验。目前，在三次采油方法中化学复合驱无论是提高采油率幅度，还是降低成本都有很大发展潜力，因此完善化学复合驱采油技术仍是今后三次采油试验研究的主攻方向。

第四章 油气地面工程

第一节 基本概述

　　油气地面工程是油气田开发生产大系统中的一个子系统，是油气开发生产中的一个必要环节，是实现高效开发、体现开发效果和经济技术水平的重要方面，是降低投资控制成本、提高开发效益的重要手段。

　　油气田地面工程主要有6方面作用：一是实现产能建设目标；二是体现开发技术水平；三是录取开发生产数据；四是保障安全高效生产；五是实现合格油气产品达标外销；六是实现采出水回注及达标排放。

一、简介

　　近年来随着中国油田"标准化设计、信息化管理、模块化建设、市场化运作"工作的开展，在一定程度上强化了我国油田的建设发展。与此同时，在工作开展的过程中，不仅改善了油气田地面工程的工作环境，增强了管理体系和管理机制，也提升了油田工作的安全性和可靠性，加快了油气田地面工程技术的革新与发展。

　　目前，我国油气田地面工程得到了一定的发展，随着我国经济与科技不断发展，以及社会对油气需求量的增加，在一定程度上给予了油气田地面工程技术更高的发展要求。

二、技术进展

　　"十二五"期间，我国油气田企业形成了完善的地面管理系统，油气田地面工程技术得到了进一步的改革与发展。

　　首先，在基于低渗透油田经济开发的基础上，实现了低成本高效率的油田地面工程技术的革新。而低渗透油田地面工程技术是通过结合现代化先进设备以及工艺配套技术得以有效实行的。例如，大庆油田地面工程技术在基于包括流程的优化简化、工作措施的高效合一、集油处理等多项处理技术，突破了传统的集油技术界限，实行了高效低耗能的进展，从而为地面工程投资与管理节约了大量资金。

其次，在基于包括蒸汽设备、高温技术以及能源创新应用的基础上，实现了稠油热采油田地面工程技术的高效节能进展。稠油热采油田地面工程技术有效地提升了水资源、燃料资源的利用率，并在一定程度上实现了经济效益与环境保护效益的提升。因此，该技术已得到了广泛应用，为企业经济效益的提升做出了巨大的贡献。

与此同时，高含二氧化碳、低产低渗透气、凝析气等油气田地面工程工艺技术及规模技术的进展，在一定程度上实现了不同类型、不同发展以及不同形式油气田开发的应用。而通过这些技术的研发与应用，在不同程度上为我国油气田的开发与现代化建设提供了基础保障。

此外，油气田地面工程技术管理上也实现了标准化、规范化、明确性、细致性的进展，其中"标准化的设计站场定型图、科研新技术项目推广、一体化集成装置配置等"取得了突破性的成果，这在一定程度上实现了我国油气团员优化的管理建设。

"十二五"形成的标志性成果：

1. 稠油火驱地面配套技术体系

在国内首次形成了稠油火驱地面配套技术体系，主要包括注空气及配套调控、采出液单井计量和处理、注空气及集输管材优选、采出气在线监测工艺、采出气高效处理工艺、水平段温度调控工艺、火驱生产地面系统调控 7 项关键技术，引领了国内火驱地面技术发展方向，部分技术达到国际先进水平。稠油火驱地面技术体系已成功应用于新疆红浅火驱先导试验区。

2. 重油开发地面技术体系

形成了重油降熟集输一体化工艺、污水回用注汽锅炉工艺和高矿化度污水防腐阻垢技术，实现重油就地轻度热裂解，满足自产掺稀油生产的需要，并可实现重油污水深度处理后资源化回用锅炉，支持国内及海外重油低成本开发生产。该技术系列实施后可使海外某区块掺稀油系统由 600km 大循环优化为油区内 80km 小循环，不仅可以节省 300km 稀释剂输送管线投资和输送费用，而且也可以节省外购稀释剂 6000bbl/d 和掺稀油 87260bbl/d，具有良好的经济效益。

3. 高酸性气田开发生产地面技术体系

在国内首次形成了高酸性气田开发生产地面技术体系，主要包括国产化脱碳溶剂及工艺包、液相氧化还原脱硫及硫回收工艺技术、还原吸收类含硫尾气处理技术、高含 H_2S 气田水处理工艺包、高酸性气田安全保障、富含硫气田用 825 合金双金属复合管应用技术、抗硫非金属复合管材及其应用等关键技术，使中国石油在高酸性气田开发建设方面由跟随者变成并行者，高含 H_2S 气田水处理工艺包 H_2S 去除率达 90% 以上，减少废气排放 90%以上；特别是高压抗硫非金属管材取得重大技术突破，填补了国内空白，可替代价格昂贵的双金属复合管，节省投资 50% 以上，推动了酸性气田管材应用革命，成果达到国内领先水平；还原吸收类含硫尾气处理技术可实现西南油气田净化厂尾气排放浓度和速率同时达标，且总 SO_2 排放量下降约 60%。

4. 高压凝析气田地面技术体系

该技术体系主要包括凝析气田带液简化计量、高压凝析气田高效凝液回收工艺流程、处理厂能量评价及用能优化、凝析气田布局和集输系统优化、凝析气田管道冲刷防护和管道运行监控仿真 5 项关键技术。现场测试表明，凝析气田带液简化计量气相误差绝对值的平均值为 2.3%，均方根误差为 2.93%；液相误差绝对值的平均值为 4.03%，均方根误差为 5.04%，计量精度达到了国际先进水平；高压凝析气田高效凝液回收工艺流程，在原料气压力为 6MPa、7MPa、8MPa 时，主体装置综合能耗分别降低 5.02%、8.86%、9.25%，取得了良好的节能降耗效果。

5. 煤层气开发地面技术体系

形成了"分阶段井口工艺、阀组串接、气水分输、按需增压处理、就近销售"的煤层气总体集气工艺模式，以及低压集气工艺设计方法、低成本关键设备和管材优选技术、系统优化技术、采出水处理技术、采气管网湿气排水技术、粉煤灰过滤技术、处理厂标准化设计 7 项煤层气集输配套技术，满足了煤层气井低产生产、低压输送、低成本建设的目标要求。

6. 油气混输技术体系

该技术体系主要包括混输软件 GOPSV2.0、三维仿真监控系统软件 GOPOSV2.0 及 3 000m³ 以上大型段塞流捕集技术。具有自主知识产权的油气混输软件 GOPSV2.0，软件功能及计算精度均优于国际著名 OLGA 软件，水力、热力计算结果精度分别比 OLGA 软件提高了 19% 和 14%，达到国际先进水平，且售价远远低于国外同类产品。该软件已成功应用于塔里木哈拉哈塘油田二期产能建设地面工程，使地面工程方案进一步简化，节省了地面工程投资和运行费用。

7. 标准化设计技术体系

标准化设计技术体系主要包括标准化工程设计、规模化采购、工厂化预制、组装化施工、数字化建设、标准化计价、一体化装置等应用技术。其中，标准化工程设计包括技术规定的制定、标准化模块分解、定型图设计、基础库的建立、设计参数优选、三维设计软件和相关计算软件使用等内容。

三、面临的问题

由于市场经济的不断变化，油气市场的发展格局也产生相应变化。

油气田开发自身具有的开发对象复杂性、开发技术高超性、管理部门协调性、油气田种类多样性特征，在一定程度上，增加了油气田地面工程工艺技术以及操作流程的复杂性。同时，在社会经济、人文、资源的发展过程中，我国对能源、自然资源包括水资源、土地资源等的进一步调控与规划，在一定程度上强化了油气田地面工程技术高效性、节源性的发展需求，从而为地面工程规划方案的制定，增加了困难。此外，目前我国油气田地面建设技术及规模相对于其他国家大油田的发展具有一定的差异性，我国油气田地面工程技术的数字化低成本技术尚不成熟，跟不上时代发展的要求。

四、发展方向

首先，推行标准化设计，进一步革新管理方式，虽然目前我国油气田标准化工作设计的推广与应用得到了有效的发展，但是部分油气田地面工程标准化设计成果在应用规模、发展水平与区域运用上，仍存在一定的缺陷。因此，一体化集成装置的进一步研发、标准化设计工作的转变与管理，已成为当今油气田地面工程技术发展的必然趋势。

其次，强化数字化低成本油气田建设是我国油气田现代化转型发展的关键举措，也是当前油气田高效性、节源性发展要求下的必然选择。因此，在实行油气田地面工程数字化建设时，应有效地将产品质量建设以及能源环境建设进行结合，从而促进双自局面的产生。与此同时，企业在基于机制整合措施和优化简化工作要求的基础上，应引进现今的管理与研发技术，从而实现数字化油田地面工程技术上的自动化数据采集、智能化监控、预警以及一体化管理的功能。

同时，加强油气田地面工程工艺技术的创新：在当前社会需求下，创新已成为地面工程技术发展的必然趋势。因此，在实现创新性发展过程中，要坚持与地面工程重大工艺技术配套技术的研发，要坚持油气田地面工程能源开发技术配套工艺的研发，要进一步优化集油节水工艺以及脱水工艺的研发，加强资源利用率：在借鉴现今理念与地面工程技术的基础上，实现符合自身发展的创新技术与新产品的研究。

第二节　油田地面工程管理规定

一、总则

1. 为了规范油田地面工程建设和油田地面生产系统管理、提高油田地面工程系统效率，根据《油田开发管理纲要》，特制定本规定。

2. 油田地面工程建设和油田地面生产系统管理应按照"经济、高效、安全、适用"的原则，严格执行建设程序，实行项目管理。积极采用先进配套技术，优化地面建设和生产运行，确保油田高效开发。

3. 油田地面工程建设规定编制依据主要有《建设工程质量管理条例》《建设工程安全生产管理条例》《中华人民共和国安全生产法》《中华人民共和国招投标法》《中华人民共和国合同法》等相关条款。

4.油田地面工程管理主要包括油田地面建设规划、油田地面工程建设、油田地面系统生产、老油田地面工程改造、油田地面工程科技创新和健康、安全、环境管理等。

5.本规定适用于股份公司及所属各油田分（子）公司、全资子公司（以下简称油田公司）的陆上油田地面工程的管理，控股、参股公司和国内合作的陆上油田地面工程的管理参照执行。

二、油田地面工程建设

（一）一般规定

1.油田地面工程建设是油田开发产能建设的重要组成部分，优化油田地面工程建设，提高投资效益、降低生产成本，直接决定油田开发的效益。

2.油田地面工程建设应严格执行建设程序，认真做好前期工作、工程实施、投产试运行、竣工验收各阶段管理，履行建设单位责任，组织设计、施工、检测、监理、质量监督等各参建单位，建设优质、高效的油田地面工程。

3.油田地面工程建设要按照建设节约型企业的要求，采取节能（油、气、水、电等）、节约土地措施。要充分运用新技术，学习和借鉴国内外先进管理经验、将土地利用与工程技术有机结合。

4.油田地面工程建设应实现的设计经济技术指标为：（1）整装油田在油田产能建设完成，达到产能规模后，6年内地面工程建设规模的生产负荷率不应低于75%；（2）油田地面工程各单项（位）工程质量合格率应为100%，优良率应为70%以上；（3）整装油田油气集输密闭率一般要达到95%以上，新油田集输系统的原油损耗率要达到0.5%以下；（4）整装油田集输耗气一般应低于13m³/t，稠油集输耗气一般宜低于55m³/t；（5）整装油田伴生气处理率应达到85%以上，边远、零散井应尽可能回收利用伴生气；（6）出矿原油含水率应达到0.5%以下；（7）整装油田采出水（含油污水）处理率应达到100%，处理后水质要达到标准要求；（8）一般整装油田生产耗电应低于135kW·h/t，稠油生产耗电应低于210kW·h/t；（9）整装油田加热炉运行效率大于85%，输油泵效率大于75%，活塞式注水泵效率大于85%，离心式注水泵效率大于70%；（10）土地面积的有效利用率应大于70%。

5.各级管理和生产岗位要根据分解的目标制定完成目标的具体措施。

6.各级管理部门、生产岗位要定期组织经济核算和费用支出分析，及时采取对策，保证年度总成本不超预定标准。

7.要大力推广应用先进技术、先进工艺、设备，降低生产成本。

（二）分级管理

1.油田地面工程建设分为股份公司重点工程和一般工程。下列工程项目为股份公司重点工程：（1）计划动用地质储量大于1 000×10⁴t或设计产能规模大于20×10⁴t/a的油田地面工程及系统配套工程；（2）投资大于 5 000 万元的伴生气处理装置、水处理工程和管道、供电、道路、通信、自动化、供热、油库、外输等系统配套工程；（3）投资大于 5 000 万元的油气集输、处理、外输等老油田地面改造工程；（4）规模和投资小于以上规定，但发展潜力大，有望形成较大规模或对区域发展、技术发展有重要意义的工程项目。

2. 股份公司负责重点工程项目管理，油田公司负责一般工程项目管理。股份公司对于重点工程管理主要是工程方案、设计审批、竣工验收等工作的组织，实施协调、监督、检查职能。油田公司是地面工程建设（包括重点工程项目和一般工程项目）建设单位，是工程建设安全、质量、投资、工期的"第一责任人"，负责工程建设全过程的组织管理。

3. 工程实施的具体组织和管理形式是工程项目经理部。

三、建设程序

1. 所有油田地面工程建设必须严格履行建设程序。基本建设工程项目建设程序应为：项目建议书、可行性研究、初步设计、施工图设计、工程开工、施工建设、投产试运、竣工验收等。油田地面工程建设按照前期工作、工程实施、投产试运和竣工验收阶段实施规范化管理。

2. 油田地面工程建设前期工作包括项目建议书（相当于油田开发概念设计中的地面工程部分）、可行性研究（相当于总体开发方案中的地面工程部分）和初步设计；重点配套系统工程和老区调整改造项目的可行性研究和初步设计。

3. 油田产能建设地面工程实施包括计划下达、施工图设计、工程项目招标、物资采办、工程开工、工程施工等。

4. 投产试运主要包括编制投产方案和组织试运行。

5. 竣工验收主要包括专项验收和总体验收。

四、前期工作管理

1. 前期工作是论证、优化地面工程方案、提高投资效益、降低生产成本的关键，必须坚持科学、客观的原则，在搞好工艺方案对比、优化、推荐合理的技术经济方案的基础上，做出实事求是的研究结论，确保前期工作的科学性和严肃性。

2. 油田地面工程建设必须按照有关规定、标准、规范做好前期工作，要把采取节能(油、气、水、电等)，节约土地措施，建设节约型企业作为一项重要工作。

3. 油田地面工程前期工作由建设单位招标委托有相应资质的工程咨询、设计单位进行。承担前期工作的单位要对工程的编制内容和质量负责。

4. 为保证前期工作的深度，油藏工程应为地面工程建设提供油区分布地理位置、地形地貌、面积、开发方式、预测的可采储量、油水井坐标、油气水物性、气油比、分年度的开发指标预测等资料。

5. 油田开发概念设计地面工程部分应包括：储量评价、开发概念设计的主要数据、油藏工程初步方案、油气水物性资料、地面建设规模、主体工艺技术、地面工程总体布局、配套系统工程、地面工程投资测算以及多方案对比、优选、论证等内容。

6. 开发方案地面工程部分应达到股份公司《油田地面工程项目可行性研究报告编制规定》的要求。应包括油藏工程要点、钻采工程要点、地面工程建设规模、总体布局、油气处理及配套各系统工艺流程等。应进行多方案优化、比选，应有推荐方案的主要技术经济指标和投资估算等内容。

7. 油田地面工程初步设计必须按照批准的可行性研究报告的推荐方案开展工作，必须以工程勘查、测量数据为依据，并进一步优化建设方案，满足《石油天然气工程初步设计内容规范》要求。应包括建设规模、主要设计参数、总平面布置、工艺流程、主要设备技术选型、辅助系统配套工程的优化方案和优化措施、安全、环保、建设分期、主要技术经济指标和工程投资概算等内容。

8. 重点工程的项目建议书（或预可行性研究报告）、可行性研究报告、初步设计报股份公司进行审查并予批复。一般工程的项目建议书（或预可行性研究报告）、可行性研究报告、初步设计报油田公司审批，投资大于3 000万元的工程项目审批文件报股份公司备案。规定报股份公司审批的工程项目，不得以报地方政府审批作为代替，也不得将项目支解后自行审批。

9. 油田地面工程项目建议书、可行性研究、初步设计必须经批复后方可进行下一阶段工作。

五、工程实施管理

1. 初步设计批复后即可开展施工图设计、工程施工、工程监理、工程检测等参建单位的招标及重要设备、物资采购招标和施工准备工作。施工图设计可重新招标选择设计单位，也可由原初步设计单位承担。

2. 地面工程建设的设计、施工、监理、检测单位选择及物资采购等，除某些不适宜招标的特殊项目外，均需实行招标。招标可采取公开招标、邀请招标的方式。招标活动要严格按照国家有关规定执行，体现公开、公平、公正和择优、诚信的原则。

3. 地面工程建设的设计、施工、工程监理、检测和物资采购等都要依法签订合同。总承包单位将承包的项目分包给其他单位时，需经建设单位同意并签订分包合同。各类合同应明确质量、安全、资金控制要求，履约担保和违约处罚条款。

4. 施工图设计必须选择有相应资质的设计单位，并严格按照批准的初步设计开展。施工图设计时，如建设地点、建设规模、各系统工艺方案、主要设备选型、工程内容和工程量、建设标准发生较大变化时，须经原初步设计审批部门核实、批准。

5. 重点工程项目施工图由股份公司组织或委托油田分（子）公司主管部门组织审查，一般工程项目由油田公司负责审查；在进行施工图审查时应结合工程现场实际对工程设计进一步优化。

6. 工程开工应当具备以下条件：（1）工程征地、供电、供水等相关协议，防火审批等手续已经办理；（2）经审查修改后的施工图已发送到施工、监理等单位；（3）完成施工场地平整、通水、通电、道路畅通；（4）工程施工、监理等参建单位进驻现场，施工机具运抵现场；（5）施工计划、质量保证计划、安全生产计划、监理、质量监督等实施计划已经制定、落实；（6）质量、健康、安全、环境（QHSE）各项措施都已落实；（7）工程建设资金已经拨付到位；（8）施工单位已签订工程施工合同和安全服务合同。

7. 地面工程建设具备开工条件后，建设单位即可填写开工报告，并报上级主管部门批准。对于重点工程项目，由油田公司报股份公司审批，一般工程项目由油田公司审批。

8. 地面工程开工报告批复后，设计单位应及时向建设单位及施工单位就施工图设计内容、技术要求及注意事项进行解释说明，并回答建设单位及施工单位提出的问题。工程实施期间，主要设计人员应在现场解决有关技术问题。

9. 地面工程建设必须严格执行建设程序，制定合理工期、科学组织、优化运行，严禁"三边工程"（边设计、边施工、边投产）。

10. 油田地面工程建设应严格按照《建筑法》《建设工程质量管理条例》及股份公司的有关文件，强化工程质量管理，按照创优计划，组织施工作业。

11. 油田地面工程建设应严格投资管理，工程建设投资必须控制在已批准的投资计划之内，工程投资专款专用，禁止挪用或借工程建设搞搭车工程。当工程建设出现工程量重大变更或环境条件变化等超出批准的投资额度的情况，建设单位必须以书面形式上报原批准单位审批。

12. 工程资料档案管理要做到"三同时"，即建立项目档案与项目计划任务书同时下达；工程档案资料与工程进度和质量同时检查；在工程竣工验收时同步验收竣工档案资料。建设项目档案工作应纳入项目管理程序，档案管理要求应列入监理管理和工程承包合同，明确各方面对档案工作的责任，认真做好保密工作。

13. 建设单位施工管理。（1）建设单位必须编制工程实施进度、质量控制、投资控制、安全生产等计划、措施，严密组织各参建单位按工程建设目标、计划，科学有序实施。（2）建设单位必须审查、批准各参建单位的有关工程进度、质量、投资控制的组织计划和工程措施；协调施工、监督、管理、检测、监理等各方工作。（3）建设单位必须实时收集工程实施的信息资料，分析工程建设动态趋势，采取相应措施，实现建设目标。（4）建设单位应组织设计、施工、监理人员，根据现场实际对工程施工进行优化。

14. 对施工单位管理。（1）施工单位必须具备相应等级的资质证书，并在其资质等级许可的范围内承担工程施工。（2）施工单位应根据建设项目的特性及标书要求编制详细的施工组织设计，并报项目经理部批准。（3）施工单位应严格按照工程设计图纸和施工标准施工，不得擅自修改工程设计。（4）施工单位若发现施工图有误或设计不合理现象，应及时向建设单位反映，商议修改意见，办理设计变更、联络或签证等手续，按程序批准后方可施工。（5）严密组织、安全施工，保证工程质量、施工进度和投资控制。工程资料作为工程实施的一部分，要严格管理。

15. 工程监理。（1）重点工程项目必须经招标，委托有相应资质的监理公司进行工程监理，严禁同体监理。（2）根据工程项目的性质和规模，可以采用设计监理和施工监理，设计监理和施工监理一般由具有相应资质的不同监理单位承担；监理工作的范围和任务，由建设单位根据自己工程管理的能力和需要确定。（3）监理单位应依照法律、法规及有关技术标准、设计文件和工程承包合同，认真行使监理合同规定的权利和义务，公平、公正地履行监理职责，严格执行经建设单位批准的监理计划，定期向建设单位汇报工作，要做好监理日志、做到签署完整并及时存档。（4）监理人员在施工前或施工过程中，如发现施工单位不符合资质条件，有权向建设单位提出取消其施工资格；如发现施工人员不具备资质条件，有权向施工单位提出更换该岗位人员。监理人员按标准提出的施工不合格项，施工单位必须整改。（5）建设单位项目经理部必须依据合同和工程监理计划对监理工作进行考核和监督。

16. 工程质量检测。（1）可采用第三方检测，对施工质量进行检查评定；（2）质量检测必须实事求是，出具的质检报告和资料必须真实可靠，有关的记录、报告和资料应准确、完整并及时存档。

17. 工程质量监督。（1）建设单位必须在开工前委托具有相应资质的工程质量监督机构对施工质量进行监督检查，监督人员应持证上岗。（2）工程监督应制订周密的监督计划，执行国家法律、法规及行业相关技术标准，严格按照程序要求进行工程质量监督。对工程所用原材料、构配件、成品、设备等，按规定进行抽查或检验，对工程施工建设全过程进行质量监督，特别对隐蔽工程要严格把关。

18. 设计图纸变更、现场施工变更或物资材料代用，均应由责任单位提出申请文件，经建设单位组织设计、监理人员核准，重大变更应报工程主管部门批准后方可实施。变更后不得降低质量标准，不得突破项目投资。

19. 油田地面建设项目完成后应编制投产方案。重点工程项目投产方案由股份公司组织审批或委托油田公司组织审批，一般建设项目投产方案由油田公司审批。

20. 投产试运程序（1）项目立项审批通过后，建设单位应认真组织编制并落实《生产准备工作纲要》，主要包括组织准备、人员准备和培训、技术准备、物资准备、资金准备和外部条件准备六个部分；（2）工程投产应编制《投产试运方案》，组织投产方案预审并报上级主管部门审批；（3）工程投产应成立投产领导小组，落实投产操作、应急抢修等队伍和岗位职责，并进行实际操作培训；（4）工程投产前应通过消防验收和安全检查；（5）按照批准的投产试运方案进行试车，对试运过程中出现的问题提出具体的解决措施，限期整改，对于复杂重要的装置试车投产可根据工程情况和油田生产管理实际，委托外协单位负责试车投产，并签订相关的合同或协议；（6）试运调试分单项（位）工程调试和总体工程调试两个阶段，对调试过程中存在的问题应进行整改，并达到试运投产条件；（7）投产试运完成后，施工单位和建设单位按规定的内容完成交接工作。

21. 应分析投产运行的风险和可能发生的事故，制定相应对策和防护措施，对于可能发生的重大问题，要制定多种应急防范预案。安全措施和应急预案要进行实地演练。

22. 工程试运投产期间，设计、施工单位应承担保运工作，要及时解决工程投运中出现的问题，组织抢修、整改，维护工程正常、稳定运行。

六、竣工验收管理

1. 已具备竣工验收条件的项目，应及时申请和办理竣工验收。重点工程项目宜在试运投产后六个月内完成竣工验收，一般工程项目宜在三个月内完成竣工验收。

2. 竣工验收包括专项验收和总体验收两方面内容。

3. 竣工验收中的专项验收包括安全、环境保护、劳动卫生、消防、工业卫生方面的验收。

4. 重点工程项目由股份公司组织或委托竣工验收，其他项目由油田公司组织竣工验收。

5. 竣工验收程序。（1）专项验收应在项目竣工验收会议前按照相关规定完成各项验收工作。（2）竣工验收分为预验收和正式验收。由股份公司组织验收的重点工程项目，油田公司应在正式验收前组织预验收。（3）工程决算审计及档案资料审查验收属于竣工验收的重要部分，宜安排在正式验收前进行。（4）由若干个单项（位）工程组成的大型或特大型工程项目的竣工验收，可以先分别组织各单项（位）工程验收。单项（位）工程验收完成后，再组织整个工程的总体验收。（5）建设项目竣工验收后，建设单位应尽快办理固定资产交付使用手续。

6. 根据国家关于建设项目竣工验收的有关规定，不合格工程不予验收。对遗留问题应提出具体解决意见，限期落实整改。

7. 竣工资料包括竣工图及各类管理、技术文件资料，应按照股份公司建设项目档案管理规定的有关要求编制，保证竣工资料的原始性和真实性，并与工程实际相符。

8. 在检查验收各项经济技术指标的同时，竣工验收要突出项目的效益评价，工程建设项目的实际效益要作为工程建设及管理的主要业绩。

9. 工程验收的总结报告（设计总结、施工总结、工程监理总结、生产运行总结、设备引进总结及建设单位管理总结），应总结工程建设、生产试运行、工程管理中的优化、简化的成效、措施、经验及用于优化的先进实用技术。

七、工程项目管理

1. 项目管理是新油田地面工程建设、老油田地面改造提高投资效益、保证工程质量、实现工期目标最有效的管理形式。

2. 新油田建设、老油田改造等工程建设项目必须实行业主责任制的项目管理。工程设计、施工、监理等参建单位也应实行项目管理。

3. 建设单位是"工程建设第一责任人"，要对工程建设项目负全部责任。因不具备技术力量和管理经验实行总承包的"交钥匙工程"，建设单位的项目经理部也应对其进行监督管理，不能"以包代管"，重大建设方案、重要物质、设备采购必须经建设单位项目经理部审查确认。

4. 暂不具备工程项目管理能力和经验的工程建设单位，可以招标选择工程管理公司，委托工程管理公司进行项目管理。受托工程管理公司依法与建设单位签订合同，代替建设单位实行项目管理，并达到工程建设的工期、质量和效益等经济技术指标。委托管理公司管理应报上级主管部门批准。

5. 油田地面建设项目应由项目经理部负责具体实施，对于负责重点工程的项目经理部、人员组成需经股份公司批准。

6. 油田地面建设项目批准后，各油田公司应成立项目经理部，负责对工程项目招标、物资采办、工程合同及施工等工作实施管理。工程项目管理包括工程项目组织管理、目标管理、招标管理、工程合同管理、物资采购管理及项目投资管理等内容。

7. 工程项目组织管理。（1）项目经理部应当参与油田地面工程建设项目的前期工作（项目建议书、可行性研究及初步设计等）的组织管理，负责项目审批后的组织管理。（2）初步设计批准后项目经理部应负责组织工程建设项目的实施。主要职责：1）组织工程项目的施工图设计和项目的招标工作；2）组织项目的建设实施，对工程投资、建设工期、工程所用材料、设备的采办、工程施工质量和竣工验收等控制与管理；3）对工程项目建设单位负责，接受建设单位及地面工程建设管理职能部门的管理和考核监督。

8. 工程项目目标管理。（1）油田产能建设项目的目标主要包括项目建成后的总体功能（功能目标）、工程总体的技术标准的要求（技术目标）、质量要求（质量目标）、总投资和投资回报（经济目标）以及对安全生产、环境保护的要求（安全、环境目标）。（2）在项目确定前应确定明确的目标，精心论证、优化设计，不允许在项目实施中仍存在不确定性和对目标过多的修改；在目标设计中首先应设立项目的总目标，再采用系统方法将总目标分解为子目标和可执行目标。目标系统必须包括项目实施和运行的所有方面。（3）项目目标应落实到各责任人，目标管理应结合职能管理，使目标与组织任务、组织结构相联系，建立由上而下、由整体到部分的目标控制体系。

9. 工程项目招标管理。（1）工程建设项目招标管理要严格遵照《中华人民共和国招投标法》及股份公司的有关规定执行。（2）招标管理工作在股份公司或油田分（子）公司主管部门指导下由项目经理部负责。重点工程建设项目的招投标报股份公司审查。（3）评标人员组成应执行招投标法的有关规定。（4）中标单位不得将工程主体部分分包，更不得将工程转包。如需将工程非主体部分分包，投标单位应在投标书中注明分包原因、分包工程量、分包单位的名称及资质等，严禁分包单位再次转包。

10. 工程项目合同管理。（1）工程建设项目招投标完成后，项目经理部应与中标单位按《中华人民共和国合同法》及股份公司有关规定签订书面合同。合同内容及事项都应符合规范合同文本的要求。（2）合同应重点突出工程建设的三大指标控制（即质量控制、工期控制、投资控制）和安全生产。在合同中，要有明确的监督检查和处罚条款。（3）签订合同要有依据，应满足有关技术标准及质量要求，工期明确，合同条款齐全、清晰、准确，不能有模棱两可的言辞和不合理的附加条件。（4）在签订工程建设合同的同时，必须按规定签订安全服务合同，明确合同双方在安全生产方面的责任和义务，明确参建单位接受安全监督的条款。（5）合同双方应认真履行合同条款，不允许擅自修改、撤销有效合同。

11. 工程项目物资采购管理。（1）为保证产品及施工质量，油田地面建设项目的物资采购要坚持建设单位供货的原则。（2）工程建设项目中的物资采购计划由项目经理部代表业主审定。重要设备及大宗物料的采购，项目经理部可以委托物资供应部门办理。对关键的设备和材料应进行监造，保证物资产品的质量满足工程要求。（3）采购物资进场（厂）须进行检验，严禁未经验收和不符合管理程序的产品进入工程。（4）引进设备应在项目的初步设计审查中审批，委托具有国际招投标资质的单位进行招标，招标结果报股份公司批复后方可签订合同。相关部门要严格把关，确保引进设备达到先进适用、质量优良、价格合理、售后服务良好的要求。（5）物资供应合同及物资设备技术资料应按相关规定进行归档管理。

12. 工程项目投资管理。（1）项目前期投资控制由股份公司及油田公司职能部门负责，确保可行性研究报告的投资估算不得超过批准的项目预可行性研究报告投资估算的10%（含10%），初步设计概算不得超过可行性研究报告投资估算的10%，否则应修改可行性研究报告并重新报批。（2）项目实施过程的投资控制由项目经理部负责，必须专款专用，保证工程按期、保质、保量完成并尽可能节约投资；如果实施中未按批复方案的规模和工程量建设，应核减相应的投资。（3）根据项目工程量和合同要求，施工单位在项目开工前或施工期间可申请预付款及工程进度款，并由项目经理部认定签字、主管领导批准后根据有关规定办理。（4）根据工程承包的不同形式和工程建设的风险程度，工程建设合同应当明确违约处罚金额，建设施工服务违约罚金不得低于建设承包费用的10%，采购设备质量、功能违约罚金不得低于设备费用的15%。相应违约金数额的工程建设服务费和设备费不得预先支付，工程验收后根据工程运行情况，进行结算。（5）项目竣工验收后，施工单位要严格按照竣工图及审定的竣工资料编制竣工结算书并上报项目经理部进行审查，由项目经理部按有关规定办理工程结算及转资手续。（6）项目竣工验收和结算后，项目经理部要编制工程决算报告，并将竣工验收决算审计报告上报原审批部门。

13. 项目资料、档案工作要作为工程建设的一部分，严格管理。

第三节　油田地面生产管理规定

一、一般规定

1. 油田地面生产管理必须坚持"高效、节能、安全、环保"的原则，对油田地面生产进行优化，降低生产成本，应用先进适用的配套技术，确保油田经济、高效开发。

2.油田地面生产系统管理包括生产运行管理、系统运行控制、生产辅助系统管理，各油田应根据规定要求结合生产实际，实事求是、因地制宜地细化各项管理。

3.在新油田投产初期，应达到设计指标，老油田地面生产系统应加强管理，不断提高技术、经济指标。

4.油田投产后，主要生产站、场应建立生产运行档案，记录投产试运行以来生产运行、设备检修、事故处理、调整改造等相关资料。

5.运行计划管理。（1）油田地面生产必须按地面生产运行计划组织实施；（2）油田地面生产运行计划应依据股份公司下达的总体目标和油田生产计划编制；（3）油田地面生产运行计划要明确主要生产、经营、技术指标和相应的安全技术措施；（4）油田地面生产运行计划须经油田地面生产主管领导审批后实施；（5）油田地面生产运行计划实施过程中要进行监督、检查和考核。

6.安全管理。（1）要建立并完善油田地面生产安全管理体系，确保安全生产；（2）油田地面生产安全管理体系要符合国家、当地政府和企业相关的法律、法规和规定；（3）油田地面生产安全管理体系应明确生产、工艺设备、辅助生产安全的各种管理规定、规章制度、安全操作规程、标准、HSE管理和安全保证措施；（4）油田地面生产安全管理体系要落实到每个生产岗位和管理环节并进行严格的监督、检查、考核。

7.环保管理。（1）要加强油田地面生产环境保护，生产运行要符合国家、当地政府和企业环保要求；（2）油田地面生产各系统排污和放空必须达到排放标准；（3）油田地面生产各工作环境及系统工艺设备要清洁卫生，不渗不漏。

8.生产成本管理。（1）要根据油气生产年度计划测算生产、运行、维护和管理费用，制定年度成本目标；（2）年度成本目标要逐级分解落实到每个管理和生产岗位；（3）各级管理和生产岗位要根据分解的目标制定完成目标的具体措施；（4）各级管理部门、生产岗位要定期组织经济核算和费用支出分析，及时采取对策，保证年度总成本不超；（5）要大力推广应用先进技术、先进工艺、设备，降低生产成本。

9.生产岗位管理。（1）从事油田地面生产岗位员工必须经过相应技术培训，持证上岗；（2）员工岗位操作程序要符合相关部门管理规定，保证每个岗位员工能够在生产运行中安全操作；（3）岗位交接要做到"四清"，即生产情况清、资料数据清、生产问题处理清、岗位辅助设施清；（4）生产运行发生异常变化要及时汇报有关管理部门和相关的生产岗位，并采取相应措施，确保系统安全运行；（5）各生产装置、生产岗位应制定突发事故的应急预案，发生危急安全的事故时，应立即启动应急预案，保护员工及社会群众的生命安全，把事故损失降低到最低限度；（6）岗位员工必须按规定做好生产运行参数调整和资料录取；（7）岗位员工在生产运行操作中必须严格执行制度、规定、规程规范和标准；（8）岗位员工的生产运行操作、监督、检查和考核情况都应建立相应的记录。

10.生产运行优化。（1）生产运行优化的目标是提高生产系统效益，提高装置、设备效率，降低能耗、降低生产操作费用；（2）在自动化控制运行良好的生产系统，可以实行计算机控制在线动态优化，不具备动态优化的厂、站可以实行调整生产运行参数和生产操作的静态优化；（3）生产运行优化必须保证生产安全运行；（4）生产运行优化应选用先进的工艺技术、先进的设备、先进的控制技术和管理方法。

二、系统运行控制

1. 油气集输系统运行控制

主要包括油井集油运行控制、原油接转运行控制和脱水运行控制。

（1）油井集油运行控制

①在不影响采油生产的条件下，应充分利用地层能量，合理利用油井集输压力，尽量采用不加热集油工艺，尽可能降低集油温度，减少能量消耗；②在满足计量和管线畅通最低温度要求条件下，实施不加热或较低温度集输。

（2）原油接转运行控制

①接转站工艺流程应密闭运行，伴生气不放空，采出液不外排，降低油气分离、集输过程的油气损耗；②接转站站内生产工艺的压力、液位、温度、流量应控制在系统平稳、高效运行范围内；③油井集输的供热温度、供热量应根据油井生产、工艺和环境的变化控制在低消耗范围内；④外输加热炉应保持高效状态运行，出口温度控制在维持输油的最优值；⑤接转站湿气外输压力应根据现场实际情况控制；⑥接转站外输放水要控制水中含油量达到规定指标。

（3）原油脱水运行控制

①自动控制油、气、水分离装置的压力和界面，保持系统平稳运行；②在达到原油含水及污水含油指标条件下，应控制原油脱水在较低温度下运行；③要控制原油脱水系统和油水界面，保证脱出水中含油达标，满足后续污水处理；④外输原油含水应达标；⑤应控制原油外输输差在规定的标准内，输差要按时核对，防止原油泄漏。

2. 原油储运系统运行控制

（1）在储存温度条件下，控制原油饱和蒸汽压力低于 0.7 倍的当地大气压力，以降低原油的蒸发损耗；（2）原油储罐应密闭运行，要保持呼吸阀和安全阀灵活可靠；（3）控制原油储罐液位、原油温度、停留时间，在满足随时外运条件下，减少能量消耗；（4）原油接收、外运都应保证含水、输差、温度指标在规定标准之内；（5）要控制原油储罐罐底油水界面，及时排水并回收排放水。

3. 伴生气系统运行控制

（1）根据油田具体情况，充分回收、利用油田伴生气，气油比高、效益好的伴生气应建设集输、处理系统和轻烃回收装置；（2）边远、零散井宜采用套管气回收措施，利用伴生气加热、发电或作为燃气发动机燃料；（3）在油气密闭集输的同时，宜采用原油稳定和大罐抽气装置减少油气损耗。

4. 水处理系统运行控制

（1）水处理宜密闭运行，严禁不达标污水外排；（2）水处理站要监视、检测来水水质，控制含油、悬浮物、细菌等主要指标不超出允许范围；（3）监视水处理各工序水质指标变化，及时调整运行参数和运行措施，水处理工艺设备、装置进出口水质应达到规定要求，最终实现水质达标；（4）控制过滤罐反冲洗强度和反冲洗周期，提高反冲洗效果；（5）定期组织沉降容器、设备和管道清洗，防止水质二次污染。

5. 注水系统运行控制

（1）当注水水质平均腐蚀率 ≥ 0.076mm/a 时，注水水中溶解氧浓度不能超过 0.1mg/L，清水中的溶解氧要小于 0.1mg/L；（2）监视、控制机泵设备运行状态，保证设备安全运行；（3）注水增压应适应注入压力，控制泵管压差、注水泵运行台数应与注水量匹配，保持注水泵高效运行；（4）监视注水系统变化，控制、调整、优化系统运行参数，保持系统高效运行；（5）监视注水井注入量和注入压力变化，控制洗井周期，保持压力波动在规定范围内。

6. 注蒸汽系统控制

（1）进锅炉水质应达到湿蒸汽发生器标准；（2）控制注入蒸汽干度大于80%；（3）注蒸汽管道、管件、设备绝热保温应及时维护，符合保温标准要求。

7. 聚合物配制、注入系统运行控制

（1）应监视、化验检测聚合物配制用水，在规定范围内控制清水的总矿化度和钙、镁离子含量，控制聚合物配制污水水质达到聚合物驱水质标准；（2）监视检测配制聚合物溶液的用水量和聚合物的用量，在规定范围内控制聚合物浓度波动；（3）控制聚合物母液的熟化时间，保证聚合物母液完全溶解，形成均匀溶液；（4）监视聚合物母液过滤器压力差，及时更换和清洗过滤装置，保证母液外输质量；（5）监视检测井口注入浓度和黏度，及时调整稀释母液配制比例，控制聚合物注入质量达到地质开发方案要求。

三、生产辅助系统管理

1. 计量与自动化管理

（1）应根据油田地面生产实际需要配备计量和自动化设施，自动化程度要和生产工艺、管理水平相适应；（2）计量仪表的配置，要满足相应的计量管理规定和标准；（3）自动化系统配置应满足生产工艺要求，保证安全生产，保证油气集输、处理平稳运行，提高产品质量，提高工作效率、生产效益和管理水平；（4）计量与自动化仪表标定、校验应满足相应的管理规定和标准；（5）应加强计量与自动化仪表维护保养，保证完好率和使用率。

2. 供电管理

（1）供、变、配电应按中华人民共和国行业标准 DL40–91《电业安全工作规程》（以下简称《规程》）的要求，做到安全生产无事故，安全设施装备齐全，安全可靠平稳运行；（2）供、变、配电电气设备定期检验应按《规程》进行，主要设备被检率应达100%，继电（微机）保护无误动作；（3）供、变、配电的设备完好率应达100%，完好设备中一类设备应达75%及以上；（4）供、变、配电必备的技术档案、图纸图表、规程制度等资料应齐全准确。

3.油田给水管理

（1）应节约用水，实行计划用水、限额用水；（2）划定为饮用水的水源应设明显标志；（3）加强用水工艺设备的维护保养，防止泄漏，保证供水系统畅通。

4.通信管理

（1）通信线路、光缆应设明显标志，采取有效保护措施；（2）应加强通信设备维护，应确保通信设施畅通；（3）生产岗位通信系统为生产专用，严禁非生产活动利用岗位通信设备。

5.化验管理

（1）为提高油田开发效果和实现生产科学决策，各油田要建立完善的油田化验体系；（2）油田地面生产过程要对油、气、水、轻烃和所需化学药剂进行化验，进行环保监测化验，对成品油进行化验分析；（3）应根据油田生产实际需要制定统一油田化验的标准、操作规程；（4）应配备保证油田化验数据具有可比性的仪器设备；（5）要保证化验资料真实可靠，要建立完善的监督、审核、审定工作程序。

6.药剂管理

（1）进入油田生产的化学药剂生产厂家必须具备生产资质，其产品符合有关健康、安全、环保管理规定及标准；（2）油田生产选用的化学药剂必须满足生产要求，对其他生产环节不得造成不利影响；（3）对化学药剂必须进行质量和配伍性试验，合格后方可使用；（4）要定期和不定期评价化学药剂使用效果，根据效果进一步优选化学药剂，优化加药方案。

7.资料管理

（1）油田地面生产原始数据经汇总、整理和分析形成的资料必须真实全面反映油田地面生产管理及运行情况，为各级生产、科研、管理、决策等工作提供依据；（2）要逐级审核、审定油田资料数据，确保真实可靠；（3）管理职能部门要及时分析资料数据，总结经验，发现问题时立即进行生产和管理调整；（4）根据实际需要逐级保存资料和整理归档；（5）油田地面生产系统要逐步建设计算机信息网络和工程数据库，实现资料、数据的动态、实时管理与分析，不断优化地面各系统的运行。

8.设备管理

（1）设备新度系数应保持在0.4以上；（2）要按油田地面生产设备具体要求及时维

护和保养，保持设备完好和高效运行；（3）设备维护保养要保证安全和生产系统正常运行，要符合相应的操作规程、技术规范和规定，要建立完整准确的维护保养记录和资料。

9. 现场试验管理

（1）现场试验项目必须通过专家对技术、安全、环保及经济论证后，方可进入油田地面生产现场试验；（2）现场试验前必须制定可行的试验方案和安全保证措施并经过生产主管部门同意；（3）生产管理部门要做好现场试验的运行管理，协助现场试验的开展；（4）现场试验必须严格按照方案组织实施；（5）现场试验应经过小型、中型和生产试验，通过验收达标后，方可扩大试验范围；（6）现场试验成果应在满足生产管理的基础上推广应用。

10. 腐蚀与防护管理

（1）应建立油田地面生产完善的管道、设备腐蚀与防护工作体系，提高管道、设备运行安全和使用寿命，降低更新维护成本；（2）根据介质及土壤环境腐蚀特性，钢制设备、管道应采用防腐涂层及电化学防腐，必须保证电化学防腐系统的正常运行；（3）要定期组织监测和评价管道、设备腐蚀与防护措施效果；（4）应建立符合实际的管道、设备腐蚀与防护效果评价方法和检测方法；（5）要依据管道、设备更新维护评价结果组织实施；（6）对于重要油、气、轻烃输送管道要进行腐蚀检测或漏失检测，并设专人巡线，必要时进行安全评估。

11. 安全保卫管理

（1）应组织安全保卫，保护油田地面生产工艺设施，保证正常生产，防止因偷盗和破坏造成的损失；（2）应制定有效措施保证生产运行必需品及时到位；（3）应组织维护油田道路，满足生产和安全要求。

第四节　老油田地面工程改造

1. 老油田地面工程改造直接关系到油田安全、高效、持续、稳定生产，老油田地面工程改造应与老油田开发调整方案紧密结合，做到增产、增效。要保证必要的地面工程维护费用和改造资金，加强投资管理，做到专款专用。老油田地面工程改造工作要在老油田地面工程改造规划指导下，认真做好前期工作，执行建设管理规定，做好优化、简化工作，确保安全平稳运行，提高效益、降低生产成本。

2. 老油田地面工程改造要根据油田地面工程与油气生产的适应性和油田地面设施的老化、腐蚀状况，在调查研究的基础上，制定老油田改造规划，做到总体规划，分年实施。

3. 老油田地面工程改造要本着优先解决危及安全生产、解决制约生产瓶颈问题、节能降耗、控制生产成本的原则安排项目和计划投资。

4. 老油田地面工程改造要认真做好优化、简化工作，在油气水系统平衡，保证地面工程在合理的运行生产负荷率的条件下，做好"关、停、并、转、减、修、管、用"等工作。

5. 老油田地面工程改造要应用新工艺、新技术、新设备、新材料，提高投资效益、提高生产效率。

6. 老油田地面工程改造要充分依托、利用现有的生产系统工程、已建地面设施，减少改造投资，提高改造效益。

7. 在老油田地面工程改造的同时，要改变观念，创新管理，管理体制要为老油田简化改造创造条件，改造的油田区块可以不受行政管理区域的限制。

8. 老油田地面改造工程属于地面工程建设范畴，要严格执行建设程序，老油田地面改造项目管理执行油田地面工程建设管理相应规定。

9. 应妥善保管老油田地面工程改造后闲置的设施、设备，在油田分公司内统一调配使用。对不能继续使用的设施、设备应报废处理，不留健康、安全、环保隐患。

一、油田地面工程总体规划

1. 油田地面工程总体规划是指导油田地面工程建设的指导性文件，其作用是统筹安排近期与长远、局部与总体的地面工程建设，优化油、气、水及相应配套各系统。协调油田建设、原油生产、老油田改造各项工作，达到总体最优的目的。

2. 油田地面工程总体规划方案主要包括：油田地面工程中长期发展规划、油田产能建设地面工程总体规划、老油田地面工程改造规划、油田地面配套系统工程规划、油田地面工程科技发展规划。

3. 油田地面工程总体规划的编制依据是股份公司发展战略、油田开发方案、油田地面工程现状的发展趋势，以及油田地理环境、社会依托条件等。

4. 油田地面建设中长期发展规划，应研究已建设油田地面工程对油气生产的适应性，原油、伴生气集输处理、水处理、注水系统、油气水储运等各系统的负荷率，各种处理介质与处理能力、各种能量消耗与供给的平衡，根据勘探、开发形势预测地面工程的发展，根据生产的变化规律预计未来发展的趋势，在各系统优化的基础上，进行整体优化，编制出地面建设的总体规划。规划在逐步实施的过程中，应根据实际生产情况，不断调整。

5. 老油田地面工程改造规划，应在油田调查研究的基础上，分析油田地面设施、设备、管道的运行状况，对生产的适应能力，各种设备的运行效率，能耗水平，以及各种管道、设备、设施、装置的腐蚀状况，在分类统计的基础上，按照优先解决危及安全生产、制约生产瓶颈问题、节能降耗问题，编制总体改造规划，逐年实施改造，争取利用有限投资，改变老油田地面工程状况，实现安全、稳定生产和持续发展。

6. 油田地面工程配套系统规划，应根据油田生产现状和油田生产发展，在研究分析油田现有的长输管道、供电、供水、通信、自动化、道路等系统基础上，优化系统网络的拓扑结构，根据发展趋势，平衡资源与需求，编制配套系统建设的规模、配置、网络及路径的规划方案。

7. 油田地面工程科技发展规划应根据油田地面工程生产、建设的实际需要，借鉴国外科技发展的趋势，充分利用社会资源，按照研发储备技术、攻关瓶颈科技、推广应用先进技术的层次进行，编制中长期科技发展规划，要逐步形成地面工程科技发展体系，提高地面工程科技水平。

8. 科技创新和推广应用是提高地面工程效益、提高油田地面工程建设、生产水平的根本措施，要自始至终做好科技创新工作推动油田生产力发展、促进油田效益开发。

9. 要在科技发展规划的指导下、结合生产实际，开展科学储备技术的研究开发，针对制约油气集输、处理、水处理等地面工程发展的瓶颈技术，组织攻关研究，总结各油田应用的先进、成熟、适用技术，结合油田的特点，因地制宜地推广应用先进技术，形成规模效益。使科技研发服务、指导生产，与发展战略结合，明确科技目标，实现持续发展。

10. 地面工程科技研究开发应集中力量、集中资源，组织科技研发中心，形成科研攻关队伍。要创新观念，破除油田分割，避免低效重复。科技研究开发要积极引进人才，充分利用国内外人才资源，根据市场经济特点，应用各种形式，建立开放式的研究机制。

11. 地面工程科技研究开发在重视科技攻关的同时，更应重视成果的"后研发"工作，大力加强科技成果的商品化工作，落实科技成果生产应用的服务工作，使科技成果转化为生产力，并在生产应用中充实、发展。地面工程科技研究开发要结合股份公司业务拓展战略，积极开展储备技术研究，适应油气生产新领域应用。

12. 根据油田地面工程生产的实际，开展节能（油、气、水、电等）、节约占地面积、降低成本的油气集输、处理的工艺技术的研究。应研制高效设备和化学药剂；解决腐蚀、结垢、环保问题等一些制约发展的问题。

13. 地面工程科技研究开发要实行项目管理，要做到资金落实、目标明确、组织严密、路线正确、责任到人、奖罚分明。

14. 要加强国内外科技信息交流，重视引进技术的总结推广。要以地面信息、工程数据库为基础，统一规划、统一标准，逐步建设油田地面工程建设、生产信息系统，实现地面工程生产、科技信息的交流。

二、质量、健康、安全、环境管理

1. 质量、健康、安全、环境管理（QHSE）应是工程建设管理的一个重要组成部分，要针对建设项目的性质，提出 QHSE 的目标和要求，形成 QHSE 管理体系。

2. 在完成可行性研究报告的同时，要做工程项目的安全评价、环境评价，在初步设计中要根据安全评价、环境评价做出安全、环境保护专篇。

3. 工程建设中应按照国家职业卫生法规、标准，对劳动卫生防护设施效果进行鉴定和评价，配备符合国家卫生标准的防护设备，定期进行职业健康监护，建立《职业卫生档案》。

4. 认真执行国务院颁发的《建设工程安全生产管理条例》，强化施工作业中的劳动安全卫生意识，强化现场 QHSE 的管理和检查，规范现场文明施工行为，创造符合条件的生活、作业、生产环境，坚持安全第一、预防为主、以人为本的原则。

5. 对可能发生的自然灾害、环境污染事故、安全生产事故、影响公共安全的事故须制定应急预案，定期训练演习。应急预案应保证能合理有序地处理事故，有效控制损失。

6. 在地面工程建设和生产的各个阶段都要采取措施做到污染物达标排放，防止破坏生态环境，健全环境保护制度，完善环境检测体系。

第五节　项目风险管理

近年来，有关油田开采的项目工程发展迅速，促进了油田开采项目的进一步发展，从根本上满足了人们的日常生活所需。在油田开采项目工程建设中，地面建设工程是其重要的组成部分之一，是一项系统性较强、具有复杂性的工程，并且容易受到众多因素的影响，比如，地形条件、地质、气候等，这就给地面的建设工程带来一定的局限性，同时又附带一些风险。由于监管不当而导致的安全事故在油田地面建设工程的施工过程中时有发生，因而有必要建立起风险管理机制，加强对风险监控，以保证油田地面建设工程项目施工的安全。

一、油田地面建设工程项目的具体特征

油田地面建设工程作为油田开采项目的重要组成部分，受到许多因素的影响，在工程建设中往往伴随着较大的风险。与一般建设工程的风险性相比，油田地面建设工程项目的风险具有其独特之处。第一，油田地面建设工程项目风险的潜伏性较强，其风险问题主要是由施工工人在施工时操作不规范而产生的，不易被检测人员发现，从而造成风险堆积，潜伏期较长。第二，油田地面建设工程项目风险的发生具有随机性，其主要原因是风险监管不到位，还有油田建设工程受到天气、地理条件等因素的限制，从而造成安全隐患。第三，油田地面建设工程项目风险与实地的施工条件密不可分，在实际的施工过程中，由于管理人员的现场监管实施不到位，导致安全事故的情况时有发生。所以，管理人员应对施工人员、有关建筑材料、机器设备等资源进行合理配置，从而进一步保证整个施工系统的安全性。由此可得，在地面油田建设工程项目的实际施工过程中，企业应加强对施工现场的监管力度，在保证工程进度的同时，预防油田地面建设工程项目施工过程中安全事故的发生。

二、油田地面建设工程项目风险管理的必要性

风险管理是指通过对施工项目进行风险识别、风险界定和风险度量等一系列工作去认

识项目中的风险，并在此基础上通过运用风险规避措施以及风险管理办法对项目风险进行有效的对冲，进一步处理风险事故，从而保证对项目工程实施有效监管。

近些年来，大多数油田地面建设工程项目虽然已经开始重视风险管理，但是由于其内部缺乏专业的风险管理人才以及相应的专业知识，风险管理工作在很大程度上受到了阻碍。仅依靠员工的责任心和个人行为是远远不够的，这会在一定程度上为油田地面建设工程埋下风险的隐患。因此，企业能建立一套系统、完整的项目管理和风险管理的机制，对应对工程项目建设过程中的风险具有重大意义。

三、油田地面建设工程项目风险监管的具体方法

为了有效应对油田地面建设工程项目施工中可能发生的风险，企业应根据具体的施工情况，制定具有针对性的风险监管制度。具体应从以下方面进行。

（一）进一步完善风险识别系统，为日后的风险管理工作夯实基础

在油田地面建设的施工过程中，首先要全面认识整个施工项目的各项风险，从而为风险监管工作打下基础。风险识别是风险管理实施的第一步，也是最关键的一步。在进行风险识别的过程中，要从以下两点出发：一是感知风险。感知风险是风险系统的基础，它的形成是基于对客观因素的感知。在项目工程的设计过程中应先对风险进行感知，从而进一步认识风险，找出其"导火索"，为制定风险监管方案打下基础。二是分析风险。主要是对施工过程中事故发生的原因进行风险分析，从而防止类似的安全事故再发生。因此，只有对整个施工项目中的风险有一个全面的认识，才能制定有效的风险管理措施，做好规避风险的准备。

（二）提高思想认识，建立风险管理制度

承接油田地面建设工程项目的施工企业应该摒弃传统思想观念，进一步提升对风险管理的重视程度，让风险管理制度深入每一个部门。除此之外，还要进一步完善油田地面建设工程项目施工的各项法律法规以及规章制度，为风险管理建立统一制度标准，并严格按照规章制度执行，加快风险管理制度的建设步伐。

（三）对项目施工的各个部分进行监管，进一步建立有效的风险管理评估制度

由于油田地面建设工程项目的风险管理工作具有一定的复杂性以及系统性，所以要想保证对整个施工工程中风险监管的有效性，必须建立一套完整的风险管理评估制度。在对风险进行评估的时候，一是在思想上提高对风险管理评估制度的认识；二是应将各项规章制度落实到油田地面建设工程项目施工的过程中，加强施工过程中每个环节的检查以及工程的验收，做好重点环节的风险管理工作，对施工阶段的风险进行严格的监督以及合理的风险管理。

第五章 石油化工安全

第一节 安全技术基础

一、安全与系统安全

（一）安全的基本概念

1.安全（Safety）

安全是指在生产活动过程中，能将人员伤亡或财产损失控制在可接受水平之下的状态。

2.危险（Danger）

危险是指在生产活动过程中，人员或财产遭受损失的可能性超出了可接受水平的一种状态。

人们随着立场、目的、条件等的变化，可接受的危险水平也在变化，对安全与危险的认识也不相同。

3.风险（Risk）

风险是描述系统危险程度的客观量，又称危险性。风险 R 具有概率和后果的二重性，风险可用损失程度 c 和发生概率 p 的函数来表示：

$$R = f(p，c)$$

4.安全性（Safety Property）

安全性指确保安全的程度，是衡量统安全程度的客观量。与安全性对立的概念是风险（危险性）。假定系统的安全性为 S，危险性为 R，则有：

$$S = 1 - R$$

5.事故（Accident）

事故是指在生产活动过程中，由于人们受到科学知识和技术力量的限制，或者由于认识上的局限，当前还不能防止，或能防止但未有效控制而发生的违背人们意愿的事件序列。

6. 隐患〔Accident Potential〕

隐患系指潜藏的祸患。隐患包括一切可能对人—机—环境系统带来损害的不安全因素。

（二）安全科学

1. 安全科学

安全科学是研究人与机器和环境之间的相互作用，保障人类生产和生活安全的科学。安全科学的研究对象是人类生产和生活中的不安全因素，如工业事故、交通事故、职业危害等。安全科学的研究内容主要包括：安全科学的基础理论，如事故致因理论、灾变理论、灾害物理学、灾害化学等；安全科学的应用理论，如安全人机学、安全心理学、安全法学、安全经济学等；安全科学的专业技术，如各类安全工程、职业卫生工程、管理工程等。

2. 安全科学的发展

近百年来，安全科学的发展大致可分为三个阶段。

第一阶段：20 世纪初至 50 年代。在这一阶段，工业发达国家成立了安全专业机构，形成了安全科学研究群体，从事工业生产中的事故预防技术和方法的研究。

第二阶段：20 世纪 50 年代至 70 年代中期。在这一阶段，发展了系统安全分析方法和安全评价方法，提出了事故致因理论。安全工程学受到广泛重视，在各生产领域中逐渐得到应用和发展。

第三阶段：20 世纪 70 年代中期以后。在这一阶段，逐步建立了安全科学的学科体系，发展了本质安全、过程控制、人的行为控制等事故控制理论和方法。

3. 系统安全与系统安全工程

（1）系统安全

系统安全是在系统寿命期间内应用系统安全工程和管理方法，辨识系统中的危险源，评价系统的危险性，并采取控制措施使其危险性最小，从而使系统在规定的性能、时间和成本范围内达到最佳的安全程度。

系统安全的主要观点包括：

1）没有绝对的安全。任何事物中都包含有不安全的因素，具有一定的危险性。

2）安全工作贯穿系统的整个寿命期间。即在新系统的构思、可行性论证、设计、建造、试运转、运转、维修直到废弃的各个阶段都要辨识、评价、控制系统中的危险源，体现预防为主的安全工作方针。

3）系统危险源是事故发生的根本原因。危险源（即危机）是可能导致事故的潜在的不安全因素。系统中不可避免地会存在着某种种类的危险源。系统安全的基本内容就是辨识系统中的危险源，采取措施消除和控制系统中的危险源，使系统安全。

（2）系统安全工程

系统安全工程（System Safety Engineering）运用科学和工程技术手段辨识、消除或控制系统中的危险源，实现系统安全。系统安全工程包括系统危险源辨识、危险性评价、危险源控制等基本内容。

1）危险源辨识（Hazard Identification）是发现、识别系统中危险源的工作。系统安全分析是危险源辨识的主要方法。

2）危险性评价（Risk Assessment）是评价危险源导致事故、造成人员伤害或财产损失的危险程度的工作。危险源的危险性评价包括对危险源自身危险性的评价和对危险源控制措施效果的评价两方面的问题。

3）危险源控制（Hazard Control）是利用工程技术和管理手段消除、控制危险源，防止危险源导致事故、造成人员伤害和财物损失的工作。危险源控制技术包括防止事故发生的安全技术和避免或减少事故损失的安全技术。

4.石油化工生产系统安全

石化生产系统是以原油、原油炼制后的产品、油田伴生气或天然气为原料，采取特定工艺，生产燃料性油品、润滑性油品、化工原料、化工中间体和化工产品的工业生产过程系统。

石化生产系统是高危险性生产系统，从安全上考虑，石化生产系统具有如下特征：

（1）生产物资的多危险性；

（2）生产工艺的连续性和长周期性；

（3）加工过程的封闭性；

（4）物耗、能耗的集中化和扩大化。

二、系统安全

（一）系统安全分析概述

系统安全分析（System Safety Analysis）是从安全角度对系统进行的分析，它通过提示可能导致系统故障或事故的各种因素及其相互关联来查明系统中的危险源，以便采取措施消除或控制它们。

1.系统安全分析内容

（1）调查和评价可能出现的初始的、诱发的及直接引起事故的各种危险源及其相互关系。

（2）调查和评价与系统有关的环境条件、设备、人员及其他有关因素。

（3）调查和评价利用适当的设备、规程、工艺或材料控制或根除某种特殊危险源的措施。

（4）调查和评价对可能出现的危险源的控制措施及实施这些措施的最好方法。

（5）调查和评价对不能根除的危险源失去或减少控制可能出现的后果。

（6）调查和评价一旦对危险源失去控制，为防止伤害和损害的安全防护措施。

2.系统安全分析的主要方法

（1）安全检查表法（checklist）

（2）预先危害分析（Preliminary Hazard Analysis，PHA）

（3）故障类型和影响分析（Failure Modeland Effects Analysis，FMEA）

（4）危险性和可操作性研究（Hazardand Operabllity Analysis，HAZOP）

（5）事件树分析（Event Tree Analysis，ETA）

（6）事故树分析（Fault Tree Analysis，FTA）

（7）因果分析（Cause-Consequence Analysis，CCA）

（8）如果—则分析（What-If）

（9）MORT 管理疏忽和危险树分析（MORT）

系统寿命期间内各阶段适用的系统安全分析方法的情况见表 5-1-1。

表 5-1-1 系统安全方法适用情况

分析方法	开发研制	方案设计	样机	详细设计	建造投产	日常运行	改建扩建	事故调查	拆除
安全检查表		√	√	√	√	√	√		√
预先危险分析	√	√	√	√			√		√
危险性与可操作研究			√	√		√	√		√
故障类型和影响分析			√	√					√
事件树分析			√	√		√	√		
事故树分析			√	√		√	√	√	
因果分析			√	√		√	√	√	√

（二）安全检查表

安全检查表是一份进行安全检查和诊断的清单。它由一些有经验的并且对工艺过程、机械设备和作业情况熟悉的人员，事先对检查对象共同进行详细分析、充分讨论、列出检查项目和检查要点并编制成表。为防止遗漏，在制定安全检查表时，通常要把检查对象分割为若干子系统，按子系统的特征逐个编制安全检查表。在系统安全设计或安全检查时，按照安全检查表确定的项目和要求，逐项落实安全措施，保证系统安全。

1.安全检查表的编制程序

（1）确定人员。要编制一个符合客观实际，能全面识别系统危险性的安全检查表，首先要建立一个编制小组，其成员包括熟悉系统的各方面人员。

（2）熟悉系统。包括系统的结构、功能、工艺流程、操作条件、布置和已有的安全卫生设施。

（3）收集资料。收集有关安全法律、法规、规程、标准、制度及本系统过去发生的事故资料，作为编制安全检查表的依据。

（4）判别危险源。按功能或结构将系统划分为子系统或单元，逐个分析潜在的危险因素。

（5）列出安全检查表。针对危险因素和有关规章制度、以往的事故教训以及本单位的检验，确定安全检查表的要点和内容，然后按照一定的要求列出表格。

2.安全检查表的格式

安全检查表的格式要根据检查的目的而具体设计，不可能完全一致。用于危险性识别的安全检查表一般包括检查日期、检查人员、检查项目、检查内容和要求、检查结果、处理意见、整改措施等。

（三）预先危害分析

预先危害分析（PHA）是一种系统安全分析方法。它主要用于新系统设计、已有系统改造之前的方案设计、选址阶段，人们还没有掌握其详细资料的时刻，用来分析、辨识可能出现或已经存在的危险源，并尽可能在付诸实施之前找出预防、改正、补救措施，消除或控制危险源。

1.预先危害分析程序

（1）准备工作

在进行分析之前要收集对象系统的资料和其他类似系统或使用类似设备、工艺物质的系统的资料。要弄清对象系统的功能、构造，为实现其功能选用的工艺过程、使用的设备、物质、材料等。

（2）审查

通过对方案设计、主要工艺和设备的安全审查，辨识其中的主要危险源，也包括审查设计规范和采取的消除危险源的措施。

根据导致事故原因的重要性和事故后果的严重程度，可以把危险源划分为4级：

Ⅰ级：安全的，可以忽略。

Ⅱ级：临界的，有导致事故的可能性，事故后果轻微，应该注意控制。

Ⅲ级：危险的，可能导致事故、造成人员伤亡或财物损失，必须采取措施控制。

Ⅳ级：灾难的，可能导致事故、造成人员严重伤亡或财物巨大损失，必须设法消除。

（3）结果汇总

以表格的形式汇总分析结果。典型的结果汇总表包括主要的事故，产生原因，可能的后果，危险性级别，应采取的措施等栏目。

（四）故障类型和影响分析

故障类型和影响分析（FMEA）是对系统的各组成部分、元素进行的分析。系统的组成部分或元素在运行过程中会发生故障，并且往往可能发生不同类型的故障。最初的故障类型和影响分析（FMEA）只能做定性分析，后来在分析中包括了故障发生难易程度的评价或发生的概率。更进一步地，把它与危险度分析（Critical Analysis）结合起来，构成故障类型和影响、危险度分析（FMECA）。这样，如果确定了每个元素故障发生概率，就可以确定设备、系统或装置的故障发生概率。从而定量的描述故障的影响。

1.故障类型和影响分析程序

（1）确定对象系统。进行故障类型和影响分析之前必须确定被分析的对象系统边界条件和分析的详细程度。

（2）分析系统元素的故障类型和产生原因。一般，一个元素可能至少有 4 种可能的故障类型：意外运行；不能按时运行；不能按时停止；运行期间故障。

（3）研究故障类型的影响。

（4）故障类型和影响分析表。在分析结束后要将分析结果汇总，编制一览表，简洁明了显示分析项目和结果。

2.故障类型和影响、危险度分析

把故障类型和影响分析从定性分析发展到定量分析，则形成了故障类型和影响、危险度分析（Failure Modes，Effectsand Criticality Analysis，FMECA）。

危险度分析的目的在于评价每种故障类型的危险度。一般，采用故障出现的概率与故障后果的严重度的乘积表示故障的危险度。美国杜邦公司把故障的概率划分为 6 个等级，故障后果的严重度划分为 3 个等级，见表 5-1-2。

表 5-1-2　美国杜邦公司对故障的概率及其后果严重度的划分

项目	划分		
故障后果的严重度	大（危险）	中（临界）	小（安全）
故障概率	非常容易发生 1×10^{-1} 容易发生 1×10^{-2}	偶尔发生 1×10^{-3} 不太发生 1×10^{-4}	几乎不发生 1×10^{-5} 很难发生 1×10^{-6}
相应的校正措施	立即停止作业	看准机会修理	注意

（五）危险性与可操作性研究

危险性与可操作性研究（HAZOP）运用系统审查方法来分析新设计或已有工厂的生产工艺和工程意图，以评价因装置、设备的个别部分的误操作或机械故障引起的潜在危险，并评价其对整个工厂的影响。

1.基本概念和术语

开展危险性和可操作性研究时，全面地审查工艺过程，对各个部分进行系统的提问，发现可能的偏离设计意图的情况，分析其产生原因及其后果，并针对其产生原因采取恰当的控制措施。表 5-1-3 为危险性与可操作性研究系统的提问的引导词。

表 5-1-3　危险性与可操作性研究系统的提问的引导词及其意义

引导词	意义	注释
没有或不	对意图的完全否定	意图的任何部分没有达到，也没有其他事情发生
较多或较少	量的增加或减少	原有量 ± 增值，或对原有活动的增减
也，又部分	量的增加 量的减少	与某些附加活动一起，全部设计或操作意图达到， 只是一些意图达到，还有一些未达到
反向不同于非	意图的逻辑反面 意图的完全替代	最适用于活动，例如，流动或化学反应的反向 也可用于物质，如"中毒"代"解毒"原意图一部分没有 达到完全另外的事情发生

在进行危险性和可操作性研究时，依次利用引导词，来设想对象部分或操作步骤出现了与意图的偏离，于是可以详细地分析出现偏离的可能的原因，偏离可能造成的后果，进而研究为防止出现偏离应该采取的安全措施。

2.分析程序

（1）准备工作

包括确定分析的目的、对象和范围；成立研究小组；获取必要的资料；制订研究计划。

（2）开展审查

通过会议对工艺的每个部分或每个操作步骤进行审查。会议组织者以各种形式的提问来启发大家，让大家对可能出现的偏离、偏离的原因、后果及应采取的措施发表意见。

（六）事件树分析

事件树分析（ETA）是一种按事故发展的时间顺序由初始事件开始推论可能的后果，从而进行危险源辨识的方法。

1.事件树定性分析

事件树定性分析的基本内容是通过编制事件树，研究系统中的危险源如何相继出现而最终导致事故、造成系统故障或事故的。编制事件树时需要确定初始事件、发展事件树和简化事件树。

（1）编制事件树

从初始事件开始，自左至右发展事件树。先考察初始事件一旦发生时应该最先起作用的安全功能，把发挥功能（又称正常或成功）的状态画在上面的分枝；把不能发挥功能（又称故障或失败）的状态画在下面的分枝，直到到达系统故障或事故为止。

（2）事件树分析

①找出事故连锁和最小割集合。

②找出预防事故的途径。

2.事件树的定量分析

事件树的定量分析其基本内容是由各事件的发生概率计算系统故障或事故发生的概率。

（七）事故树分析

事故树分析（FTA）是从特定的事故开始，利用逻辑门构成的树图考察可能引起该事件发生的各种原因事件及其相互关系的系统安全分析方法。它本来是一种复杂系统可靠性分析方法，由于可靠性与安全性有密切的因果关系，所以事故树分析方法在安全工程领域得到了广泛的应用。

1.事故树中的符号

（1）事故树中的事件及其符号

a.矩形符号。表示需要进一步被分析的事故事件，如顶事件和中间事件。

b.圆形符号。表示属于基本事件的事故事件。

c.菱形符号。一种省略符号，表示目前不能分析或不必要分析的事件。

d.房形符号。表示属于基本事件的正常事件，一些对输出事件的出现必不可少的事件。

e.转移符号。表示与同一事故树中的其他部分内容相同。

（2）逻辑门及其符号

逻辑与门表示全部输入事件都出现时输出事件出现，只要有一个输入事件不出现则输出事件就不出现的逻辑关系；逻辑或门表示只要有一个或一个以上输入事件出现则输出事件就出现，只有全部输入事件都不出现则输出事件才不出现的逻辑关系。

2.事故树的数学表达

布尔代数是事故树的数学基础。例如，可按下面的步骤写出如图 5-1-1 所示事故树的布尔表达式：

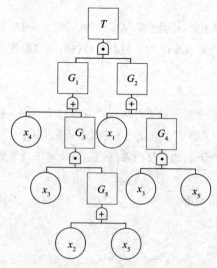

图 5-1-1　事故树

3.事故树定性分析

事故树定性分析包括三方面的工作，即编制事故树，找出顶事故发生的全部基本事件；求出基本事件的最小割集合和最小径集合；确定各基本事件对顶事件发生的重要度，为采取危险源控制措施提供依据。

（1）最小割集合与最小径集合

1）最小割集合

在事故树分析中，把能使顶事件发生的基本事件集合叫作割集合。如果割集合中任一基本事件不发生就会造成顶事件不发生，即割集合中包含的基本事件对引起顶事件发生不但充分而且必要，则该割集合叫作最小割集合。

2）最小径集合

在事故树分析中，把其中的基本事件都不发生就能保证顶事件不发生的基本事件集合叫作径集合。若径集合中包含的基本事件不发生对保证顶事件不发生不但充分而且必要，则该径集合叫作最小径集合。

3）最小割集合求法

利用事故树的布尔表达式可以方便地找出简单事故树的最小割集合。例如，对于图5-1-1 所示的事故树，其布尔表达式展开后化简：

$$T = x_3 \times x_4 + x_2 \times x_4 \times x_5 + x_1 \times x_3 + x_1 \times x_5$$

最终得到最小割集合为：

$$(x_3 \times x_4)(x_2 \times x_4 \times x_5)(x_1 \times x_3)(x_1 \times x_5)$$

4）最小径集合求法

根据布尔代数的对偶法则把事故树中事故事件用其对立的非事故事件代替，把逻辑与门用逻辑或门、逻辑或门用逻辑与门代替，便得到了与原来事故树对偶的成功树。求出成功树的最小割集合，就得到了原来事故树的最小径集合。例如，图5-1-1 所示。该成功树的最小割集合为：

$$\overline{T} = \overline{G_1} + \overline{G_2}$$
$$= (\overline{x_4} + \overline{G_3}) \times (\overline{x_1} + \overline{G_1})$$
$$= (\overline{x_4} + \overline{x_3} \times (\overline{x_2} + \overline{x_5}))(\overline{x_1} + \overline{x_3} \times \overline{x_5})$$
$$= \overline{x_1} \times \overline{x_4} + \overline{x_1} \times \overline{x_2} \times \overline{x_3} + \overline{x_3} \times \overline{x_5}$$

于是，原事故树的最小径集合为：

$$= (\overline{x_1} \times \overline{x_4})(\overline{x_1} \times \overline{x_2} \times \overline{x_3})(\overline{x_3} \times \overline{x_5})$$

（2）基本事件重要度

在事故树分析中，用基本事件重要度来衡量某一事件对顶事件影响的大小。

1）结构重要度基本事件的结构重要度取决于它们在事故树结构中的位置。可以根据基本事件在故障树最小割集合（或最小径集合）中出现的情况，评价其结构重要度。按下

式计算第 I 个基本事件的结构重要度：

$$I_\Phi(i) = \frac{1}{k} \sum_{j=1}^{m} X_i \frac{1}{R_j}$$

式中：k——事故树包含的最小割集合数目；

m——包含第 i 个基本事件的最小割集合数目；

R_j——包含第 i 个基本事件的第 i 个最小割集合中基本事件的数目。

例如，图 5-1-1 所示事故树的最小割集合为 $(x_3 \times x_4)$，$(x_2 \times x_4 \times x_5)$，$(x_1 \times x_3)$，$(x_1 \times x_5)$，按上式计算各基本事件的结构重要度如下：

$$I_\Phi(1) = I_\Phi(3) = \tfrac{1}{4} \times \left(\tfrac{1}{2} + \tfrac{1}{2} \right) = \tfrac{1}{4}$$

$$I_\Phi(2) = \tfrac{1}{4} \times \left(\tfrac{1}{3} \right) = \tfrac{1}{12}$$

$$I_\Phi(4) = I_\Phi(5) = \tfrac{1}{4} \times \left(\tfrac{1}{2} + \tfrac{1}{3} \right) = \tfrac{5}{24}$$

$$I_\Phi(1) = I_\Phi(3) > I_\Phi(4) = I_\Phi(5) > I_\Phi(2)$$

2）概率重要度基本事件对顶事件的影响还与基本事件发生概率有关。概率重要度的定义为：

$$I_g(i) = \frac{\partial g(q)}{\partial q_i}$$

式中：$g(q)$——事故树的概率函数；

q_i——第 i 个基本事件的发生概率。

例如，事故树的概率函数：

$$g(q) = 1 - \{1 - q_4[1 - (1-q_3)(1-q_2q_5)]\} \{1 - q_1[1 - (1-q_3)(1-q_5)]\}$$

假设各基本事件发生的概率为 $q_1 = 0.01$，$q_2 = 0.02$，$q_3 = 0.03$，$q_4 = 0.04$，$q_5 = 0.05$. 按上式计算，基本事件 x_1 的概率重要度为：

$$\begin{aligned}
I_g(i) &= \frac{\partial g(q)}{\partial q_i} \\
&= 1 - \{1 - q_4[1 - (1-q_3)(1-q_2q_5)]\} \{1 - q_1[1 - (1-q_3)(1-q_5)]\} \\
&= 0.078
\end{aligned}$$

类似地，可以计算出其余各基本事件的概率重要度为 $Ig(2) = 0.02$，$Ig(3) = 0.049$，$Ig(4) = 0.031$，$Ig(5) = 0.01$。于是，各基本事件的概率重要度次序为：

$$I_g(1) > I_g(3) > I_g(4) > I_g(2) > I_g(5)$$

3）临界重要度

用顶事件发生概率的相对变化率与基本事件发生概率的相对变化率之比来表示的基本事件重要度为临界重要度。临界重要度的定义为：

$$I_C(i) = I_g(i)\frac{q_i}{g(q)}$$

按此公式计算得，$I_C(1)=0.39$，$I_C(2)=0.02$，$I_C(3)=0.74$，$I_C(4)=0.62$，$I_C(5)=0.25$。于是，各基本事件的临界重要度次序为：

$$I_c(3) > I_c(4) > I_c(1) > I_c(5) > I_c(2)$$

三、系统危险性评价

1.危险性评价概述

系统危险性评价是对系统危险程度的客观评价，它通过对系统中存在的危险源及其控制措施的客观地描述，确定系统的危险程度，从而指导人们先行采取措施降低系统的危险性。罗韦（W.D.Rowe）曾为危险性评价下了如图 5-1-2 所示的定义。

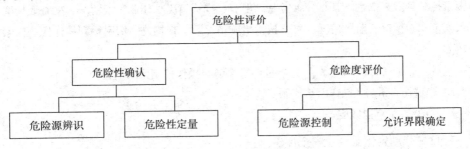

图 5-1-2 危险性评价

2.生产作业条件的危险性评价

生产作业条件的危险性评价是对生产作业单元进行的危险性评价。

（1）生产作业条件危险性分数

以被评价的生产作业条件与某些作为参考基准的生产作业条件相比较为基础，将评价项目确认为一定分数，最后按总的危险分数来评价其危险性。影响生产作业条件危险性的因素为发生事故的可能性、人员暴露于危险环境的情况和事故后果的严重度。因此，以这三个因素为评价项目，并以它们分数的乘积来计算生产作业条件危险分数 D：

$$D = L \cdot E \cdot C$$

式中：D——危险性评价标准，详见教材；

　　　L——事故发生可能性分数，详见教材；

　　　E——人员暴露情况分数，详见教材；

　　　C——后果严重度分数，详见教材。

中国石化集团公司根据石化行业具体情况，确定了 CEC 分值和取值标准，并以此提出了事故隐患的判定依据。

2. 严重伤害控制水平

重伤和死亡统称为严重伤害，尽管其发生率很低，其后果却十分严重。严重伤害可能性可以从以下两方面考查。

（1）严重伤害潜势。按生产作业性质及能量情况评价某种生产作业中发生严重伤害的可能性，即严重伤害潜势。用打分法评价某种生产作业的严重伤害潜势时，可按下面公式进行：

$$L = A + E_1 + E_2$$

式中：L——严重伤害潜势分数；

A——作业性质分数；

E_1——人员、物体的动能、势能状况分数；

E_2——能量种类分数。

（2）操作控制因素。评价严重伤害可能性的另一参数是操作因素控制状况，它以操作因素控制分数来描述。其打分参考基础上有：规程情况、作业审批情况、检查表情况、工人安全知识情况、监督情况、安全技术措施情况等。根据这些情况得到操作控制因素得分数 O。

最后，严重伤害控制水平 L_c 为严重伤害潜势与操作控制因素的比值：

L= 严重伤害潜势 / 操作因素控制 $=L/O$。

$L < 1.0$ 表示可以接受。

3. 日本劳动省化工企业安全评价

在日本，危险性评价被称作安全评价。日本劳动省劳动基准局针对当时化工企业火灾、爆炸事故频数发生的实际情况，制定了化工企业六阶段评价法。该评价方法按六个阶段进行，属于多级过滤式的评价方式。六阶段分别是：

第一阶段，有关资料的准备和研究；

第二阶段，利用安全检查表进行定性评价；

第三阶段，对危险源的定量评价；

第四阶段，研究安全对策；

第五阶段，根据事故资料的再评价；

第六阶段，利用 ETA/FTA 方法对重大危险源进行详细的定量评价。

4. 危险物质加工处理危险性评价

危险物质具有较高的危险性，在加工处理、运输、储存过程中必须采取严格的危险源控制措施。危险物质加工处理危险性评价为采取危险源控制措施提供依据。

国际劳工局在《重大事故控制实用手册》中推荐荷兰劳动总管理局的单元危险性快速排序法。这种方法是道化学工业公司的火灾爆炸指数法的简化方法，使用起来简捷方便，容易推广。具体包括以下六个步骤：

（1）单元划分。该方法建议的划分单元为：供料部分、反应部分、蒸馏部分、收集部分、破碎部分、骤冷部分、加热/制冷部分、压缩部分、洗涤部分、过滤部分、造粒塔、火炬系统、回收部分，存储装置的每个罐、储槽、大容器、存储用袋、瓶、桶盛装的危险物质的场所等。

（2）确定物质系数和毒性系数。根据美国防火协会的物质系数表查出被评价单元内危险物质的物质系数。

（3）计算一般工艺危险性系数。对不同工艺过程给出不同的分数值，其和为一般工艺危险系数。这些工艺过程包括：放热反应、吸热反应、储存和输送、封闭单元、其他方面。

（4）计算特殊工艺危险性系数。这些工艺过程包括：工艺温度、负压、在燃烧范围内或其附近作业、操作压力、低温、危险物质的数量、腐蚀等。

（5）计算火灾、爆炸指数和毒性指标。

（6）评价危险等级。该方法把单元危险性划分为3级，评价时取火灾爆炸指数和毒性指标相应的危险等级中最高的作为单元危险等级。

四、系统危险控制

（一）系统危险控制的基本原则

1.危险控制效果的评价

评价一个设计、设备或工艺过程危险控制效果，主要应考虑：防止人失误的能力、对失误后果的控制能力、防止故障传递能力、失误或故障导致事故的难易、承受能量释放的能力、防止能量蓄积的能力。

2.预防事故发生的危险控制技术

预防事故发生的危险控制技术，实质是控制能量或危险物质，防止它们意外释放，主要技术措施包括：根除危险因素、限制或减少危险因素、隔离、故障——安全措施、减少故障及失误、安全规程、校正行动等。

3.减少事故损失的危险控制技术

减少事故损失的危险控制技术，其实质是防止意外释放的过量能量或危险物质作用于人体，主要包括：隔离、接受小的损失、个体防护、避难和救生设备、援救等。

（二）预防事故的危险控制技术

1.根除和限制危险因素

根除和限制生产工艺过程或设备中的危险因素，就可以实现本质安全。

2.隔离

预防事故发生的隔离措施包括分离和屏蔽两种。前者是指空间上的分离；后者是指应用物理屏蔽措施进行的隔离，它比空间上的分离更可靠，因而最为常见。

为了确保隔离措施发挥作用，有时采用联锁措施。但是联锁本身并非隔离措施。联锁主要被用于下面两种情况：

（1）安全防护装置与设备之间的联锁。

（2）防止由于操作错误或设备故障造成不安全状态。

3.故障——安全设计

（1）故障——消极方案。故障发生后，设备、系统处于最低能量状态，直到采取校正措施之前不能运转。

（2）故障——积极方案。故障发生后，在没有采取校正措施之前使系统、设备处于安全的能量状态之下。

（3）故障——正常方案。保证在采取校正行动之前设备、系统正常的发挥功能。

4.减少故障和防止人失误

（1）减少故障。减少故障的途径主要有：设置安全监控系统或安全阀，提高安全系数，增加可靠性（包括降低额定值、冗余设计、选用高质量元件、定期维护和更换等）。

（2）防止人失误。防止与减少人失误是一件非常困难的事情。除了加强对职工的教育、训练外，在一旦发生失误会产生严重后果的场合可以采取一人操作一人监护的办法；从工程技术的角度改善人机匹配，设置警告，或采用防失误设计（Fool-proof）等。

5.警告

警告是提醒人们注意的主要方法。根据所利用的感官之不同，警告分为：

（1）视觉警告。包括亮度、颜色、信号灯（通常，红色表示有危险、发生了故障或失误，应立即停止；黄色表示危险即将出现的临界状态，应注意，缓慢进行；绿色表示安全、满意的状态；白色表示正常）。旗、标记、标志（安全标志分为禁止标志、警告标志、指令标志及揭示标志四类）、书面警告等。

（2）听觉警告。包括喇叭、电铃、蜂鸣器或闹钟等。

（3）气味警告。如在易燃易爆气体里加入气味剂、根据燃烧产生的气味判断火的存在、在紧急情况下，向人员不能迅速到达的地方利用芳香气体发出警报、用芳香气味剂检测设备过热等。

（4）触觉警告。如振动、温度等。

（三）避免或减少事故损失的危险控制技术

1.隔离

（1）远离。把可能发生事故而释放出大量能量或危险物质的工艺、设备或设施布置在远离人群或被保护物的地方。

（2）封闭。利用封闭措施可以控制事故造成的危险局面，限制事故的影响。

（3）缓冲。缓冲可以吸收能量，减轻能量的破坏作用。

2. 个体防护

人员佩戴的个体防护用品也是一种隔离措施，它把人体与危险环境隔离。个体防护主要用于有危险的作业、为调查和消除危险状况而进入危险区域、应急情况等。

3. 接受微小的损失

利用微弱的部分使能量释放，达到防护的目的。如汽车发动机冷却水系统的防冻塞、锅炉上的易熔塞，在有爆炸危险厂房上的泄压窗，电路中的熔断器，驱动设备上的安全连接棒等。

（四）应急工作和应急计划

1. 应急工作

无论预防工作如何周密，事故和灾害总是难以根本杜绝。迅速的反应和正确的措施是处理紧急事故和灾害的关键。

迅速的反应是指：迅速查清事故发生的位置、环境、规模及可能发生的危害；迅速沟通应急领导机构，应急队伍、辅助人员以及灾区内部人员之间的联络；迅速启动各类应急设施、调动应急人员奔赴灾区；迅速组织医疗、后勤、保卫等队伍各司其职；迅速通报灾情，通知邻区做好各项必要准备。

正确的措施包括：保护或设置好避灾通道和安全联络设备，撤离灾区人员，无法安设安全通道时，应开辟安全避难所，并采取必要的自救措施；力争迅速消灭灾害，并注意采取隔离灾区的措施，转移灾区附近的易引起灾害蔓延的设备和物品；撤离或保护好贵重设备，尽量减少损失；对灾区进行普遍的安全检查，防止死灰复燃及二次事故发生。

2. 应急计划

（1）制订应急计划的原则

①应急计划应针对那些可能造成本企业、本系统人员死亡或严重伤害、设备和环境受到严重破坏而又具有突发性的灾害，如火灾、爆炸、毒气泄漏等。

②应急计划是对日常安全管理工作的必要补充，应急计划应以完善的预防措施为基础，体现"安全第一、预防为主"的方针。

③应急计划应以努力保护人身安全、防止人员伤害为第一目的，同时兼顾设备和环境的防护，尽量减少灾害的损失程度。

④应急计划应结合实际，措施明确具体，具有很强的可操作性。

⑤应急计划应经常检查修订，以保证先进科学的防灾减灾设备和措施被采用。

（2）应急计划的基本内容

包括处理紧急事故的组织构成、灾情的发现与报告、紧急状态下的通信联络、救灾器材与设备的贮备、应急时的安全通道与安全出口、灾害时的自救。

五、事故管理

（一）事故评价指标和等级

事故发生频率与事故后果严重度是评价事故的两个重要指标。前者表示事故发生的难易程度；后者反映事故造成损失的大小。

1. 事故发生频率指标

（1）千人死亡率——某时期内平均每千名职工中因工伤事故造成死亡的人数。

（2）千人重伤率——某时期内平均每千名职工中因工伤事故造成重伤的人数。

（3）伤害频率——某时期内平均每百万工时由于工伤事故造成的伤害人数。

2. 事故后果严重率指标

通常，以轻伤、重伤、死亡来定性地表示伤害严重度；以同时伤亡人数、由于人员伤亡而损失的工作日数（休工日数）等来定量地表示伤害严重度。国标 GB6441—86 规定，按休工日数划分轻伤和重伤：

轻伤——休工日数为 1 ~ 104 日的事故伤害；

重伤——休工日数等于大于 105 日的事故伤害。

以损失价值的金额数表示事故造成的财物损失或生产损失。按损失价值金额的多少，把经济损失分为 4 级：

一般损失——损失金额在 1 万元以下；

较大损失——损失金额达到 1 万元小于 10 万元；

重大损失——损失金额达到 10 万元小于 100 万元；

特大损失——损失金额达到超过 100 万元；

1）伤害严重率——某时期内平均每百万工时由于事故造成的损失工作日数。

2）伤害平均严重率——受伤害的每人次平均损失工作日。

3）按产品产量计算的死亡率。例如，百万吨死亡率、万立方米木材死亡率等。

3. 石化行业事故后果严重率指标

中国石化集团公司根据行业特点，制定了事故评价指标和等级。事故类别分为：火灾事故、爆炸事故、设备事故、生产事故、交通事故、人身事故。

按事故的严重程度，分为：

（1）一般事故。凡符合下列条件之一，为一般事故：

①一次事故造成重伤 1 ~ 9 人。

②一次事故造成死亡 1 ~ 2 人。

③一次事故直接经济损失在 10 万元及以上，100 万元以下（不含 100 万元）。

④一次跑油、料在 10 吨及以上。

⑤一次事故造成 3 套及以上生产装置或全厂停产，影响日产量的 50% 及以上。

（2）重大事故。凡符合下列事故之一，为重大事故：

①一次事故造成死亡 3～9 人。

②一次事故造成重伤 10 人及以上。

③一次事故造成直接经济损失 100 万元及以上，500 万元以下（不含 500 万元）。

（3）特大事故。凡符合下列条件之一，为特大事故：

①一次事故造成死亡 10 人及以上。

②一次事故造成直接经济损失 500 万元及以上。

（二）事故频率与后果的关系

海因里希对 5 000 多起伤害事故案例进行了详细调查研究后得出海因里希法则，事故后果为严重伤害、轻微伤害和无伤害的事故件数之比为 1：29：300，它反映了事故发生频率与事故后果严重率之间的一般规律。即事故发生后带来严重伤害的情况是很少的，造成轻微伤害的情况稍多，而事故后无伤害的情况是大量的。

（三）事故原因分析理论

1. 事故因果连锁论

海因里希最早提出了事故因果连锁的概念，用多米诺骨牌来形象地描述这种事故因果连锁。他认为，事故因果连锁共包括事故的基本原因、事故的间接原因、事故的直接原因、事故、事故后果五个互为因果的事件。其中一颗骨牌被碰倒，则将发生连锁反应，其余的骨牌将相继被碰倒。如果移去连锁中的一颗骨牌，则连锁被破坏，事故过程将被中止。后来又有对事故因果连锁论进行了修改或补充。

2. 能量意外释放论

吉布森、哈登等人提出了解释事故发生机理的意外释放论，认为事故是一种不正常的或不希望的能量释放。人类在利用能量的时候，必须控制能量，使其按照人的意图传递、转换和做功。如果由于某种原因能量失去了控制，就会违背人的意愿发生意外的释放或溢出，造成活动的中止，发生事故。如果事故时意外释放的能量作用于人体，并且能量的作用超过人的承受能力，则将造成人员伤亡；如果意外释放的作用于设备、构筑物、物体等，并且超出它们的抵抗能力，将造成损坏。

3. 两类危险源致因论

按照危险源在事故发生、发展过程中的作用可以把其划分为两大类。能量或干扰人体与外界能量交换的危险物质是造成人员伤害或财物损失的直接原因，被称为第一类危险源。

导致能量或危险物质的约束或限制措施破坏或失效的各种不安全因素称作第二类危险源。

第二类危险源包括人、物、环境三个方面的因素。事故的发生是两类危险源共同起作用的结果。第一类危险源的存在是事故发生的前提，第二类危险源的出现是第一类危险源导致事故的必要条件。在事故的发生、发展过程中，两类危险源相互依存、相辅相成。

（四）事故经济损失

我国国家标准规定事故经济损失分为直接经济损失和间接经济损失。

1. 事故直接经济损失包括：

（1）人身伤亡后支出的费用，其中包括：医疗费用（含护理费用）；丧葬及抚恤费用；补助及救济费用；歇工工资。

（2）善后处理费用，其中包括：处理事故的事务性费用；现场抢救费用；清理现场费用；事故罚款及赔偿费用。

（3）财产损失价值，其中包括：固定资产损失价值；流动资产损失价值。

2. 事故间接经济损失包括：

（1）停产、减产损失价值；

（2）工作损失价值；

（3）资源损失价值；

（4）处理环境污染的费用；

（5）补充新职工的培训费用；

（6）其他费用。

（五）事故报告

事故报告应在事故主要原因基本调查清楚基础上做出，时间应在事故发生15天之内。事故报告内容包括：

1. 发生事故的企业名称。

2. 发生事故的下属企业及车间名称。

3. 发生事故的时间。

4. 事故类别。

5. 事故经过（附事故现场示意图、工艺流程图、设备图）。

6. 事故伤亡情况。伤亡人数；伤亡者姓名、性别、年龄、工种、级别、本工种工龄、文化程度、直接致害部位、伤害部位及程度。

7. 事故直接经济损失和间接经济损失（附计算依据）。

8. 事故原因。

9. 事故才识及防范措施。

10. 事故责任分析及处理：直接责任、主要责任、领导责任、管理者责任的分析及对事故责任者的处理意见。

六、安全法规与安全管理体系

（一）安全法规

1.安全法规体系

我国安全法制管理所依据的安全法律体系具有五个层次，见表 5-1-4。

表 5-1-4　工业安全法律体系之一（按法规法律特性划分）

层次	定义	主要法规
1	国家一般法	《宪法》《刑法》《民法通则》《治安管理条例》等
2	国家安全专业综合法规	《劳动法》《矿山安全法》《消防条例》《化学危险品安全管理条例》《道路交通管理条例》等
3	国家安全技术标准	400 余种
4	行业、地方法规	建筑安装工人安全技术操作规程；油船、油码头防油气中毒规定；爆炸危险场所安全规定；压力管道安全管理与监察规定；省（市）劳动保护条例等
5	企业规章制度	企业安全操作规程；企业安全责任制度等

2.主要安全法规内容

（1）《中华人民共和国宪法》

1）中华人民共和国公民有劳动的权利和义务。

2）中华人民共和国劳动者有休息的权利。

（2）《中华人民共和国刑法》

1）人事交通运输的人员违反规章制度，因而》《发生重大事故，致人重伤、死亡或者公私财产遭受重大损失的，处三年以下有期徒刑或者拘役；情节特别恶劣的，处三年以上七年以下有期徒刑。

2）工厂、矿山、林场、建筑企业或者其他企事业单位的职工，由于不服管理、违反规章制度，或者强令工人违章冒险作业，因而发生重大伤亡事故，造成严重后果的，处三年以下有期徒刑或者拘役；情节特别恶劣的，处三年以上七年以下有期徒刑。

3）违反爆炸性、易燃性、放射性、毒害性、腐蚀性物品的管理规定，在生产、储存、运输、使用中发生重大事故造成严重后果的，处三年以下有期徒刑或者拘役；后果特别严重的处三年以上七年以下有期徒刑。

4）国家工作人员由于玩忽职守，致使公共财产、国家和人民利益遭受重大损失的，处五年以下有期徒刑或者拘役。重大责任事故罪是一种过失犯罪，即事故是由行为人主观上的过失所引起。具体表现为，应当预见到违反规章制度或强令违章作业可能发生的危险而没有预见到，或难预见到，只是由于疏忽大意或者过于自信而对可能导致严重后果抱有侥幸心理，轻信可以避免，结果造成了重大伤亡事故，构成重大责任事故罪。

玩忽职守罪是指国家工作人员对工作严重不负责任，疏忽大意，或者擅离职守，致使公共财产、国家和人民利益遭受重大损失的行为。

（3）劳动法

1）用人单位必须建立、健全劳动安全卫生制度，严格执行国家劳动安全卫生规程和标准，对劳动者进行安全卫生教育，防止劳动过程中的事故，减少职业危害。

2）劳动者在劳动过程中必须严格遵守安全操作规程。劳动者对用人单位管理人员违章指挥、强令冒险作业，有权拒绝执行；对危害生命安全和健康的行为，有权提出批评、检举和控告。

3）国家建立伤亡事故和职业病统计报告和处理制度。县级以上各级人民政府劳动行政部门、有关部门和用人单位应当依法对劳动者在劳动过程中发生的伤亡事故和劳动者的职业病状况，进行统计，报告和处理。

（二）安全管理

1. 安全管理原则

（1）安全生产方针。我国推行的安全生产方针是：安全第一，预防为主。

（2）安全生产工作体制。我国执行的安全体制是：国家监察，行业管理，企业负责，群众监督，劳动者遵章守纪。

其中，企业负责的内涵是：①负行政责任：指企业法人代表是安全生产的第一责任人；管理生产的各级领导和职能部门必须负相应管理职能的安全行政责任；企业的安全生产推行"人人有责"的原则等。②负技术责任：企业的生产技术环节相关安全技术要落实到位、达标；推行"三同时"原则等。③负管理责任：在安全人员配备、组织机构设置、经费计划的落实等方面要管理到位；推行管理的"五同时"原则等。

（3）安全生产管理五大原则。

①生产与安全统一的原则：即在安全生产管理中要落实"管生产必须管理安全"的原则。

②三同时原则：即新建、改建、扩建的项目，其安全卫生设施和措施要与生产设施同时设计，同时施工，同时投产。

③五同时原则：即企业领导在计划、布置、检查、总结、评比生产的同时，计划、布置、检查、总结、评比安全。

④三同步原则：企业在考虑经济发展、进行机制改革、技术改造时，安全生产方面要与之同时规划、同时组织实施、同时运作投产。

⑤三不放过原则：发生事故后，要做到事故原因没查清，当事人未受到教育，整改措施未落实三不放过。

（4）全面安全管理。企业安全生产管理执行全面管理原则，纵向到底，横向到边；安全责任制的原则是"安全生产，人人有责""不伤害自己，不伤害别人，不被别人所伤害"。

（5）三负责制。企业各级生产领导在安全生产方面"向上级负责，向职工负责，向自己负责"。

（6）安全检查制。查思想认识，查规章制度，查管理落实，查设备和环境隐患；定期与非定期检查相结合；普查与专查相结合；自查、互查、抽查相结合。

2. 安全管理的主要内容

（1）基础管理

基础管理工作包括各项规章制度建设，标准化工作，安全评价，重大危险源及化学危险品的调查与登记，监测和健康监护，职工和干部的系统培训，日常安全卫生措施的编制、审批，安全卫生检查，各种作业票（证）的管理与发放等。此外，企业的新建、改建、扩建工程基础上的设计、施工和验收以及应急救援等工作均属于基础工作的范畴。

（2）现场安全管理

现场的安全管理也叫生产过程中的动态管理，包括生产过程、检修过程、施工过程、设备（包括传动和静止设备、电气、仪表、建筑物、构筑物）、防火防爆、化学危险品、重大危险源、厂区内的其他人员和设备的安全管理。

3. 安全管理模式的发展和完善

随着安全科学的发展和人类安全意识的不断提高，安全管理的作用和效果将不断加强。现代安全管理将逐步实现：变传统的纵向单因素安全管理为现代的横向综合安全管理；变事故管理为现代的事件分析与隐患管理（变事后型为预防型）；变被动的安全管理对象为现代的安全管理动力；变静态安全管理为现代的安全动态管理；变被动、辅助、滞后的安全管理程式为现代的主动、本质、超前的安全管理模式；变外迫型安全指标管理为内激型的安全目标管理（变次要因素为核心事业）。

（三）职业安全卫生管理体系

随着国际经济合作、贸易往来的日益频繁，世界上各种类型的企业、组织为满足国际竞争的需要、国家政策的要求以及企业员工和社会公众的期望，纷纷采取各种手段和方法提高安全卫生管理水平，改善企业形象，达到国际公认的安全卫生管理标准。我国国家经贸委于1999年10月参照目前国际影响较大的职业卫生安全管理体系（OHSAS18001）标准，结合中国的实际情况，颁布了并开始在全国推行《职业安全卫生管理体系试行标准》，简称 OHSAS，要求企事业单位参照执行，并指定专门机构负责安全管理标准的宣贯、认证工作。目前，这项工作正在全国有序开展。

职业安全卫生管理体系的基本内容为：

1. 职业安全卫生方针

组织的职业安全卫生方针体现了组织开展职业安全卫生管理的基本原则和实现风险控制的总体职业安全卫生目标。

2. 计划

包括危险源辨识、风险评价和风险控制策划，法律及其他要求，目标，职业安全卫生管理方案。

危险源辨识、风险评价和风险控制策划，是组织通过职业安全卫生管理体系的运行，实行风险控制的开端。组织应遵守的职业安全卫生法律、法规及其他要求，为组织开展职业安全卫生管理、实现良好的职业安全卫生绩效，指明了基本的行为准则。职业安全卫生目标和旨在实现它的管理方案，是组织降低其职业安全卫生风险，实现职业安全卫生绩效持续改进的途径和保证。

3. 实施与运行

包括机构和职责，培训、意识与能力，协商与交流，文件，文件与资料控制，运行控制，应急准备与响应。

明确组织内部管理机构和成员的职业安全卫生职责，是组织成功运行职业安全卫生管理体系的根本保证。搞好职业安全卫生工作，需要组织内部全体人员具有很强的安全意识和业务能力，而这种意识和能力需要适当的教育、培训和经历来获得及判定。组织保持与内部员工和相关方的职业安全卫生信息交流，是确保职业安全卫生管理体系持续适用性、充分性和有效性的重要方面。对职业安全卫生管理体系实行必要的文件化及对文件进行控制，也是保证体系有效运行的必要条件。对组织存在的危险源所带来的风险，除通过目标、管理方案进行持续改进外，还要通过文件化的运行控制程序或应急准备与响应程序来进行控制，以保证组织全面的风险控制和取得良好的职业安全卫生绩效。

4. 检查与纠正措施

包括绩效测量与监测，事故、事件、不符合、纠正与预防措施，记录及记录管理，审核。

对组织的职业安全卫生行为要保持经常化的监测，这其中包括组织遵守法规情况的监测，以及职业安全卫生绩效方面的监测。对于所产生的事故、事件、不符合要求的情况，组织要及时纠正，并采取改进和预防措施。良好的职业安全卫生记录及其管理，也是组织职业安全卫生管理体系有效运行的必要条件。职业安全卫生管理体系审核的目的是，检查职业安全卫生管理体系是否得到了正确的实施和保持，它为进一步改进职业安全卫生管理体系提供了依据。

5. 管理评审

管理评审是组织的最高管理者，对职业安全卫生管理体系所做的定期评审，目的是确保体系的持续适用性、充分性和有效性，最终达到持续改进的目的。

职业安全卫生管理体系的推行，必将有效地提高我国企业和其他单位的整体安全水平，使我国安全管理跟上世界同领域的发展步伐。

第二节　石油化工安全过程

一、燃烧与爆炸

1. 燃烧

燃烧是可燃物质（气体、液体、固体）与氧或氧化剂发生伴有放热和发光的一种激烈的化学反应。

2. 燃烧条件

燃烧必须同时具备下列三个条件：

（1）有可燃物质存在，如木材、乙醇、丙酮、甲烷、乙烯等；

（2）有助燃物质存在，常见为空气和氢、氧；

（3）有导致燃烧的能源，即点火源，如撞击、摩擦、明火、高温表面、发热自燃、电火花等。

可燃物、助燃物和点火源是构成燃烧的三个要素，缺少其中任何一个燃烧便不能发生。有时即使这三个要素都存在，但在某些情况下，可燃物未达到一定的浓度、助燃物数量不够、点火源不具备足够的温度和热量，也不会发生燃烧。对于已经进行着的燃烧，若消除其中任何一个条件，燃烧便会终止，这就是灭火的基本原理。

3. 燃烧的过程和形式

（1）燃烧过程

大多数可燃物质的燃烧是在蒸汽或气体状态下进行的。由于可燃物的状态不同，其燃烧的特点也不同。

气体最容易燃烧，只要达到其本身氧化分解所必需的热量便能迅速燃烧，在极短的时间内全部烧光。

液体在火源作用下，首先使其蒸发，然后蒸汽氧化分解进行燃烧。

固体燃烧物分为简单物质和复杂物质。简单物质，如硫、磷等，受热后首先熔化，然后蒸发、燃烧。复杂物质，如木材在受热时分解成气态和液态产物，然后气态产物和液态产物的蒸汽着火燃烧。

（2）燃烧形式

由于可燃物质存在的状态不同，所以它们的燃烧形式是多种多样的。

按产生燃烧反应相的不同，可分为均一系燃烧和非均一系燃烧。均一系燃烧系指燃烧反应在同一相中进行，如氢气在氧气中燃烧。与此相反，在不同相内进行的燃烧叫非一系燃烧。如石油、木材和煤等液、固体的燃烧。

根据可燃气体的燃烧过程，又分成混合燃烧和扩散燃烧两种形式，将可燃性气体预先同空气（或氧气）混合，在这种情况下发生的燃烧称为混合燃烧。可燃性气体由管中喷出同周围空气（或氧气）接触，可燃性气体分子同氧分子由于相互扩散，一边混合、一边燃烧，这种形式的燃烧叫作扩散燃烧。混合燃烧反应迅速，温度高、火焰传播速度也快，通常的爆炸反应即属于这一类。

在可燃液体燃烧中，通常液体本身并不燃烧，而只是由液体产生的蒸气进行燃烧。因此，这种形式的燃烧叫作蒸发燃烧。

很多固体或不挥发性液体，由于热分解而产生可燃性气体，把这种气体的燃烧称为分解燃烧。

蒸发燃烧和分解燃烧均有火焰产生，因此属于火焰型燃烧。当可燃固体燃烧到最后，分解不出可燃气体，就剩下炭和灰，此时没有可见火焰，燃烧转为表面燃烧或叫均热型燃烧。金属的燃烧就是一种表面燃烧。

根据燃烧的起因和剧烈程度的不同，又有闪燃、着火以及自燃的区别。

（3）闪燃和闪点

当火焰或炽热物体接近易燃或可燃液体时，液面上的蒸气与空气混合物会发生瞬间火苗或闪光，此种现象称为闪燃。

闪点是指易燃液体表面挥发出的蒸气足以引起闪燃时的最低温度。

闪点这个概念主要适用了可燃性液体。闪点与物质的饱和蒸气压有关，物质的饱和蒸气压越大，其闪点越低。闪点是衡量可燃液体危险性的一个重要参数。可燃液体的闪点越低，其火灾危险性越大。通常把闪点低于45℃的液体叫作易燃液体，把闪点高于45℃的液体叫作可燃液体。

可燃性液体的闪点，随其浓度变化而变化。两种可燃性液体的混合物的闪点，一般在这两种液体闪点之间，并低于这两种物质闪点的平均值。

闪点通过标准仪器测定，有开杯式和闭杯式两种，测得的闪点分别称为开口闪点和闭口闪点。

（4）自燃与自燃点

自燃是可燃物质自发着火的现象。

可燃物质在没有外界火花或火焰的直接作用下，能自行燃烧的最低温度称为该物质的自燃点。自燃点是衡量可燃性物质火灾危险性的又一个重要参数，可燃物的自燃点越低，越易引起自燃，其火灾危险性越大。

自燃又分为受热自燃和自热自燃。受热自燃是可燃物质在外界热源作用下，温度升高，当达到其自燃点时，即着火燃烧。在化工生产中，可燃物质由于接触高温表面、加热或烘烤过度、冲击摩擦等，均可导致自燃。某些物质在没有外来热源影响下，由于物质内部所发生的化学、物理或生化过程而产生热量，这种热量在适当条件下会逐渐积累，使物质温度上升，达到自燃点而燃烧，这种现象称为自热自燃。

影响可燃物质自燃点的因素很多，主要包括压力、组成、浓度等。一般情况下，液体的比重越大，闪点越高而自燃点越低。比如，下列油品的比重：汽油＜煤油＜轻柴油＜重柴油＜蜡油＜渣油，而其闪点依次升高，自燃点依次降低。有机物的自燃点具有一定的规律。

（5）燃点

燃点也叫着火点。可燃物质被加热到超过闪点温度时，其蒸气与空气的混合气与火焰接触即着火，并能持续 5 秒钟以上时的最低温度，称为该物质的燃点。在燃点温度下，不只是闪燃，而是形成连续燃烧。一般说来，燃点比闪点高出 5 ~ 20℃，但闪点在 100℃ 以下时，二者往往相同。

4.燃烧理论

（1）活化能理论。

（2）过氧化物理论。

（3）连续反应理论。

5.燃烧速度与热能

（1）气体燃烧速度

由于气体的燃烧不需要像固体、液体那样经过熔化、蒸发等过程，所以燃烧速度较液体、固体要快。气体扩散燃烧时，其燃烧速度取决于气体的扩散速度。而在混合燃烧时，燃烧速度则取决于本身的化学反应速度。在通常情况下混合燃烧速度高于扩散燃烧速度。

气体的燃烧速度常以火焰传播速度来衡量。一些气体与空气的混合物在直径为 25.4mm 的管道中燃烧时，火焰传播速度的试验数据列于表 5-2-1 中。

表 5-2-1　气体在空气中的火焰传播速度

气体名称	最大火焰传播速度	可燃气体在空气中的含量（％）	气体名称	最大火焰传播速度	可燃气体在空气中的含量（％）
氢	4.83	38.5	丁烷	0.82	3.6
一氧化碳	1.25	45	乙烯	1.42	7.1
甲烷	0.67	9.8	炼焦煤气	1.70	17
乙烷	0.85	6.5	焦炭发生煤气	0.73	48.5
丙烷	0.82	4.6	水煤气	3.1	43

管子的直径对火焰传播速度有明显的影响。一般来说，传播速度随着管子直径的增加而增加，但当达到某个极限直径时，速度就不再增加了。同时，传播速度随着管子直径的减少而减少，当达到某一小的直径时，火焰就不能传播了，阻火器就是根据这一原理制作的。

气体火焰传播速度还与气体的浓度、管材及管子的方向有关，管子垂直向上时，传播速度最快，水平方向次之，垂直向下最慢。

（2）液体的燃烧速度

液体的燃烧速度取居于液体的蒸发。其燃烧速度有两种表示方法：一种是以每平方米面积上烧掉液体的重量来表示，这叫作液体燃烧的重量速度；另一种是以单位时间内烧掉液体层的高度来表示，这叫作液体燃烧的直线速度。

易燃性液体的燃烧速度与液体的初温，贮罐直径，罐内液面的高度及液体含水量等因素有关。液体的初温越高，罐内液面越低，燃烧速度就越快。对于石油产品，含水量高的其燃烧速度比含水量低的要慢。几种燃烧体的燃烧速度见表 5-2-2。

表 5-2-2　几种易燃烧体的燃烧速度

液体名称	燃烧速度		比重
	直线速度（cm/h）	重量速度（kg/m² · h）	
苯	18.9	165.37	$d_{16}=0.875$
乙醚	17.5	125.84	$d_{16}=0.715$
甲苯	16.08	138.29	$d_{16}=0.86$
航空汽油	12.6	91.98	$d_{16}=0.73$
车用汽油	10.5	80.85	—
二硫化碳	10.47	132.97	$d_{16}=1.27$
丙酮	8.4	66.36	$d_{16}=0.79$
甲醇	7.2	57.6	$d_{16}=0.8$
煤油	6.6	55.11	$d_{16}=0.835$

（3）固体物质的燃烧速度

固体物质的燃烧速度一般小于可燃气体和液体。不同的固体物质其燃烧速度有很大差异。例如，萘的衍生物、三硫化磷、松香等的燃烧过程是：受热融化、蒸发、分解氧化、起火燃烧，一般速度较慢；而硝基化合物，含硝化纤维的制品等，本身含有不稳定的基因，燃烧是分解型的，比较剧烈，燃烧速度也很快。对于同一固体物质，其燃烧速度还取决于表面积的大小。固体燃料单位体积的表面积越大，则燃烧速度越快。

（4）热值

所谓热值，就是单位重量或单位体积的可燃物质，在完全燃尽时的发出的热量。可燃物燃烧爆炸时所能达到的最高温度、最高压力及爆炸力与物质的热值有关。

热值数据是用热量计在常压下测得的。高热值是指单位质量的燃料完全燃烧，生成的水蒸气也是全部冷凝成水时所放出的热量；低热值是指单位质量的燃料完全燃烧生成的水蒸气不冷凝成水时所放出的热量。

燃烧速度实质上就是火焰速度。因为可燃物质燃烧所放出的热量是在火焰燃烧区域内析出的，因而火焰速度也就是燃烧速度。一些物质的热和燃烧速度见表 5-2-3、表 5-2-4。

表 5-2-3　一些物质的燃烧温度

物质	燃烧温度（℃）	物质	燃烧温度（℃）
甲醇	1 100	乙炔	2 127
乙醇	1 180	氢	2 130
丙酮	1 000	煤气	1 600 ~ 1 850
乙醚	2 861	一氧化碳	1 680
原油	1 100	硫化氢	—
汽油	1 200	天然气	2 020
煤油	700 ~ 1 030	石油气	2 120
重油	1 000	甲烷	1 800
木材	1 000 ~ 1 177	乙烷	1 895
二硫化碳	2 195	氨	700

表 5-2-4　可燃气体燃烧热

气体	高发千卡/公斤	热值千卡/米³	低发千卡/公斤	热值千卡/米³
氢	33 928	3 052	28 557	2 570
乙炔	11 914	13 832	11 499	13 350
甲烷	13 318	9 527	11 970	8 562
乙烯	11 916	14 903	11 145	13 939
乙烷	12 348	15 680	11 300	13 900
丙烯	11 700	20 800	10 940	19 400
丙烷	12 000	22 400	11 050	19 950
丁烯	11 560	27 500	10 820	25 700
丁烷	11 800	29 000	10 900	25 900
戊烷	11 750	35 800	10 850	32 000
一氧化碳	2 427	3 034	—	—
硫化氢	4 010	6 100	3 730	5 740

6. 爆炸及其种类

（1）什么是爆炸

物质自一种状态迅速转变成另一种状态，并在瞬间放出大量能量同时产生巨大声响的现象称为爆炸。爆炸也可视为气体或蒸汽在瞬间剧烈膨胀的现象。爆炸的一个最重要特征是爆炸点周围介质中发生急剧的压力突变，而这种压力突跃变化是产生爆炸破坏作用的直接原因。

（2）爆炸的分类

按爆炸的起因，可以将爆炸分为物理性爆炸和化学性爆炸两大类。

1）物理性爆炸

这种爆炸是由物理变化而引起的，物质因状态或压力发生突变而形成爆炸的现象称为物理性爆炸。例如，容器内液体、过热气化引起的爆炸，锅炉的爆炸，压缩气、液化气体引起的爆炸等，都属于物理性爆炸。物理性爆炸前后物质的性质及化学成分均不改变。

2）化学性爆炸

由于物质发生极迅速的化学反应，产生高温高压而引起的爆炸称为化学性爆炸，化学性爆炸前后物质的性质和成分均发生了根本的变化。化学爆炸按爆炸时所发生的化学变化，可分为三类。

1）简单分解爆炸

引起简单分解爆炸的爆炸物在爆炸时并不一定发生燃烧反应，爆炸所需的热量是由于爆炸物质分解时产生的。属于这一类的有叠氮铅（PbN_6），乙炔银（Ag_2C_2），碘化氮（IN）等，这类物质受到震动即可引起爆炸。

某些气体，由于分解产生很大的热量，在一定条件下可能产生分解爆炸，尤其在受压的情况下，这种分解爆炸很容易发生，如乙炔在压力下的分解爆炸即属于这一类。

2）复杂分解爆炸

这类爆炸性物质的危险较简单分解爆炸物低，所有炸药均属之。这类物质爆炸时伴有燃烧现象，燃烧所需之氧由本身分解时供给，各种氮及氯的氧化物、苦味酸等都属于这一类。

3）爆炸性混合物爆炸

所有可燃气体、蒸气及粉尘与空气混合所形成的混合物的爆炸均属于此类。这类物质爆炸需要一定条件，如爆炸性物质的含量、氧气含量及激发能源等。因此，其危险性较前二类为低，但极普遍，造成的危害性也较大。物料从工艺装置中、管道里泄露到厂房里，或空气进入有可燃气体的设备里，都可能形成爆炸性混合物，遇到明火便会造成爆炸事故。

7. 分解爆炸性气体爆炸

具有分解爆炸性的气体一般指的是此种气体分解可以产生相当数量的热量，当分解热达到 20 ~ 30kcal/mol 的物质在一定条件下点火之后火焰就能传播开来。分解热在这个范围以上的气体，其爆炸是很激烈的。

在高压下容易引起爆炸的物质，当压力降至某数值时，火焰便不再传播，这个压力叫作分解爆炸的临界压力。

众所周知"炔压缩就会爆炸"，它表明高压下乙炔非常危险，其原因是高压下乙炔的分解爆炸，其反应如下式：

$$C_2H_2 \rightarrow 2C（固）+H_2\uparrow$$

乙炔分解爆炸的临界压力是 $1.4kg/cm^2$，在这个压力以下储存就不会发生分解爆炸。除此之外，乙炔类化合物也同样具有分解爆炸性能。

8. 爆炸性混合物爆炸

（1）爆炸性混合物

如果可燃的气体或蒸汽预先按一定比例与空气均匀混合，然后点燃，则因比较缓慢的气体扩散过程已经在燃烧以前完成，燃烧的速度即取决于化学反应速度。在这样的条件下，气体的燃烧就有可能达到爆炸的程度。这种气体或蒸汽与空气的混合物，称为爆炸性混合物。爆炸性混合物的爆炸与燃烧并没有明显区别，它们之间的不同点就在于爆炸是在瞬间完成的化学反应。

（2）爆炸极限

可燃性气体或蒸汽与空气形成的混合物，并不是在任何混合比例下都可以燃烧或爆炸的，而且混合的比例不同，燃烧的速度（火焰蔓延速度）也不同。可燃性气体或蒸汽与空气组成的混合物能使火焰蔓延的最低浓度，称为该气体或蒸汽的爆炸下限；同样能使火焰蔓延的最高浓度称为爆炸上限。浓度在下限以下及上限以上的混合物则不会着火或爆炸。

爆炸极限一般可用可燃性气体或蒸汽在混合物中的体积百分数来表示，有时也用单位体积气体中可燃物的含量来表示（ g/m^3 或 mg/L ）。

（3）爆炸极限的影响因素

爆炸极限不是一个固定值，它随着各种因素而变化。但如掌握了外界条件变化对爆炸极限的影响，则在一定条件下所测得的爆炸极限，仍有其普遍的参考价值。影响爆炸极限的主要因素有以下几点。

1）原始温度

爆炸性混合物的原始温度越高则爆炸极限范围越大，即爆炸下限降低，而爆炸上限增高。因为系统温度升高，其分子内能增加，使原来不燃的混合物成为可燃、可爆系统，所以温度升高使爆炸危险性增大。

2）原始压力

混合物的原始压力对爆炸极限有很大影响，在增压的情况下，其爆炸极限的变化也很复杂。

一般压力增大，爆炸极限扩大；压力降低，则爆炸极限范围缩小。待压力降至某值时，其下限与上限重合，将此时的最低压力称为爆炸的临界压力。若压力降低临界压力以下，系统就不爆炸。因此，于密闭容器内进行减压（负压）操作对安全生产有利。

3）惰性介质及杂质

若混合物中所含惰性气体的百分数增加，爆炸极限的范围缩小。惰性气体的浓度提高到某一数值，可使混合物不爆炸。

对于有气体参与的反应，杂质也有很大影响。例如，如果没有水，干燥的氯没有氧化的性能，干燥的空气也完全不能氧化钠或磷，干燥的氢和氧的混合物在较高的温度下不会产生爆炸。

4）容器

充装容器的材质尺寸等，对物质爆炸极限均有影响。试验证明，容器的管子直径越小，爆炸极限范围越小。同一可燃物质，管径越小，其火焰蔓延速度越小。当管径小到一定程度，火焰即不能通过。

容器大小对爆炸极限的影响也可以从器壁效应得到解释。

关于材料的影响，例如，氢和氟在玻璃器皿中混合，甚至放在液态空气温度下与黑暗中也会发生爆炸。而在银制器皿中，一般温度下才能发生反应。

（4）能源

能源的性质对爆炸极限有很大影响。如果能源的强度高，热表面的面积大，火源与混合物的接触时间长，就会使爆炸范围扩大，其爆炸危险性也就增加。对每一种爆炸性混合物，都有一个最低引爆能。部分气体的最低引爆能量。见表 5-2-4。

表 5-2-4　部分气体的最低引爆能量（毫焦）

名称	浓度（%）	最低引爆能量	名称	浓度（%）	最低引爆能量
二硫化碳	6.52	0.015	甲烷	8.5	0.28
氢	29.2	0.019	丙烯	4.44	0.282
乙炔	7.73	0.02	乙烷	4.02	0.031
乙烯	6.52	0.016	乙醛	7.72	0.376
环氧乙烷	7.72	0.105	丁烷	3.42	0.38
甲基乙炔	4.97	0.152	苯	2.71	0.55
丁二烯	3.67	0.17	氨	21.8	0.77
氧化丙烯	4.97	0.190	丙酮	4.87	1.05
甲醇	12.24	0.215	甲苯	2.27	2.50

除上述因素外，其他因素也能影响爆炸的进行，如发光、表面活性物质等。

9.粉尘爆炸

（1）粉尘爆炸的危险性

人们很早就注意到煤尘有发生爆炸的危险性。煤尘爆炸一直是煤矿发生重大破坏、火灾及造成工人伤亡事故的主要原因之一。

除了在常温下物体本身氧化发热的一部分金属类粉尘外，粉尘着火爆炸的条件是：

1）粉尘本身必须具有可燃性；

2）粉尘必须悬浮在助燃气体中；

3）粉尘悬浮在助燃性气体中的浓度必须处在爆炸极限范围内；

4）必须有足以引起粉尘爆炸的点燃源或最小点火能。

另外，粉尘长时间被加热产生干馏气体时也有爆炸危险，这也是粉尘爆炸的原因之一。

（2）粉尘爆炸的过程

1）热能加在粒子表面，温度逐渐上升；

2）粒子表面的分子热分解引起干馏作用，在粒子周围产生气体；

3）这些气体和空气混合，便生成爆炸性混合气体，同时发生火焰而燃烧；

4）由于燃烧产生的热量，更进一步促进粉尘分解，不断地放出可燃性气体和空气混合而使火焰传播。

因此，粉尘爆炸实质上就是气体爆炸，可以认为是可燃性气体贮藏于粉尘自身之中。但应该提醒的是，粉尘粒子表面温度上升的原因，主要是热辐射的作用，这一点与气体爆炸不同。气体燃烧所需热量主要来自热传导。

（3）影响粉尘爆炸的因素

1）物理化学性质

燃烧热越大的物质，越易引起爆炸；氧化速度大的物质越易引起爆炸；容易带电的粉尘越易引起爆炸。粉尘爆炸还与其他所含挥发物有关，如当煤粉中挥发物质低于10%时就不会爆炸。而焦炭是不会有爆炸危险的。

2）粒度及粒度分布

平均粒子直径越小，密度越小，比表面积越大，表面能越大，一般地讲爆炸性较大。但粒子太小时，粉尘依据种类不同而相互吸引，造成分散不良，反倒使爆炸性减小，这一点与粒子的电性也有关系。

3）粒子形状与表面形态

即使平均粒径是同样的粉尘，形状或表面的状态不同，对爆炸性也有很大影响。从表面积的角度来看，粒子形状对粉尘爆炸性的影响是：球状 > 针状 > 扁平状。

4）水分

粉尘中存在的水分对爆炸性有影响，即它抑制了粉尘的浮游性。

10. 爆炸极限的计算

（1）单一气体爆炸极限

1）根据含碳原子数计算爆炸极限的经验公式：

$$\frac{1}{L_\text{下}}=0.1347n_\text{c} + 0.04343$$

$$\frac{1}{L_\text{上}}=0.1337n_\text{c} + 0.05151$$

式中：$L_\text{下}$、$L_\text{上}$——气体的爆炸下限、上限（%），下同；

n_c——链烃分子中含碳原子数。

例：C_4H_8 的爆炸极限。

n_C=4

$$\frac{1}{L_下} = 0.1347 \times 4 + 0.04343 \qquad L_下 = 1.7\% \text{（实验值为 1.7\%）}$$

$$\frac{1}{L_上} = 0.1337 \times 4 + 0.05151 \qquad L_上 = 9.52\% \text{（实验值为 6.75\%）}$$

2）经验公式

$$L_下 = \frac{100}{4.76(N-1)+1}$$

$$L_上 = \frac{4 \times 100}{4.76N+4}$$

式中：N——每摩尔爆炸气体完全燃烧时所需的氧原子数；

　　　　4.76——空气中氧含量（0.21）的倒数。

例：C_4H_8 爆炸限。

$C_4H_8 + 6O_2 = 4CO_2 + 4H_2O$

N=12

$$L_下 = \frac{100}{4.76(12-1)+1} = 1.87\% \text{（实验值 1.7\%）}$$

$$L_上 = \frac{4 \times 100}{4.76 \times 12 + 4} = 6.54\% \text{（实验值 9\%）}$$

3）以爆炸气体完全燃烧时的理论浓度确定链烷烃类的爆炸下限，再用爆炸下限与爆炸上限之间的关系计算爆炸上限。

其公式为：

$$L_下 = 0.55C_0$$

$$L_上 = 4.8(C_0)1/2$$

式中：C_0——爆炸气体完全燃烧时的理论浓度。可由下式计算：

$$C_0 = 20.9/(0.209 + n_0)$$

n_0 为完全燃烧时所需的氧分子数。

例：C_3H_8 的爆炸限。

$C_3H_8 + 5O_2 = 3CO_2 + 4H_2O$

n_0=5

$$C_0 = 20.9/(0.209 + 5) = 4.0$$

$$L_{下}=0.55×4=2.2\%（实验值2.37\%）$$
$$L_{上}=4.8(4)1/2=9.6\%（实验值9.5\%）$$

此公式对链烷烃比较准确，对烯烃则差些。

4）根据燃烧热计算可燃气体的爆炸限

可燃气体的燃烧热 Q 与其爆炸下限成反比，即可燃气体燃烧热的值越大，爆炸下限越低。

$$L_{下}×Q=K$$

式中：$L_{下}$——可燃气体的爆炸下限；

Q——可燃气体的燃烧热；

K——常数。

K 值随可燃气体类型的不同而不同，烷烃的 K 值接近 1 091，醇、醚、酮类接近 1 000；卤代烃类则更高，这是由于引入了卤素原子。表 5-2-5 示出了可燃物质的燃烧热与爆炸极限的乘积。

表 5-2-5　可燃物质的燃烧热与爆炸极限的乘积

物质名称	燃烧热，千卡/摩尔 Q	爆炸极限与燃烧热的乘积，$L_{下}·Q$	爆炸上限与燃烧热的乘积，$L_{上}·Q$	物质名称	燃烧热，千卡/摩尔 Q	爆炸极限与燃烧的热乘积，$L_{下}·Q$	爆炸上限与燃烧热的乘积，$L_{上}·Q$
甲烷	191	955	2865	环丙烷	465	1116	4838
乙烷	336	1081	4183	环己烷	875	1164	7306
丙烷	484	1147	4598	甲基环己烷	1017	1170	−
丁烷	634	1179	5332	松节油	1385	1108	−
异丁烷	630	1134	5292	醋酸甲酯	349	1100	5444
戊烷	774	1083	6037	醋酸乙酯	494	1077	5630
异戊烷	780	1030	−	醋酸丙酯	633	1298	−
己烷	915	1144	6313	异醋酸丙酯	638	1276	−
庚烷	1064	1064	6384	醋酸丁酯	768	1306	−
辛烷	1207	1147	−	醋酸戊酯	969	1066	−
壬烷	1353	1123	−	甲醇	149	1001	5438
癸烷	1494	1001	−	乙醇	295	968	5590
乙烯	310	852	8868	丙醇	438	1117	−
丙烯	460	920	5106	异丙醇	432	1145	−
丁烯	611	1039	4499	丁醇	585	995	−
戊烯	750	1200	−	异丁醇	585	983	−
乙炔	301	753	24080	丙烯醇	410	984	−
苯	750	1058	5063	戊醇	730	869	−
甲苯	892	1133	6913	异戊醇	711	853	−
二甲苯	1038	1038	6228	乙醛	257	1020	14649
巴豆醛	510	1031	7905	一氧化碳	67	837	4971

物质名称	燃烧热，千卡/摩尔Q	爆炸极限与燃烧热的乘积，$L_下 \cdot Q$	爆炸上限与燃烧热的乘积，$L_上 \cdot Q$	物质名称	燃烧热，千卡/摩尔Q	爆炸极限与燃烧的热乘积，$L_下 \cdot Q$	爆炸上限与燃烧热的乘积，$L_上 \cdot Q$
糠醛	538	1130	–	氨	76	1140	2052
三聚乙醛	788	1024	–	吡啶	652	1179	8085
甲乙醚	461	922	4656	硝酸乙酯	296	1125	–
二乙醚	598	1106	21827	亚硝酸乙酯	306	921	15300
二乙烯醚	569	967	15363	环氧乙烷	281	843	22480
丙酮	395	1007	5056	二硫化碳	246	307	12300
丁酮	540	977	5130	硫化氢	122	525	5551
2-戊酮	682	1057	5558	氧硫化碳	130	1547	3705
2-己酮	831	1014	6648	氯甲烷	153	1262	2861
氰酸	154	862	6160	氯乙烷	295	1180	4366
醋酸	188	761	–	二氯乙烯	224	2173	2867
甲酸甲酯	212	1071	4812	溴甲烷	173	2336	2508
甲酸乙酯	359	987	5887	溴乙烷	319	2152	3588
氢	57	228	4229				

例：甲烷的爆炸限。

由表 5-2-5 查得：Q=191kal/mol，$L_下 \cdot Q$=955，$L_上 \cdot Q$=2865，$L_下$=955/191=5%，$L_上$=2865/191=15%。

5）据闪点计算爆炸极限

因为闪点表示在该温度下，可燃液体表面蒸气与空气构成闪燃的混合物的最低浓度，即爆炸下限，因此可以在液体闪点温度下查出其饱和蒸气压，依此推算出该气体的爆炸下限。计算公式为：

$$L_下 = \frac{P_闪}{P_总} \times 100\%$$

式中：$P_闪$——点下液体的饱和蒸气压，mmHg；

　　　$P_总$——混合气体总压力，一般为 760mmHg。

例如：苯的闪点为 –14℃，查得苯在 –14℃时的饱和蒸气压 11mmHg，则

$$L_下 = \frac{P_闪}{P_总} \times 100\% = 1.45 （实验值1.4\%）$$

（2）多种混合气体的爆炸极限

1）由多种可燃气体构成的混合气体的爆炸极限可用下式进行计算：

$$L_f = \frac{100}{P_1/L_1 + P_2/L_2 + \cdots + P_n/L_n}$$

式中 P_1，P_2，$\cdots$，P_n 表示各种可燃气体或蒸气在可燃混合物中的体积百分数；

L_1，L_2，$\cdots$，L_n 表示每一种可燃物自己的爆炸极限。

例如：天然气得组成及各组分得爆炸下限为：甲烷80%，爆炸下限5.0；乙烷15%，3.22；丙烷4%，2.37；丁烷1%，1.86，则天然气爆炸下限为：

$$L_{下}=\frac{100}{80/5.0+15/3.22+4/2.37+1/1.86}=4.37\%$$

2）含有惰性气体成分的可燃性气体爆炸极限的计算法

利用公式计算

$$L_m=\frac{L_f(1+\dfrac{B}{1-B})\times100}{100+\dfrac{L_fB}{1-B}}$$

式中：L_m——含有惰性气体成分的可燃性气体爆炸极限，%；

L_f——混合气体中可燃性气体爆炸极限，%；

B——惰性气体含量，%。

例：某干馏气体的组成：$C_2H_4$1%；$CH_4$3%；CO3%；$H_2$10%；$CO_2$18%；$N_2$65%；求其爆炸极限。

先按100%可燃气体来计算其爆炸极限。干馏气体可燃组分占可燃部分的百分比：

C_2H_4：0.01/0.17=5.9% 爆炸限（下/上）3.1/32

CH_4：0.03/0.17=17.6% 爆炸限（下/上）5.0/15

CO：0.03/0.17=17.6% 爆炸限（下/上）12.5/74

H_2：0.10/0.17=58.8% 爆炸限（下/上）4.0/75

干馏气体中可燃部分的爆炸下限：

$L_{下}=100/(5.9/3.1+17.6/5+17.6/12.5+58.8/4.0)=4.7\%$

干馏气体中可燃部分的爆炸上限：

$L_{上}=100/(5.9/32+17.6/15+17.6/74+58.8/75)=42\%$

干馏气体的爆炸下限：

$$L_{下}=\frac{4.7\times(1+\dfrac{0.83}{1-0.83})}{100+\dfrac{4.7\times0.83}{1-0.83}}$$

干馏气体的爆炸上限：

$$L_{上}=\frac{42\times(1+\dfrac{0.83}{1-0.83})}{100+\dfrac{42\times0.83}{1-0.83}}\times100$$

二、防火防爆基本措施

防火防爆基本措施，就是根据科学原理和实践经验，对火灾爆炸危险场所采取的预防、控制和消除措施。根据物质燃烧爆炸原理，防止发生火灾爆炸事故的基本点为：

（1）控制可燃物和助燃物的浓度、温度、压力及混触条件，避免物料处于燃爆的危险状态；

（2）消除一切足以导致火灾爆炸的点火源；

（3）采取各种阻隔手段，防止火灾爆炸事故灾害的扩大。

从理论上讲，不使物质处于燃爆的危险状态和消除各种点火源，这两项措施只要控制其一，就可以防止火灾爆炸的发生。但在实践中，由于受到生产、储存条件的限制，或者受到某些不可控制的因素的影响，仅采取一种措施是不够的，往往需要同时采取上述两个方面的措施，以提高安全度。此外，还应该考虑某种辅助措施，以便万一发生火灾爆炸事故时，减少危险，把损失降低到最低限度。

（一）控制可燃物的措施

控制可燃物，就是使可燃物达不到燃爆所需的数量、浓度，或者使可燃物难燃化或用不燃材料取而代之，从而消除发生爆炸的物质基础。这主要通过下面所列举的措施来实施。

（1）利用爆炸极限、相对密度等特性控制气态可燃物；

（2）用闪点、自燃点等特性控制液态可燃物；

（3）用燃点、自燃点等数据控制一般的固态可燃物；

（4）用负压操作对易燃物料进行安全干燥、蒸馏、过滤或输送。

（二）控制助燃物的措施

控制助燃物，就是使可燃气体、液体、固体、粉体材料不与空气、氧气或其他氧化剂接触，或者将它们隔离开来，即使有点火源作用，也因为没有助燃物参混而不致发生燃烧、爆炸。通常通过下面的途径达到这一目的。

（1）密闭设备系统；

（2）惰性气体保护；

（3）隔绝空气储存；

（4）隔离储运与酸、碱、氧化剂等助燃物混触能够燃爆的可燃物和还原剂。

（三）控制点火源的措施

在多数场合，可燃物和助燃物的存在是不可避免的，因此，消除或控制点火源就成为防火防爆的关键。但是，在生产加工过程控制中，点火源常常是一种必要的热能源，故须科学地对待点火源，既要保证安全地利用有益于生产的点火源，又要设法消除能够引起火灾爆炸的点火源。

在石油化工企业中能够引起火灾爆炸事故的点火源主要有：明火源、摩擦与撞击、高温物体、电气火花、光线照射、化学反应热等。

（1）消除和控制明火源：

明火源是指敞开的火焰、火花、火星等，如吸烟用火、检修用火、高架火炬以及烟囱、机械排放火星等，这些明火源是引起火灾爆炸事故的常见原因，必须加以防范。

（2）防止撞击火星和控制摩擦热。

（3）防止和控制高温物体作用。

（4）防止电气火花。

（5）防止日光照射和聚光作用。

（四）控制工艺参数的措施

控制工艺参数，就是控制反应温度、压力，控制投料的速度、配比、顺序以及原材料的纯度和副反应等。因为工艺参数失控，常常是造成火灾爆炸事故的根源之一，所以严格控制工艺参数，使之处于安全限度之内，乃是防火防爆的根本措施之一。

（五）阻止火势蔓延的措施

阻止火势蔓延，就是阻止火焰或火星窜入有燃烧爆炸危险的设备、管道或空间，或者阻止火焰在设备和管道中扩展，或者把燃烧限制在一定的范围内不至于向外传播。其目的在于减少火灾危害，把火灾损失降低到最低限度。这主要是通过设置阻火装置和建造阻火设施来达到。

（六）限制爆炸波扩散措施

限制爆炸波扩散措施，就是采取泄压隔爆措施防止爆炸冲击波对设备或建筑物的破坏和对人员的伤害。这主要是通过在工艺设备上设置防爆泄压装置和建筑物上设置泄压隔爆结构或设施来达到。

三、工业毒物危害及预防

1. 工业毒物、中毒

当某物质进入机体后，累积到会与体液和组织发生生物化学作用或者说生物物理学变化，扰乱或破坏机体的正常生理功能，进而引起暂时性或持久性的病理状态，甚至危及生命，这样我们称该物质为毒物。由毒物侵入人体，而导致的病理状态称中毒。

2. 毒物的形态

（1）粉尘；（2）烟尘；（3）雾；（4）蒸汽；（5）气体。

3. 毒物的分类

（1）按化学结构分类；（2）按用途分类；（3）按进入途径分类；（4）按生物作用分类。

按毒物的生物作用分类，又可视其作用的性质和损害的器官或系统加以区分。

按毒物的性质可分为：①刺激性；②腐蚀性能；③窒息性；斯麻醉性；⑤溶血性；⑥致敏性能；⑦致癌性；⑧致突变性；⑨致畸胎性等。

按损害的器官或系统分为：①神经毒性；②血液毒性；③肝脏毒性；④肾脏毒性；⑤全身毒性。

从预防生产中毒角度出发，按其性质和作用来区分较为适宜。一般分为：①刺激性毒物；②窒息性毒物；③麻醉性毒物；④无机化合物及金属有机化合物。

4. 毒性评价指标

（1）绝对致死剂量（LD_{100} 或 LC_{100}）该量系指全组染毒动物全部死亡的最小剂量或浓度；

（2）半数致死量或浓度（LD_{50} 或 LC_{50}）该量系指染毒动物半数死亡的剂量或浓度，这是将动物实验所得数据经统计处理而得的；

（3）最小致死剂量或浓度（MLD 或 MLC）该量系指全组染毒动物中有个别动物死亡的剂量或浓度；

（4）最大耐受量或浓度（LD_0 或 LC_0）该量系指全组染毒动物全部存活的最大剂量或浓度。

5. 毒物的毒性分级

毒性分级，可根据动物染毒试验资料 LD_{50} 进行分级。据此将毒物分为剧毒、高毒、中等毒、低毒、微毒五级。

6. 工业毒物侵入人体的途径

（1）经呼吸道吸入；

（2）经皮肤侵入；

（3）经消化道侵入。

7. 工业毒物对人体的危害

（1）工业毒物对人体全身的危害

毒物吸收后，通过血液循环分布到全身各组织或器官。由于毒物本身的理化特性及各组织的生化、生理特点，进而破坏人的正常生理机能，导致中毒性危害。中毒可分为急性中毒、亚急性中毒、慢性中毒三种情况。

对人体全身的危害包括：

①对呼吸系统的危害；②对神经系统的危害；③对血液系统的危害；④对泌尿系统的危害；⑤对循环系统的危害；⑥对消化系统的危害。

（2）工业毒物对皮肤的危害

皮肤是机体抵御外界刺激的第一道防线，在从事化工生产中，皮肤接触外在刺激的机会最多。在许多毒物的刺激下会造成对皮肤的危害。常见的皮肤病症状有皮肤瘙痒、干燥、皮炎、痤疮、溃疡、皲裂等。

（3）工业毒物对眼部的危害

化学物质对眼部的危害，可发生于某种化学物质与组织直接接触造成伤害；也可发生于化学物质进入体内，引起视觉病变或其他眼部病变。

1）接触性眼部损伤

化学物质的气体、烟尘或粉尘接触眼部，或化学物质的碎屑、液体飞溅到眼部，可发生色素沉着、过敏反应、刺激炎症或腐蚀灼伤。

2）中毒所致眼部损伤

毒物侵略者入人体后，作用于不同的组织，对眼部有不同的损害。常见疾病有黑蒙、视野缩小、中心暗点、幻视、复视、白内障、视网膜及脉络膜病变等。

（4）工业毒物的现场抢救原则

1）救护者做好个人防护；

2）切断毒物来源；

3）采取有效措施防止毒物继续侵入人体；

4）促进生命器官功能恢复；

5）及时解毒和促成毒物排出。

8.防毒的技术措施

（1）用无毒或低毒物质代替有毒或高毒物质；

（2）采用安全的工艺路线；

（3）采用较安全的工艺条件；

（4）以机械化、自动化代替手工操作；

（5）以密闭、隔离操作代替敞开式操作；

（6）以连续化代替间歇操作；

（7）采用新的生产技术。

9.防尘的技术措施

防止工业毒物危害的技术措施中有许多也适用于防止粉尘的危害。在防尘工作中，多种措施配合使用能收到较显著的效果。

（1）采用新工艺、新技术，降低车间空气中粉尘浓度，使生产过程中不产生或少产生粉尘。

（2）对粉尘较多的岗位尽量采用机械化和自动化操作，尽量减少工人直接接触尘源。

（3）采用无害材料代替有害材料。

（4）采用湿法作业，防止粉尘飞扬。

（5）将尘源安排在密闭的环境中，设法使用权内部造成负压条件，以防粉尘向外扩散。

（6）真空清扫。有扬尘点的岗位应采用真空吸尘清扫，避免用一般的方法清扫，更不能用压缩空气吹扫。

（7）个人防护。在粉尘场地工作的工人必须严格执行劳保规定，要穿防护服，戴口罩、手套、防护面具、头盔，穿鞋盖等。

10.车间空气中尘、毒物质的测定方法

空气中有害物质含量浓度较低，一般属于痕量分析（ppm级）或超痕量分析（ppb级），因此要求分析方法灵敏度高。目前常用的分析方法有比色分析法、分光光度法、原子吸收分光光度法、荧光分析法、气相色谱法、离子选择电极法、恒电流库仑法、阳极溶出法以及快速分析法等。

四、灼伤、噪声、辐射的危害及防护

1.灼伤

机体受热源或化学物质作用，引起局部组织损伤，并进一步导致疾病和生理改变的过程称为灼伤。灼伤按发生原因的不同，分为化学灼伤，热力灼伤和复合性灼伤。

（1）化学灼伤

凡由于化学物质直接接触皮肤所造成的损伤，均属于化学灼伤。导致化学灼伤的物质形态有固体（氢氧化钠、氢氧化钾、硫酸酐等），酸，高氯酸，过氧化氢等和气体（氟化氢、氮氧化合物等）。

（2）化学灼伤的原因

在化学生产中经常发生由于化学物料的泄漏、外喷、溅落而引起的接触性外伤，主要有以下原因。

1）由于电子设备、管道及容器的腐蚀、开裂和泄漏引起的化学物质外喷或流泄；

2）由于火灾爆炸事故而形成的次生伤害；

3）没有安全操作规程或安全规程不完善；

4）违章操作；

5）没有穿戴必需的个人防护用具或穿戴不齐全；

6）操作人员误操作或疏忽大意。如未解除压力之前开启设备。

（3）化学灼伤的深度等级与鉴别要点

灼伤深度分为三度四级：即一度灼伤（Ⅰ）、浅二度灼伤（浅Ⅱ）、深二度（深Ⅱ）和三度灼伤（Ⅲ）。

灼伤深度的鉴别要点见表5-2-6。

表5-2-6　化学灼伤程度的鉴别要点

深度分类	损伤深度	临床表现	创面愈合程度
一度（红斑性）	表皮层	红斑，轻度红肿、热、痛。感觉过敏，干燥无水泡	3～5天痊愈、脱屑无疤痕

续　表

深度分类		损伤深度	临床表现	创面愈合程度
二度（水泡性）	浅二度	真皮浅层	创面湿度高，水泡形成潮湿水肿、剧痛，感觉过敏	如无感 10～14 天痊愈，有轻度疤痕
	深二度	真皮深层	创面湿度微低，湿润，水泡少，疼痛，白中透红，有小斑点，水肿	如无感油染，3～4 周痊愈，有轻度疤痕
三度（焦痂性）		全层皮肤、累及皮下组织或更深	创面皮革样，苍白或焦黄炭化，凹陷，感觉消失，无水泡可见皮下栓塞静脉网	3～4 周后焦痂脱落大范围灼伤时需要植皮，有疤痕

（4）化学灼伤的现场急救

化学灼伤的现场急救的一般性原则是：当化学物质接触人体组织时，应迅速脱去污染衣服，立即使用大量清水冲洗创面，不应延误，冲洗时间不得少于 15 分钟，以利于将渗入毛孔或黏膜内的物质清洗出去。清洗时要遍及各受害部位，尤其要注意眼、耳、鼻口腔等处。对眼睛的冲洗一般要生理盐水或清洁的自来水，冲洗时水流不宜对角膜方向，不要搓揉眼睛，也可将面部浸在水盘里，用手把上下眼皮撑开，用力睁大两面眼，头部在水中左右摆动。其他部位灼伤，先用大量水冲洗，然后用中和剂的时间不宜过长，并且必须再用清水冲洗，然后视病情以适当处理。

（5）化学灼伤的预防

1）制定完善的安全操作规程；

2）设定可靠的预防设施，主要包括：采取有效的防护措施，改革工艺和设备结构，加强设备维护，加强安全防护设施以及加强个人防护。

2. 噪声

（1）声音的特性与物理量度

声音是由物体振动，在周围介质中传播，引起听觉器官或其他接收器的反应而产生的。振源、介质和接收器是形成声音的三个基本要素。

对声音的量度主要是音高的高低和声响的强弱。表示音调高低的客观量度是频率，表示声响强弱的量度有声压和声压级、声强和声强级、声功率和声功率级、响度和响度级。

1）频率：单位时间内振动物体振动的次数。单位赫兹（Hz）。

2）声压：介质因声波传过而引起的压力扰动，通常以变动部分压力的均分根值表示，单位 N/m^2。

3）声压级：实测声与准声压平方值的对比数，单位贝尔，通常以其值的 1/10 即分贝（Db）表示。

4）响度和响度级：定义 1 000Hz 的纯音为基础声音定出不同频率的声音主观音响感觉量，这称为响度级，单位：方。

5）A 声级：A 声级网络是模仿人耳对 40 方纯音响测得的噪声强度，称为 A 声级，表示为 DB 或（A）。

6）噪声：噪声就是人们在生活及生产活动中一切不愉快和不需要的声音。

7）噪声的类型：噪声可以有多种分类的方法，如按声强的大小、声强是否随时间变化及噪声发生源的不同来划分，大致有以下类型。

①连续宽频带噪声，也就是噪声包括很宽范围的频率，如一般机械车间的噪声；

②连续窄频带噪声，也就是声能集中在窄的频率范围内，如圆锯、刨床等；

③冲击噪声——短促的连续冲击，如锻造、锤击等；

④反复冲击噪声，如铆接、清渣等；

⑤间歇噪声，如飞机噪声、交通噪声、排气噪声等。

8）频谱分析：为了分析各种噪声的频率成分和相应的强度，通常以声压级随频率变化的图形表示，叫频谱图。

（2）噪声的危害

1）对听觉系统的影响，可以造成暂时性听觉位移，更严重的会发生噪声聋。

2）对神经消化、血管等系统的影响：A. 噪声可引起头痛、头晕、记忆力衰退、睡眠障碍等神经衰弱综合征。B. 噪声可引起心率加快或减慢、血压升高或降低等改变。C. 噪声可引起食欲减退、腹部等胃肠功能紊乱。D. 噪声还可对视力、血糖等产生影响。

（3）噪声的允许标准

由卫生部、国家劳动总局颁布自 1981 年起试行的《工业企业卫生标准》中规定：工业企业的生产车间和作业场所的工作地点的噪声标准为 85 分贝（A）现有工业企业经过努力暂时达不到标准时可适当放宽，但不得超过 90 分贝（A）。对每天接触噪声不到 8 小时的工种，根据企业种类和条件，噪声标准可按下表相应放宽。

表 5-2-7　新建、扩建、改建企业噪声容许标准

每个工作日接触噪声时间（小时）	噪声级，分贝（A）
8	85
4	88
2	91
1	94
最高不超 115	

表 5-2-8　暂时达不到标准的企业噪声容许标准

每个工作日接触噪声时间（小时）	噪声级，分贝（A）
8	90
4	93
2	96
1	99
最高不超过 115	

（4）噪声的预防与治理

1）消除或降低声源噪声。对产生噪声的生产过程和设备，要求用新技术、新工艺、新设备、新材料及机械化、自动化、密闭化措施，用低噪声的设备和工艺，从声源上根治噪声，使噪声降低到对人们无害的水平。

具体措施是：选择低噪声设备和改进加工工艺；提高机械设备的加工精度和安装；对于高压高速管道辐射的噪声，要降低压差和速流，或改变气流喷嘴形状。

2）隔离噪声。隔离噪声就是在噪声和听者之间进行屏蔽、输导，以吸收和阻止噪声的传播。在设计新建、改造企业时，要考虑预防噪声的有效措施，采取合理的布局，利用屏障及吸声等措施。不能够使用原子或分子产生电离的辐射。如紫外线、红外线、射频电磁波等。

3. 紫外辐射

位于电磁波谱紫色光之外，波长从 7.6 ~ 400nm 的辐射线叫紫外线，即紫外辐射。

（1）紫外辐射对人体的危害

不同波段的紫外线容易被不同皮肤吸收，能使皮肤产生斑、水痕和光性皮炎等。全耳症状有关头痛乏力等。眼睛在波长 250 ~ 320nm 的紫外线下可以引起角膜炎、结膜炎。波长 288nm 的紫外线对角膜炎的危害最严重。

（2）紫外线辐射的预防

1）技术改革；

2）正确使用个人防护用品；

（3）设置防护屏障；

（4）健康监护，定期查体。

4. 射频电磁场

当交变电磁场的变化频率达到每秒 10 万次以上时，称为射频电磁场。射频电磁辐射包括频率从 100Hz 至 3×10^7Hz 的广阔频带。射频电磁波按其频率不同分为中频、高频、甚高频、特高频与极高频六个波段。

（1）射频辐射对人体的影响

当人体处于高频或超高频电磁场的作用下，最常见的是神经衰弱症候群，如头晕、头胀、失眠、多梦、乏力、记忆力减退、心悸等。此外还有四肢疼痛、食欲不振、脱发、多汗等。微波还可引起心率过快或过慢，血压下降或升高，白细胞减少或增多。甚至还可引起眼睛损伤。

（2）射频辐射的预防措施

1）屏蔽包括电场屏蔽和磁场屏蔽；

2）远距离控制和自动化作业；

3）吸收材料的应用；

4）个体防护。

5. 电离辐射

由 α 粒子 β 粒子 γ 射线 δ 射线和中子等对原子和分子产生电离的辐射。

（1）电离辐射的危害

人体长期或反复受到容许剂量的照射能使人体细胞改变机能，发生白细胞过多，眼球晶体混浊、皮肤干燥、毛发脱落，和内分泌失调等。

较高剂量能造成出血、贫血、和白细胞减少、胃肠道溃疡、皮肤坏死和溃疡。

在极高剂量的放射线的作用下，能造成三种类型的放射伤害。

第一种是对中枢神经和大脑系统的伤害。主要表现为虚弱，倦怠、嗜睡、昏迷、震颤、痉挛，可在两天内死亡。

第二种是肠胃性伤害。主要表现为恶心、呕吐、腹泻、虚弱和虚脱，症状消失后可出现急性昏迷，通常可在两周内死亡。

第三种是造血系统的伤害。主要表现为恶心、呕吐、腹泻，但很快地好转，2～3周无病症之后，出现脱发，经常性流鼻血，在出现腹泻，而造成极度憔悴，通常在2～6周后死亡。

（2）电离辐射的防护

①缩短接触时间；②加大操作距离与实行遥控；③屏蔽防护；④信号标志与报警设施；⑤操作中注意安全事项；⑥个人防护与健康监护。

五、安全检修

1. 化工厂检修的安全管理

（1）化工厂检修的特点

1）计划对设备进行的检修，叫作计划检修。分为小修，中修和大修。

2）计划外检修。在生产过程中设备突然发生故障或事故，必须进行不停车或停车的检修。

（2）安全检修的管理

必须严格遵守检修工作的各项规章制度，办理各种安全检修许可证（如动火证）的申请、审核和批准手续。这是化工检修的重要管理工作。还包括以下几点。

1）组织领导

中修和大修应成立检修指挥系统，负责检修计划、调度、安排人力、物力、运输及安全工作。安全管理工作要贯穿检修的全过程，包括检修前的准备、装置的停车、检修，直至开车的全过程。

2）检修计划的制订

在化工生产中，特别是大型石油化工联合企业中，各个生产装置之间，以至于厂与厂之间。是一个有机整体，它们相互制约，紧密联系。一个装置的开停车必然要影响到其他装置的生产，因此大检修必须要有一个全盘的计划。在检修计划中，根据生产工艺过程及公用工程之间的相互关联，规定各装置先后停车的顺序；停水、停气、停电的具体时间；什么时间灭火炬，什么时间点火炬。还要明确规定各个装置的检修时间和检修项目的进度，以及开车顺序。一般都要画出检修计划图（鱼翅图）。在计划图中标明检修期间的各项作业内容，便于对检修工作的管理。

3）安全教育

化工厂的检修不但有化工操作人员参加，还有大量的检修人员参加，同时有多个施工单位进行检修作业，有时还有临时工人进厂作业。安全教育包括对本单位参加检修人员的教育，也包括对其他单位参加检修人员的教育。安全教育的内容包括化工厂检修的安全制度和检修现场必须遵守的有关规定。这些规定是：

①停工检修的有关规定。

②进入设备作业的有关规定。

③用火的有关规定。

④动土的有关规定。

⑤科学文明检修的有关规定。

要学习和贯彻检修现场的十大禁令：

①不戴安全帽、不穿工作服者禁止进入现场。

②穿凉鞋、高跟鞋者禁止进入现场。

③上班前饮酒者禁止进入现场。

④在作业中禁止打闹或其他有碍作业的行为。

⑤检修现场禁止吸烟。

⑥禁止用汽油或其他化工溶剂清洗设备、机具和衣物。

⑦禁止随意泼洒油品、化学危险品、电石废渣等。

⑧禁止堵塞消防通道。

⑨禁止挪用或损坏消防工具、设备。

⑩现场器材禁止为私活所用。

对各类参加检修人员，都必须进行安全教育，并经考试合格后才能准许参加检修。

4）安全检查

安全检查包括对检修项目的检查、检修机具的检查和检修现场的巡回检查。

检修项目，特别是重要的检修项目，在制定检修方案时，就要制定安全技术措施。没有安全技术措施的项目，不准检修。

检修所用的机具，特别是起重机具、电焊设备、手持电动工具等，都要进行安全检查，检查合格后由主管部门审查并发给合格证。合格证贴在设备醒目处，以便安全检查人员现场检查。未有检查合格证的设备、机具不准进入检修现场和使用。

在检修过程中，要组织安全检查人员到现场巡回检查，检查各检修现场是否认真执行安全检修的各项规定。发现问题及时纠正、解决。如有严重违章者，安全检查人员有权令其停止作业。并用统计表的形式公布各单位安全工作的情况、违章次数，并进行安全检修评比。

2.化工厂安全检修的一般要求

做好检修前的准备工作，严格执行安全检修的各项规章制度以及认真进行检修后设备验收和试车工作是实现化工安全检修的三个重要环节。

（1）化工检修的准备

办理安全检修证（如动火安全证、罐内作业许可证等）的申请、审核及批准手续。除此以外，化工检修的准备工作一般还包括以下几点。

（2）组织领导

小修或大修应成立检修作业临时指挥机构，（如大修指挥部），小修或日常维修只要有两人以上参加的检修项目必须指定一人负责安全。检修临时指挥机构应编制和审核检修计划、明确检修项目、内容和人员的分工，使各项目负责人充分了解工程细节和施工要领；确定临时指挥机构、各项目或各工区以及具体项目的安全负责人，组成临时安全专职人员和班组兼职安全员网络，明确安全负责人和安全员的职责以及相互间的配合、联络的程序。检修临时指挥机构的办公室应有施工计划进度表、人员分工表、联络配合程序、安全人员网络图及各检修项目主要安全注意事项。对多单位、多工种联合作业的化工检修来说，必须明确检修中的安全负责人，有关安全事项由负责人统一指挥、统一调度。

（3）制定安全检修规定

除了企业已制定的动火、动土、罐内作业、登高、电气、超重等安全规定外，应针对检修作业的内容、范围提出补充安全要求，制定相应的安全检修规定，明确检修作业程序、进入施工现场的安全纪律并指派人员负责现场安全规定的宣传、检查和监督工作。

（4）明确施工要求

施工要求应在检修准备阶段明确制定。一般由施工部门就检修的设备项目提出施工方案或施工要领书，然后报临时指挥机构审核批准。例如，设备的清扫、抽堵盲板、更换零部件、检修部位等具体的操作步骤，以及检修应达到的要求都应在施工方案中阐明。此外，关系重大的焊接施工（如承压设备的挖补，重要部件焊割等）应对动火前的安全措施、焊接工艺、施工要求、检验方法和评定标准等提出明确要求。

（5）设备、附件、材料和安全用具的准备

根据检修的项目、内容和要求，准备检修所需的材料、附件和设备；做好起重设备、焊接设备、电动工具的事前安全检查以及吊具、索具等用具的检查；有登高作业之处按安全规定搭好脚手架；安全带、安全帽、防毒面具以及测氧、测爆、测毒、测厚、无损探伤等分析化验仪器和消防器材、消防设施都应指定专人分别负责仔细检查或检验，确保完好。

（6）宣传教育、层层落实

在停车检修前应召开安全会议或检修动员会，向参加检修的全体人员宣布组织领导班子和各级安全负责人名单、安全检修纪律、规定及安全注意事项，明确检修项目、内容、计划进度、作业程序、检修质量和安全标准、工作范围、区域划分、联络配合方法以及危险通道工程和意外情况的处理原则。大会以后各区或各项目的负责人应召开所属区或项目的全体人员会议，将检修项目的内容和安全要求具体化，有关检修中的安全措施落实到人。

根据检修时间的长短和检修过程中的情况，在施工期间或施工后期再分别召开全体检修人员参加的安全会议。施工期间安全会议的主要内容是总结前期检修工作中安全和质量的情况，表扬好人好事，针对已发生的事故或重大事故苗子，重申或补充有关安全检修规定。检修后期的安全会除总结交流安全质量方面的经验外，着重强调验收和试车的安全与质量方面的要求以及开车前的安全注意事项。

（7）设备停运、置换、清洗和隔离

按照检修计划，严格执行安全操作规程停止设备运转。停运设备时必须和上下工序及有关的工段（如锅炉房、配电间、冶炼站、给水站等）密切联系。设备停止运转后根据安全检修的要求分别做好排尽物料、中和置换、清扫清洗、可靠隔离等工作，还应做好设置安全界标或栅栏。

3. 化工检修的实施

（1）检修开始前的检查

在检修准备工作完成后，开始检修之前由检修临时指挥机构安全负责人组织有各级安全负责人和检修项目负责人等参加的安全检查，重点检查检修项目有关的安全措施是否已一一落实。如起重机械、吊具、索具是否检验过，检验的结果如何；高空作业的脚手架及安全标志是否符合安全要求；电气防护设施是否完备；动火、动土、罐内作业等是否已办理审证手续；高压水和高压气体的使用、放射性及易燃易爆有毒物质的处理是否符合有关安全规定；参加检修作业的青年、妇女和老年职工的工作内容是否合适；个人安全防护用具（如安全帽、安全带、工作鞋、工作服等）是否符合作业的安全要求；防毒面具、急救措施（现场抢救的医务人员、气体防护站人员、救生器、救护车等）和消防器材等是否准备就绪；等等。通过检查发现不落实之处，应即责成有关部门和有关人员限时解决，并作汇报。

（2）操作人员和检修人员的交接和配合

设备停运并经操作人员进行中和置换、清扫清洗后，操作人员应向检修人员交代清楚。按动火、动土、罐内作业等有关安全规定要求，做好可靠隔离等工作，经安全监测人员分析测定，符合安全的条件下方可进行作业。检修过程中，一般由操作人员负责管理设备，检修人员应随时征询操作人员对检修作业的意见。必要时，操作人员要监视整个作业过程，监视是否泄漏易燃、有毒物质，是否存在缺氧状态等。检修作业完毕、收尾工作结束，并将设备移交给操作人员后，始可解除检修时采取的安全措施。然后双方共同进行设备的试车和验收。

（3）加强安全宣传教育和监督检查

在整个检修过程中，应有专人负责现场的安全宣传教育工作，做好上班前的安全教育，工作进展中的安全喊话，反复宣讲安全检修规定和安全注意事项。加强现场的安全巡回检查，及时制止违章指挥和违章作业。下班时责成项目负责人和安全负责人做好下班后的安全检查。

（4）作业现场的安全管理

检修现场设置了安全界标成栅栏后，应有专人负责监护，非检修有关人员禁止入内。检修中应经常清理现场，正确堆放材料和工具，保持道路的畅通。

（5）严格安全制度检修过程中对检修的内容、设备的缺陷状况、作业方法、更换的附件等应做详细记录。动火、动土、罐内作业、登高、超重和电气设备检修等必须严格遵守有关安全制度。

4.化工检修的验收

（1）检修结束的安全检查

检修作业结束前，项目负责人和安全负责人应组织有关检修和操作人员进行一次安全检查。检查的主要项目是清点人员、工具、器材等，防止遗留在设备或管道内。这项工作务必认真、仔细，以往曾因工具、器材和杂物遗留在设备或管道内，致使试运转或投入生产后发生多次事故，还应检查是否有漏掉的检修项目，应该进行的测厚、探伤等项目是否按要求进行而全部结束；设备上的防护装置以及因检修工作需要而拆移的盖板、栅栏、栏杆等是否按照安全要求装上或恢复原状。最后检查检修现场是否已清理，达到了"工完、料净、场地清，所有通道畅通"的要求。

（2）试车与验收

在检修临时指挥机构的领导下，指定专人组织检修人员和操作人员进行试车和验收。根据制度规定要求分别进行耐压试验、气密性试验、试运转、调整、负荷试车和验收工作。

在试车与验收前应做好下列准备工作并检查核实。如该抽、堵的盲板是否已抽去、堵上；各阀门是否灵活、完好，是否符合试车前开或关的要求；全部管道和仪表接头是否复位；电机的三根接线是否正确；转动部件手盘是否正常；冷却系统、润滑系统是否符合要求；所有安全附件、仪表、信号装置是否齐全、好用、灵敏和可靠；等等。经检查核实无误方可试车。

试车合格后，按规定办理验收手续，正式移交生产。验收所需的技术资料一般包括安装记录、缺陷记录、试验记录（如耐压、气密性试验、空载试车、负荷试车等各项试验）、主要零部件的探伤报告以及更换零件的清单等。

试车合格，验收手续办妥后，在设备正式投产前，拆去临时电源、检修用的临时防火墙、安全界标、栅栏以及检修作业所用的各种临时设施。撤除排水沟上的密封板，检查各坑道的排水和清扫状况。应该特别注意是否有妨碍运转操作或在邻近高温处所有无竹、木脚手架等易燃物等情况。

以上所述中修、大修的作业一般安全要求，其原则精神也适用于小修或计划外检修。特别是临时停工抢修更应树立"安全第一"的思想。因为抢修和计划检修有两点不同：其一是动工的日期、时间几乎无法事前选定；其二是为了争取迅速修复，一旦动工就得连续作业直至完工。所以在抢修过程中更应冷静考虑，充分估计可能发生的危险，采取一切必须采取的安全措施，以达安全检修的目的。

5. 抽堵盲板、置换和清洗等作业安全

化工安全检修开始前一般都需做好可靠隔离、中和置换、清洗清扫等工作。这些作业不仅本身具有危险性，而且作业质量的好坏直接影响到检修的安全与否，因而必须认真对待，周密考虑，制订方案，组织力量，落实安全措施，确保作业安全，为动火、罐内作业等创造一个安全、卫生的作业环境。

（1）抽堵盲板

停工检修的设备必须和运行系统可靠隔离，这是化工安全检修必须遵循的安全规定之一。以往检修中由于没有隔离措施或隔离措施不符合安全要求，致使运行系统内的有毒、易燃、腐蚀、窒息和高温介质进入检修设备造成多起重大事故，教训极为深刻。

检修设备和运行系统隔离的最保险的办法是将与检修设备相连的管道、管道上的阀门、伸缩接头等可拆部分拆下，然后在管路侧的法兰上装置盲板。如果无可拆部分或拆卸十分困难，则应在和检修设备相连的管道法兰接头之间插入盲板。有些管道短时间（不超过 8 小时）的检修动火可用水封切断可燃气体气源，但必须有专人在现场监视水封溢流管的溢流情况，防止水封中断。

抽堵盲板属于危险作业，应办理作业许可证的审批手续，并指定专人负责制定作业方案和检查落实相应的安全措施。作业前安全负责人应带领操作、监护等人员察看现场，交代作业程序和安全事项，除此以外，抽堵盲板从安全上应做好以下几项工作。

1）制作盲板根据阀门或管道的口径制作合适的盲板，盲板必须保证能承受运行系统管路的工作压力。介质为易燃易爆物质时，盲板不得用破裂时会产生火花的材料制作。盲板应有大的突耳，并涂上特别的色彩，使插入的盲板一看就明了。按管道内介质的腐蚀特性、压力、温度选用合适的材料做垫片。

2）现场管理介质为易燃易爆物质时，抽堵盲板作业点周围 25m 范围内不准用火，作业过程中指派专人巡回检查，必要时应当停止下风侧的其他工作；与作业无关的人员必须离开作业现场；室内进行抽堵盲板作业时，必须打开门窗或用符合安全要求的通风设备强制通风；作业现场应有足够的照明，管内是易燃易爆介质，采用行灯照明时，则必须采用电压小于 39 伏的防爆灯；在高空从事抽堵盲板作业，事前应搭好脚手架，并经专人检查。确认安全可靠方准登高抽堵。

3）泄压排尽抽堵盲板前应仔细检查管道和检修设备内的压力是否已降下，余液（如酸、碱、热水等）是否排净。一般要求管道内介质温度小于 60℃；介质的压力，煤气类 < 200mmH₂O，氨气等刺激性物质压力 < 50mmH₂O，符合上述要求进行抽堵盲板作业。若温度、压力超过上述规定时，应有特殊的安全措施，并办理特殊的审批手续。

4）器具和监护抽堵可燃介质的盲板时，应使用铜质或其他撞击时不产生火花的工具。若必须用铁质工具时，应在其接触面上涂以石墨黄油等不产生火花的介质。高处抽堵盲板，作业人员应戴安全帽，系挂安全带；参加抽堵盲板作业的人员必须是经过专门训练，持有《安全技术合格证》的人员；作业时一般应戴好隔离式防毒面具（最好是长管式），并应站在上风向；抽堵盲板作业应有专人监护，危险性大的作业，应有气体防护站或安技部门派两人以上负责监护，设有气体防护站或保健站的企业，应有医务人员、救护车等在现场；抽堵盲板时连续作业时间不宜过长，一般控制在半小时之内，超过30分钟应轮换休息一次。

5）登记核查　抽堵盲板应有专人负责做好登记核查工作。墙上的盲板一一登记，记录地点、时间、作业人员姓名、数量；抽去盲板时，也应逐一记录，对照抽堵盲板方案核查，防止漏堵；检修结束时，对照方案核查，防止漏抽。漏堵导致检修作业中发生事故，漏抽将造成试车或投产时发生事故。

（2）置换和中和

为保证检修动火和罐内作业的安全，设备检修前内部的易燃、有毒气体应进行置换，酸、碱等腐蚀性液体应该中和，还有经酸洗或碱洗后的设备为保证罐内作业安全和防止设备腐蚀也应进行中和处理。

易燃、有毒有害气体的置换，大多采用蒸汽、氮气等惰性气体作为置换介质，也可采用"注水排气"法将易燃、有害气体压出，达到置换要求。设备经惰性气体置换后，若需要进入其内部工作，则事先必须用空气置换惰性气体，以防窒息。置换作业的安全注意事项简述如下。

1）可靠隔离　被置换的设备、管道与运行系统相连处，除关紧连接阀门外还应加上盲板，达到可靠隔离要求，并卸压和排放余液。置换作业一般应在抽堵盲板之后进行。

2）制定方案　置换前应制定置换方案，绘制置换流程图。根据置换和被置换介质比重不同，选择置换介质进入点和被置换介质的排出点，确定取样分析部位，以免遗漏、防止出现死角。若置换介质的比重大于被置换介质的比重时，应由设备或管道的最低点送入置换介质，由最高点排出被置换介质；取样点宜放在顶部位置及易产生死角的部位；反之，置换介质的比重比被置换介质小时，从设备最高点送入置换介质，由最低点排出被置换介质、取样点宜放在设备的底部位置和可能成为死角的位置。

3）置换要求　用注水排气法置换气体时，一定要保证设备内被水充满，所有易燃气体被全部排出。故一般应在设备顶部最高位置的接管口有水溢出，并外溢一段时间后，方可动火。严禁注水未满的情况下动火。曾由于注水未满，使设备顶部聚集了可燃性混合气体，一遇火种而发生爆炸事故，造成重大伤亡。用惰性气体置换时，设备内部易燃、有毒气体的排出除合理选择排出点位置外，还应将排出气体引至安全的场所。所需的惰性气体用量一般为被置换介质容积的3倍以上。对被置换介质有滞留的性质或者其比重和置换介质相近时，还应注意防止置换的不彻底或者两种介质相混合的可能。因此，置换作业是否符合安全要求，不能根据置换时间的长短或置换介质用量，而应根据气体分析化验是否合格为准。

4）取样分析　在置换过程中应按照置换流程图上标明的取样分析点（一般取置换系统的终点和易成死角的部位附近）取样分析。

（3）清扫和清洗

对可能积附易燃、有毒介质残渣、油垢或沉积物的设备，这些杂质用置换方法一般是消除不尽的，故经气体置换后还应进行清扫和清洗。因为这些杂质在冷态时可能不分解、不挥发，在取样分析时符合动火要求或符合卫生要求，但当动火时，遇到高温这些杂质或迅速分解或很快挥发，使空气中可燃物质或有毒有害物质浓度大大增加而发生爆炸燃烧事故或中毒事故。

1）扫线检修设备和管道内的易燃、有毒的液体一般是用扫线的方法来消除，扫线的介质通常用蒸汽。但对有些介质扫线，如液氯系统中含有三氯化氮残渣是不准用蒸汽扫洗的。

扫线作业和置换一样，事先制定扫线方案，绘制扫线流程图，填写扫线登记表，在流程图和登记表中标注和写明扫线的简要流程、管号、设备编号、吹汽压力、起止时间、进汽点、排放点、排放物去路、扫线负责人和安全事项，并办理审批手续。进行扫线作业，注意以下几点。

①扫线时要集中用汽，一根管道一根管道地清扫，扫线时间到了规定要求时，先关阀后停汽，防止管路系统介质倒回；

②塔、釜、热交换器及其他设备，在吹汽扫线时，要选择最低部位排放，防止出现死角和吹扫不清；

③设备和管线扫线结束并分析合格后，有的应加盲板运行系统隔离；

④扫线结束应对下水道、阴井、地沟等进行清洗。对阴井的处理应从靠近扫线排放点处开始逐个顺序清洗，全部清洗合格后，采取措施密封。地面、设备表面或操作平台上积有的油垢和易燃物也应清洗干净；

⑤经扫线后的设备或管道内若仍留有残渣、油垢时，则还应清洗或清扫掉。

2）清扫和清洗置换和扫线无法清除的沉积物，应用蒸汽、热水或碱液等进行蒸煮。

6. 检修动火

加强火种管理是化工企业防火防爆的一个重要环节。化工生产设备和管道中的介质大多是易燃易爆的物质，设备检修时一般离不开切割、焊接等作业，而助燃物——空气中的氧又是检修人员作业场所不可缺少的，因此，对检修动火来说燃烧三要素随时可能具备，所以检修动火具有很大危险性。多年来，由于一些企业的检修人员缺乏安全常识，或违反动火安全制度而发生的重大火灾、爆炸事故接连不断，重复发生，教训十分深刻。严格动火的安全规定十分必要。

（1）动火的含义

在化工企业中，凡是动用明火或可能产生火种的作业都属于动火的范围。例如熬沥青，烘砂，喷灯等明火作业；凿水泥基础，打墙眼，电气设备的耐压试验，电烙铁锡焊，凿键槽，开坡口等易产生火花或高温的作业。在禁火区内从事上述作业都应和焊、割一样对待，办理动火证审批手续，落实安全动火的措施。

（2）禁火区与动火区的划定

禁火区划分尚无统一的标准，一般认为在正常情况下或不正常情况下都有可能形成爆炸性混合物的场所和存在易燃、可燃化学物质的场所都应划为禁火区。在禁火区内，根据发生火灾、爆炸危险性的大小，所在场所的重要性以及一旦发生火灾、爆炸事故可能造成的危害大小，划分动火等级。动火等级根据企业性质可划为一、二、三等三级，也可划为二级，按照动火级别制订相应的动火安全管理制度。

在化工企业中设立固定动火区应符合下列条件：

①固定动火区距可燃易爆物质的设备、贮罐、仓库、堆场等应符合国家有关防火规范的防火间距要求，距易燃易爆介质的管道最好在 15 米以上；

②在任何气象条件下，固定动火区区域内的可燃气体含量在允许含量以下。设备装置正常放空时的可燃气体扩散不到动火区；

③若设在室内，应与防爆生产现场隔开，不准有门窗串通，允许开的门窗要向外开，道路要通畅；

④固定动火区周围 10 米以内不得存放易燃易爆及其他可燃物质。少量的有盖桶装电石，在采取可靠措施，妥善保管的情况下，允许存放。

⑤固定动火区应备有适用的、数量足够的灭火器具，并设置"动火区"字样一类的明显标志。

（3）动火安全要点

①审证禁火区内动火应办理动火证的申请、审核和批准手续，明确动火的地点、时间、范围、动火方案、安全措施、现场监护人。没有动火证或动火证手续不齐、动火证已过期不准动火；动火证上要求采取的安全措施没有落实之前也不准动火；动火地点或内容更改时应重办审证手续，否则也不准动火。

②联系动火前要和生产车间、工段联系，明确动火的设备、位置。由生产部门指定专人负责动火设备的置换、扫线、清洗或清扫工作，并作书面记录。由审证的安全或保卫部门同时通知邻近车间、工段或部门。提出动火期间的要求，如动火期关闭门窗，不要进行放料、进料操作，不要放空等以防逸出可燃性气体或泄漏可燃液体。

③凡能拆迁到固定动火区或其他安全地方进行动火的作业不应在生产现场（禁火区）内进行，尽量减少禁火区内的动火工作量。

④隔离动火设备应与其他生产系统可靠隔离，防止运行中设备、管道内的物料泄漏到动火设备中来；将动火地区与其他区域采取临时隔火墙等措施加以隔开，防止火星飞溅而引起事故。

⑤移去可燃物、将动火地点周围 10 米范围以内的一切可燃物，如溶剂、润滑油、回丝、未清洗的盛放过易燃液体的空桶、木框、竹箩等移到安全场所。

⑥灭火措施动火期间动火地点附近的水源要保证充足，不能中断；动火现场准备好适用的足够数量的灭火器具；危险性大的重要地段动火，需消防车和消防人员到现场，作好充分准备。

⑦检查和监护上述工作准备就绪后，根据动火制度的规定，厂、车间或安全、保卫部门负责人现场检查，对照动火方案中提出的安全措施，检查是否已落实，并再次明确和落实现场监护人和动火现场指挥，交待安全注意事项。

⑧动火分析不宜过早，一般不要早于动火前半小时。如果动火中断半小时以上，应重做动火分析；分析试样要保留到动火之后，分析数据应作记录，分析人员应在分析化验报告上签字。从理论上讲，只要可燃物浓度小于爆炸下限动火时不会发生燃烧、爆炸事故，但考虑到取样的代表性、分析化验的误差、应该留有的安全裕度以及现有测试分析仪器的灵敏度，化工企业动火分析合格的标准如下：爆炸下限＜4%（容积百分比，以下同）的，动火地点空气中可燃物含量＜0.2% 为合格；爆炸下限＞4% 的，则分析可燃物＜0.5% 为合格。国外动火分析合格标准有的取爆炸下限的十分之一。若罐内动火则还应符合罐内作业的安全要求。

⑨动火应由经安全考试合格的人员担任，压力容器的焊补工作应由锅炉压力容器焊工考试合格的工人担任，无合格证者不得独自从事焊接工作。动火时注意火星飞溅方向，采用不燃或难燃材料做成的挡板控制火星飞溅方向，防止火星落入危险区域；如在动火中遇生产装置紧急排空或设备、管道突然破裂可燃物质外泄时，监护人应即令停止动火，待恢复正常，重新分析合格并经原批准部门同意后，方可重新动火；高处动火作业应戴安全帽、系安全带，遵守高处作业的安全规定；氧气瓶和移动式乙炔发生器不得有泄漏，应距明火10 米以上，氧气瓶和乙炔发生器的间距不要小于 5 米；五级以上大风不宜高处动火；电焊机应放在指定的地方，火线和接地线应完整无损、牢固，禁止用铁棒等物代替接地线和固定接地点；电焊机的接地线应接在被焊设备上，接地点应靠近焊接处，不准采用远距离接地回路。

⑩善后处理动火结束后应清理现场，熄灭余火，做到不遗漏任何火种，切断动火作业所用的电源。

（4）油罐带油动火

由于各种原因，罐内油品无法抽空只得带油动火时，除了上述检修动火应做到的安全要求外，还应注意以下几点：

1）在油面以上不准带油动火；

2）补焊前应先进行壁厚测定，补焊处的壁厚应满足焊时不被烧穿的要求（一般应≥3 毫米）。根据测得的壁厚确定合适的焊接电流值，防止因电流过大而烧穿焊补处造成冒油着火；电焊机的接地线尽可能靠近被焊钢板；

3）动火前用铅或石棉绳等将裂缝塞严，外面用钢板补焊。罐内带油，油面下动火补焊作业危险性很大，只是万不得已的情况下才采用，动火的一定要有周密的方案、可靠的安全措施，并选派经验丰富的人员担任，现场监护和扑救措施比一般检修动火更应该加强。

至于油管带油动火，同油罐带油动火处理的原则是相同的。只是在油管破裂，生产系统无法停下来的情况下，抢修堵漏才用。带油管路动火应做好以下几项工作。

A. 测定焊补处管壁厚度，决定焊接电流及焊接方案，防止烧穿；

B.清理周围环境，移去一切可燃物；

C.准备好消防器材，做好扑救准备，并利用难燃或不燃挡板严格控制火星飞溅方向；

D.邻近油罐、油管等做好防范措施；

E.降低管内油压，但需保持管内油品的不停流动；

F.用铅或石棉绳等堵塞漏处，然后打卡子（抱箍）。应根据泄漏处的部位、形状确定卡子的形状和胶垫的厚度、卡子板的厚度。胶垫不能太厚，太厚了卡子与管子的间隙过大，焊接时局部温度太高，胶垫溶化油大量漏出，就无法施焊。若泄漏处管壁腐蚀较薄则卡子要宽些，使它焊在管壁较厚部位上；

G.对泄漏处周围的空气要进行分析，合乎动火安全要求才行；

H.挑选经验丰富、技术高的焊工承担焊接。施焊要稳、准、快,焊接顺序应当是先下后上,焊点对称。焊接过程中监护人、扑救人员等都不得离开现场．

I.若是高压油管，要降压后再打卡子焊补；

J.动火前与生产部门联系，在动火期间不得泄放易燃物质。

（5）带压不置换动火

带压不置换动火是指可燃气体设备、管道在一定的条件下未经置换直接动火焊补，在理论上是可行的，只要严格控制焊补设备内介质中的含氧量，不能形成达到爆炸范围的混合气，在正压条件下外泄可燃气只烧不炸，即点燃外泄可燃气体，并保持稳定的燃烧，控制可燃气体的燃烧过程不致发生爆炸。在实践上，一些企业带压安全焊补了大型煤气柜，取得了一定的经验。但是，带压不置换动火的危险性极大，一般情况下不主张采用。必须采用带压不置换动火时，应注意以下几个环节。

①正压操作焊补前和整个动火作业过程中,焊补设备或管道必须连续保持稳定的正压,这是确保带压不置换动火安全的关键。一旦出现负压，空气进入焊补设备、管道，就将发生爆炸。

压力的大小以不喷火太猛和不易发生回火为原则。压力太高，可燃气流速大，火焰大而猛，焊条熔滴易被气流吹走，作业人员难以靠近，施焊困难，而且穿孔部位的钢板在火焰高温作用下易变形和裂口扩张，从而喷出更大的火焰，酿成事故；压力太小，气体流速也小，压力稍波动即可能出现负压而发生爆炸事故，因此，选择压力时要留有较大的安全裕度。一般为 150 毫米水柱至 8 公斤力/厘米 ^{2}。在这个范围内，根据设备损坏的程度，介质性质，压力可能降低的程度等来选定。带压不置换动火一般控制在 150～500 毫米水柱之间。穿孔裂缝越小，压力选择的范围越大，可选用的压力可高一点；反之，应选择较低的压力,但是,任何情况下绝对不允许出现负压。作业过程中必须指定专人监视系统压力。

②含氧量带压不置换动火必须保证系统内的含氧量低于安全标准。不同的可燃气体或同一种可燃气体在不同的容积、不同的压力或温度下，有不同的爆炸极限。根据生产实践经验，一般规定可燃气体中氧含量不得超过 1%，作为安全标准（环氧乙烷例外）。焊补和整个动火作业中，都必须始终保证系统内氧含量 ≤1%。这就要求生产负荷平衡，前后工段加强统一调度，关键岗位指派专人把关，并指定专人负责系统内介质成分的分析，掌握

含氧量的情况。若发现含氧量增高，要增加分析次数，并尽快查明原因，及时排除使含氧量增加的一切因素；若含氧量达到或超过 1% 时，应立即停止焊补工作。

③焊前准备首先测定壁厚，裂缝处和其他部位的最小壁厚应大于强度计算所确定的最小壁厚，并能保证焊时不烧穿，不满足上述条件，不准焊补；壁厚满足上述要求，根据裂缝的位置、形状、裂口大小、焊补范围、壁厚大小、母材材质等制定焊补方案；组织得力的抢修班子，挑选合适的焊工；现场要事先准备一台或数电轴流风机，几套长管式面具（若介质是煤气一类有毒气体）和灭火器材；若是高处作业，应搭好不燃的脚手架或作业平台，并能满足作业人员短时间内迅速撤离危险区域的要求，准备好焊补覆盖的钢板及辅助工具等。

④动火焊补。动火前应分析泄漏处周围空气中可燃气体的浓度，若是有毒气体还应分析有毒物质的含量，防止动火时发生空间爆炸和中毒；焊补人员和辅助人员进入作业地点前穿戴好防护用品和器具，由辅助人员把覆盖的钢板依预先画好的范围复合上去，用工具紧紧抵住，焊工引燃外泄可燃气体，开始焊补。凡压力、含氧量超过规定范围都应停止焊补作业，人员离开现场。焊接过程中可用轴流风扇吹风以控制火焰喷燃方向，为焊工和辅助工创造较好的工作条件。除了防爆、防中毒、防高处坠落外，作业人员应选择合适的位置，防止火焰外喷烧伤。整个作业过程中，监护人、扑救人员、医务人员及现场指挥都不得离开，直至焊补工作结束。

7. 检修动土

化工企业内外的地下有动力、通讯和仪表等不同用途、不同规格的电缆，有上水、下水、循环水、冷却水、软水、无盐水和消防用水等口径不一，材料各异的生产、生活用水管，还有煤气管、蒸汽管、各种化学物料管。电缆、管道纵横交错，编织成网。以往由于动土没有一套完善的安全管理制度，不明地下设施情况而进行动土作业，结果曾挖断了电缆、击穿了管道、土石坍方、人员坠落，造成人员伤亡或全厂停电等重大事故。因此，动土作业应该是化工检修安全技术管理的一个内容。

（1）动土的含义

凡是影响到地下电缆、管道等设施安全的地上作业都包括在动土作业的范围之内。如挖土、打桩、埋设接地极或浪风桩等入地超过一定深度的作业（入土深度以多少为界视各企业地下设施深度而定，有的规定 0.5 米，有的可能 0.6 米，以可能危及地下设施的原则确定）；绿化植树、设置大型标语牌、宣传画廊以及排放大量污水等影响地下设施的作业；用推土机、压路机等施工机械进行填土或平整场地；除正规道路以外的厂内界区，物料堆放的荷重在 5 吨/米^{2}以上或者包括运输工具在内物件运载总重在 3 吨以上的都应作为动土作业。堆物荷重和运载总重的限定值应根据土质而定。

（2）动土安全管理要点

1）审证根据企业地下设施的具体情况，划定各区域动土作业级，按分级审批的规定办理审证手续。动土作业申请时需写明作业的地点、时间、内容、范围、施工方法、挖土堆放场所和参加作业的人员、安全负责人及安全措施。一般由基建、设备动力、仪表和工厂资料室根据地下设施布置总图对照申请书中的作业情况，仔细核对，逐一提出意见。或不同意，则写明理由并提出建议动土的地点、范围；或同意，并注明动土作业范围的地下有何设施，埋深多少，应注意什么，有哪些安全要求。然后，按动土作业规定交有关部门或厂领导批准，根据基建等部门的意见，提出补充安全要求。办妥上述手续的动土作业许可证才有效。

动土作业中若要超出已审核批准的范围，或延长作业期限，应重新办理审批手续。

2）安全事项动土作业安全事项主要是防止损坏地下设施、坍塌、机器工具伤害和坠落。

A. 防止损坏地下设施和地面建筑。动土作业中接近地下电缆、管道及埋没物的地方施工时，不准用铁镐、铁撬棍或铁楔子等工具进行作业，也不准使用机械挖土；在挖掘地区内发现事先未预料到的地下设备、管道或其他不可辨别的东西时，应即停止工作，报告有关部门处理，严禁随意敲击或玩弄；挖土机在建筑物附近工作时，与墙柱、台阶等建筑物的距离至少应在一米以上，以免碰撞等。

B. 防止坍塌。开挖没有边坡的沟、坑、池等必须根据挖掘深度装设支撑，开始装设支撑的深度，根据土壤性质和湿度决定。如挖掘深度不超过 1.5 米，可将坑壁挖成小于自然坍落角的边坡而不设支撑。一般情况下深度超过 1.5 米应设支撑；各季挖土在冻层深度范围内，可不设支撑，但超过此范围时必须作适当的固壁支撑；开始挖土前应排除地面水并采取措施防止地面水的侵入，当沟、坑、池挖至地下水位以下时应采取排水措施；施工中应经常检查支撑的安全状况，有危险征兆时应及时加固；已挖的沟槽、基坑等遇到雨雪浸湿时应经常检查土壤变化情况，如有滑动、裂缝等现象时，应先将其消除方可继续工作。土方有坍塌危险时暂时停止工作，将积水排出。局部放宽土坡边坡或加固边坡，以保持稳定，坡顶附近禁止行人或车辆通过。拆除支柱、木板的顺序应从下而上，一般的土壤同一时间拆下的木板不得超过三块；松散和不稳定的土壤一次不超过一块。更换横支撑时，必须先安上新的，然后拆下旧的。禁止一切人员在基坑内休息；工人上下基坑不准攀登水平支撑或撑杆；当发现土壤有可能坍塌或滑动裂缝时，所有在下面工作的人员必须离开工作面，然后组织工人将滑动部分先挖去或采取防护措施再进行工作，尤其雨季和化冻期间更应注意，防止坍落；在铁塔、电杆、地下埋没物及铁道附近进行挖土时，必须在周围加固后，方准进行工作。

C. 防止机器工具伤害。人工挖土的各种工具必须坚实，把柄应用坚硬的木料制成，外表要刨光。锹、镐、锄等应有倒楔子使其安装牢固。在挖土的工作面工作人员应保持适当的间隔距离。使用挖土机或推土机进行机械挖土时，开动机器前应发出规定的音响信号。

土机械工作时或行走时，禁止在举重臂或吊斗下面有人逗留或通过，禁止任何人员上下挖土机和在挖斗载重或传递东西时，禁止进行各种辅助工作和在回转半径内平整地面。挖土机暂时停止工作时，应将吊斗放在地面上，不准使其悬空；清除吊斗内的泥土或卡住的石块，应在挖土机停止并经司机许可后，才可进行工作；夜间作业必须有足够的照明。

D. 防止坠落。挖掘的沟、坑、池等应在其周围设置围栏和警告标志，夜间设红灯示警；

工人下沟、坑、池等时应铺设订有防滑条的跳板。挖土坑中留作人行道的土堤应保持有足够稳定的边坡，或加适当的支撑，顶宽至少要大于 70 厘米。此外，在可能出现煤气等有毒有害气体的地点工作时，应预先通知工作人员，并作好防毒准备。在挖土作业时如突然发现煤气等有毒气体或可疑现象，应立即停止工作，撤离全部人员并报告有关部门处理，在有毒有害气体未彻底清除前不准恢复工作。

第三节　石油化工装备概论

一、石油化工装备常见事故类型

石油化工装备涉及面十分广泛，如动力设备、输送设备、分离设备、压力容器、管线阀门等。

石油化工生产的特殊要求，运行环境恶劣，如高温、高压、低温、高真空度、变载荷，如严重的腐蚀环境，有毒及易燃易爆环境等。

安全问题：影响生产、装备破坏、人身事故、环境污染。

1.石油化工装备的类型及特点

可分为静设备和动设备两类。

（1）静设备主要是指各类容器设备及管道系统。

其中容器设备，大多为压力容器，按其承压性质可将其分为内压容器和外压容器两类。

按作用原理来划分，可分为：

1）反应压力容器（代号 R）。

2）换热压力容器（代号 E）。

3）分离压力容器（代号 S）。

4）储存压力容器（代号 C，其中球罐代号 B）。

从压力容器的安全监督和管理的角度来分，将一般常用的压力容器划分为三类。

1）第一类压力容器。

2）第二类压力容器。

3）第三类压力容器。

上述的一般常用压力容器不包括下列压力容器：

（2）动设备是指有机件进行连续的有规律的运动的设备，其种类很多，归纳起来大致包括：介质的输送（为泵、风机等），流体的加（或减）压（如压缩机、真空泵等），介质的机械分离及混合（为离心机、过滤机、混合机等），固体的粉碎及造粒（如各式粉碎机、造粒机）等几大类机械设备。

2.石油化工装备的劣化和失效及其原因

（1）装备劣化的两大类型：

经历过的：渐进型、磨耗、疲劳、突发型、潜在型、外部型；

未经历的：可预测型、机械损坏、逻辑探讨、不可预测型。

（2）劣化影响的严重程度一般可分为五个等级：

一级：对系统造成致命性的损坏；

二级：对系统的运行造成一定的影响；

三级：对单台设备本身的功能带来递减；

四级：对设备目前尚无影响，但如对劣化不及时维修，将会发展成为一种故障；

五级：十分轻微，不完全担心会发展成为一种故障，但还是维修为好。

（3）劣化和失效的原因：

首先是腐蚀和冲蚀，其次是应力交变，温度过高或过低，超压及超负荷，地震、地基下沉、风的载荷。另外，由于设备吊装坠落或搬运机具碰撞等类似情况造成的机械损坏，经常会在装置安装及停工大检修中发生。

3.压力容器的破坏形式及其原因

几种不同破裂形式：

（1）韧性破裂

（2）脆性破裂

（3）疲劳破裂

（4）腐蚀破裂

局部腐蚀（非均匀腐蚀）：区域腐蚀、点腐蚀、晶间腐蚀、应力腐蚀及腐蚀疲劳、氢损伤等。

二、化工装备的本质安全化

1.本质安全与本质安全化

（1）本质安全

是指机器、设备本身所带有的安全。是指一般水平的操作者，即使发生人为的误操作，虽然发生有不安全行为，但人身、设备和系统仍能保证安全。

（2）本质安全化

是将本质安全原来的内涵加以外延，本质安全化的新定义：对于一个人—机—环境系统，在一定的历史技术经济条件下，使其有较完善的安全防护和安全保护功能，系统本身有相当可靠的质量，系统运行中具有可靠的管理质量。

（3）本质安全化的基本内容

1）人员本质安全化；

2）机具本质安全化；

3）作业环境本质安全化；

4）生产管理本质安全化。

2. 石油化工装备的本质安全化

（1）石油化工装备安全运行的特点

人—机系统。

安全性的要求也会与经济条件产生矛盾。但是从长远来看，安全性和经济性的要求是一致的。特别对昂贵复杂的大型自动化设备尤为如此。

对安全性的研究范围：

①设备运行安全性；

②工作安全性；

③环境安全性；

④元件的可靠性和功能的可靠性。

（2）石油化工装备的本质安全化

1）本质安全化的概念

综合运用现代化科学技术，使整机系统各要素和各个组成部分之间达到最佳匹配和协调，使整个系统具有可靠的安全、预防事故和失效保护的机能，使生产设备达到即使操作者发生失误或设备本身发生故障时，仍能自动保障操作者人身安全和生产设备本身不受破坏。

2）本质安全化的主要标志

①生产设备应具有可靠且稳定的安全品质特性；

③生产设备应具有完善的自我安全保护功能；

③生产设备应有安全舒适的工作环境和良好的人机工程的要求；

④系统的故障率及损失率在当代公认可接受水平以下。

3. 安全设计准则

国家标准《生产设备安全卫生设计总则》（GB5083—85）对各类生产设备的安全卫生设计提出了基础标准。凡各类生产设备安全卫生设计的专用标准，均应符合该标准的有关规定，并使其具体化。

（1）生产设备安全设计的准则

1）生产设备及其零、部件必须具有足够的强度、刚度和稳定性；

2）生产设备设计必须符合人机工程学准则；

3）在整个使用期内生产设备应符合安全卫生要求的准则；

4）优先采用本质安全化措施的准则；

5）应对生产设备设计进行安全评价的准则。

（2）生产设备安全设计的一般要求

1）适应能力；

2）预防破裂；

3）材料；

①不得使用对人有危害的材料制造生产设备。必须使用时，应采取可靠的安全技术措施，以保障人员的安全。

②如因材料老化或疲劳可能引起危险时，应选用耐老化或抗疲劳材料制造零部件，并应规定更换期限，其安全使用期限应小于材料老化或疲劳期限。

③易腐蚀或空蚀的零、部件应选用耐腐蚀或空蚀材料制造，或采取某种方法加以防护。另外，可采取防腐蚀的结构设计。

④禁止使用能与工作介质发生反应而造成风险（爆炸、生成有害物质等）的材料。

4）稳定性；

5）表面、角和棱；

6）操纵器、信号和显示器；

7）工作位置；

8）照明；

9）润滑；

10）吊装和搬运；

11）检查和维修。

（3）实现本质安全化的基本方法

1）从根本上消除事故、毒害发生的条件。

①以安全、无毒、低毒产品替代危险、高毒产品。

②按本质安全化要求，重新设计工艺流程、设备结构、形状和选择能源。

③消除事故可能发生的必需条件。

2）设备、系统应能自动防止操作失误、设备故障和工艺异常。

①用机械化程序控制代替手工操作是保证安全，防止错误操作的根本途径。

②积极进行自动化机器人的研究、生产，逐步替代人去从事险、脏、累、尘毒及其他人们不愿从事的工作。

③采用和创造安全装置。常用的安全装置有：屏护装置，密闭装置，自动和联锁装置，保险装置，自动监测、报警、处置装置，以及指示灯、安全色等辅助性安全装置。

3）设置空间和时间的防护距离，尽量使人员不与具有危险性、毒害性的机器接触。

①将具有危险性、毒害性的机器围封于特定场所，如抗爆间、密闭室、安全壳内等，使之与人员及周围环境保持一定的安全距离，进行空间隔离。

②在人员与机器之间或机器周围，设立隔断墙、防爆墙、隔火间、隔爆间、抗爆土堤、抗爆屏院、防泄堤及避难设施（安全滑梯、滑杆、通道等）。

③围栏、护网可起部分隔离作用，只用于其他隔离措施无法实行的情况。

④时间隔离是为避免相邻作业事故后相互影响，而确定错开作业时间，达到隔离目的。但它易随着人为因素而失效，所以只在其他隔离措施无法实行时才运用。

4）根据生产特点，搞好安全措施的最佳配合。从两个或两个以上的相对安全措施的最佳组合中，求取最大限度的安全效果。对重要、危险的部位要采用双重、多重安全保障措施。

综上所述，对于从根本上发现和消除事故、危害的隐患，防止错误操作、设备故障时可能发生的伤害的各种安全技术措施，本质安全化原则和技术是最为有效的措施，它将贯穿于方案论证、设计、基本建设、生产、科研、技术改造等一系列过程的诸多方面。

三、人机工程设计在石油化工装备上的应用

（一）人机工程设计概述

1.人机工程设计研究的内容

以人—机—环境作为研究的基本对象，通过揭示人、机、环境之间的相互关系的规律，以达到确保人—机—环境系统总体性能的最优化。

"人"：是指作为主体工作的人；

"机"：是指人所控制的一切对象的总称；

"环境"：是指人、机器共处的特殊条件，它既包括物理、化学因素的效应，也包括社会因素的影响。

一方面既要研究人、机、环境各要素本身的性能，另一方面又要研究这三大要素之间的相互关系、相互作用、相互影响以及它们之间的协调方式，运用系统工程的方法找出最优组合方案，使人—机—环境系统的总体性能达到最佳状态，即满足舒适、宜人、安全、高效、经济等指标。归纳起来有以下几个方面。

（1）人体特性的研究；

（2）人机系统的整体设计；

（3）研究人与机器间信息传递装置和工作场所的设计；

（4）环境控制和人身安全装置的设计。

安全保障技术包括机器的安全本质化、防护装置、保险装置、冗余性设计、防止人为失误装置、事故控制方法、救援方法、安全保护措施等。

2.人机工程设计与工业设计的关系

人机工程设计对工业设计的作用可概括为以下几个方面：

（1）为工业设计中考虑"人的因素"提供人体静、动态尺度参数；

（2）为工业设计中"物"的功能合理性提供科学依据；

（3）为工业设计中考虑"环境因素"提供设计准则；

（4）为进行人—机—环境系统设计提供理论依据；

3. 人机特性比较与功能分配

归纳：

人在检测、图像识别、灵活性、预测、归纳推理和判断能力等方面优于机器。

机器在速度、出力、反应的精确性、重复性、短期记忆、演绎推理、多通道性能和在环境恶劣的作业等方面优于人。

但是人有一种特殊而极为重要的能力，即与其灵活性和多面性有联系的是本身具有修正错误、改正错误和创造的能力。值得注意的是，利用和发展人的技能的必要性，而不是仅仅分配人去做剩下的无法实现自动化的"零活"。

（二）人机系统中人的因素

在人—机系统中，人是主要因素。产品是为人所用的，人的大脑、视觉、听觉、肤觉、肌肉、神经都参与工作，那么，当设计产品并建立适宜的工作环境时，就应充分考虑这些方面，并力图使产品使用者从不必要的疲劳中解脱出来。

1. 人体静态测量参数

2. 人体动态测量参数

3. 人的感知特性

4. 人体接受信息的途径及能力

影响人体接受信息，处理信息的主要因素：

①无关信息的干扰；

②信号维量数的影响；

信号维量数是指各个信号中包含的信号特性个数的量度，各种信号的每一特性为一个维量。

③分时的影响；

分时在人机工程学中表示一个人同时做或迅速交替地做两个以上工作的现象。

④刺激—反应之间的一致性影响；

刺激—反应之间的一致性可以提高信息的传递率及其可靠性。

三方面：空间位置上的一致性，即显示单元与控制单元在空间位置排列上——对应；运动方向上的一致性，即如仪表运动方向与人的观念上的适应性；概念上的一致性，如交通信号灯以绿色代表通行，红色代表停止；绿色代表安全，红色代表危险等与人的概念或习惯的适应。

⑤大脑意识状态。

5. 疲劳

三种类型：

（1）肌肉疲劳；

（2）精神疲劳（刺激疲劳）；

（3）生物疲劳（周期性疲劳）。

减轻作业疲劳的措施：

①提高作业自动化水平；

②正确选择作业姿势和体位；

③合理设计作业中的用力方法；

④改善作业内容，避免单调重复性作业；

⑤合理设计作业空间，优化作业环境。

6. 人为差错

人为差错主要是由于意觉认识上的错误，判断过程中的错误，行为过程中的错误或者在异常状态下的错误行为造成的。为防止人为差错，从人的因素角度考虑，主要应避免疲劳、集中注意力、遵守操作规程，还应努力消除和减轻心理和生理上的压力。

（三）显示装置的设计

显示装置的形状、大小、分度、标记、空间布局、颜色、照明等因素，都必须使人能很好地接受信息并进行处理。

显示装置分为：视觉显示、听觉传示和触觉传递装置。

常用的显示装置有仪表、荧屏、信号灯、听觉报警器以及各种图形符号等。

1）仪表显示设计的基本原则；

2）荧屏显示器具有独特的优点；

3）信号灯和听觉报警器；

4）图形符号的应用。

（四）操作装置的设计

操作装置，按动力分，可分为手控、脚控、声控和光控等几类；

按运动特性分，可分为转动、平动、摆动和牵拉等几类；

按动能分，可分为开关控制、转换控制、调节控制和制动控制等几类。

操作装置的设计与选择，应遵循动作节约原则。

动作节约原则，一般认为由身体使用原则，工作面安排原则和设备与工具设计原则等三个方面组成。

1）关于身体使用原则。

2）关于工作面安排原则。

3）关于设备、工具的设计原则。

（五）作业空间与用具设计

作业空间的设计一般包括空间布置、座椅设计、工作台设计以及环境设计。

设计中应遵循以下原则：

1）作业空间设计必须从人的要求出发，保证人的安全与舒适方便。

2）根据人的作业要求，首先考虑总体布置，再考虑局部设计。

3）要处理好安全、经济、高效三者之间的关系，但应最大限度地减少操作者的不便和不适。

4）要把重要的设备、显示装置和操作装置布置在最佳的作业范围内。

5）设备布置要考虑到安全及人流、物流的合理组织。

6）要根据人的生理、心理特点来布置设备、工具等，尽量减少人的疲劳，提高效率。

7）作业面的布置，要考虑人的最佳作业姿势、操作动作及动作范围。

8）作业空间的布置，即作业面、显示装置、操作装置的布置应注意以下几点：

①按操作重要性原则布置；

②按使用顺序原则布置；

③按使用频率原则布置；

④按使用功能原则布置。

（六）作业环境

环境可分为直接环境和一般环境。

直接环境包括显示、操纵部分的形式、布局、局部照明和空间布置等，主要指人机界面上的一些情况。

一般环境因素主要指物理、化学等因素。

环境对机器的影响是多因素：如温度、湿度、腐蚀性气体和液体、易燃易爆物质、粉尘、振动和噪声等。为使机器能适应环境并可靠地工作，必须根据不同情况采取相应的防护措施。

环境对人的影响因素就更多，从性质上可分为：

1）物理因素；

2）化学因素；

3）生理因素；

4）心理因素；

5）生物因素；

6）其他还有社会心理因素。

根据作业环境对人体的影响和人体对环境适应程度，可分为四个区域。

1）最舒适区；

2）舒适区；

3）不舒适区；

4）不能忍受区。

四、石油化工装备的安全设计

石油化工装备的安全设计，应遵循生产设备安全设计准则及一般要求。但由于其特殊性，要特别强调强度、刚度、稳定性设计，安全泄放装置的设计，安全连锁装置及防护装置的设计。

（一）强度、刚度和稳定性设计

（二）安全泄放装置

1. 安全泄放装置与安全泄放量

（1）安全泄放装置的作用及其设置原则

①压力容器超压的可能性。

②安全泄放装置的作用。

③安全泄放装置的设置原则。

（2）安全泄放装置的类型及其特点

安全泄放装置按其结构可以分为阀型、断裂型、熔化型和组合型等几种。

①阀型安全泄放装置（安全阀）。

②断裂型安全泄放装置。

③熔化型安全泄放装置。

④组合型安全泄压装置。

（3）压力容器的安全泄放量

压力容器安全泄放量：是指压力容器在超压时为保证它的压力不再升高的单位时间内所必须泄放的气量。压力容器的安全泄放量应该是：容器在单位时间内由产生气体压力的设备（如压缩机、蒸汽锅炉等）所能输入的最大气量；或容器在受热时单位时间器内所能蒸发、分解的最大气量；或容器内部的工作介质发生化学反应，在单位时间内所能产生的最大气量。因此，对于各种不同的压力容器应该分别按不同的方法来确定其安全泄放量。

①气体（蒸汽）贮罐的安全泄放量；

②液化气体贮罐的安全泄放量；

③蒸发、反应容器的安全泄放量。

2. 安全阀

（1）安全阀的结构形式和工作原理

①弹簧式安全阀。

②杠杆式安全阀。

（2）安全阀的型号规格

安全阀的型号按统一的阀门型号编排顺序组成。主要性能参数：

a.公称压力，安全阀与容器的工作压力应相匹配。例如低压力安全阀常按压力范围分为 5 级，公称压力用"Pg"表示，例如 Pg4、Pg6、Pg10、Pg13、Pg16。

b.开启高度。是指安全阀开启时，阀芯离开阀座的最大高度。根据阀芯提升高度的不同，可将安全阀分为微启式（开启高度为阀座喉径 1/20 ～ 40）和全启式（开启高度为阀座喉径的 1/4 以上）二种。

c.安全阀的排放量。安全阀的排量一般都标记在它的铭牌上，要求排量不小于容器的安全泄放量。

（3）安全阀的选用与安装

①安全阀的选用应符合下述原则。

②安全阀的安装。

（4）安全阀的调整、维护和检验

①安全阀的调整。

②安全阀的维护。

③安全阀的定期检验。

3.爆破片

（1）爆破片的作用和适用范围

防爆片只用在不宜装设安全阀的压力容器上作为安全阀的一种代用装置。其装设一般应符合以下三种情况：

①容器内介质易于结晶聚合，或带有较多的黏性（或粉状）物质时；

②容器内的压力由于化学反应或其他原因可能迅猛上升时；

③容器内的介质为剧毒气体或不允许微量泄漏气体时；

（2）爆破片的结构形式

（3）爆破片的选用

选用爆破片时应注意标定爆破压力和泄放面积等事项。

①爆破片装置在指定温度下的标定的爆破压力，其值不应超过容器的设计压力，标定压力的允差应按有关标准规定或按设计要求；

②爆破片的泄放面积；

③爆破片的材料。

爆破片及其夹持器上都应有永久性标志，其内容包括：制造单位及许可证号、年月、制造批号、日期、型号、规格、材料、爆破压力、适用介质及使用温度、泄放容量。

（4）防爆帽

（5）安全阀与爆破片装置的组合

为适应不同操作条件的需要，安全阀与爆破片装置可以并联组合或串联组合使用，串联组合时又有爆破片在安全阀的进口侧或出口侧之分。

4. 安全连锁装置及防护装置设计

安全连锁装置的实质在于：执行操作 A 是执行操作 B 的前提条件，执行操作 B 是执行操作 C 的前提条件等等，其关系如下：

操作 A 执行→操作 B 执行→操作 C 执行……

前一操作可以是一个具体的操作，也可以是与生产工艺参数（如温度、压力等）联系的自动操作。

安全防护装置类型很多，如防护罩、防护屏、自动保险装置、跳闸安全装置、报警器、双手操纵装置、遥控装置、机械给料装置、机械手和工业机器人等。这里不再赘述。

5. 安全色标

安全色标是特定表达安全信息含义的颜色和标志。它以形象而醒目的信息语言向人们表达禁止、警告、指令、提示等安全信息。安全色标的应用并不涉及装备的实质性的设计内容，但正确地使用安全色标对石油化工装备的安全运行，对石油化工企业的安全生产均具有重要意义。

我国在 1982 年颁布了《安全色》（GB2893—82）和《安全标志》（GB2894—82）等国家标准，又在 1986 年公布了《安全色卡》（GB6527·1—86）及《安全色使用导则》，规定的安全色的颜色及其含义与国际标准草案中所规定的基本一致；安全标志的图形、种类及其含义与国际标准草案中所规定的也基本一致。

五、石油化工装备的安全管理

装备的安全管理应该贯穿于装备寿命周期的整个过程，即从设计、制造、安装、试车、运行、维修直至退役的整个过程。

（一）装备的设计管理

1. 石油化工装备设计的管理程序

2. 装备设计的基本要求

（1）满足生产性能要求；

（2）满足可靠性要求；

（3）满足维修性要求；

（4）满足经济性要求；

（5）满足操作安全要求

（6）满足其他要求；

（7）应遵守国家和引进的有关设计标准和规定。特别是锅炉、压力容器，必须遵守有关的法规，如《锅炉压力容器安全监察规程》、GB150《钢制压力容器》、GB151《钢制管壳式换热器》、GB12337《钢制球形储罐》、JB4710《钢制塔式容器》等。

（二）装备的制造管理

装备制造管理工作的主要内容包括：生产技术准备、外购外协件管理、生产计划的编制和执行、日程计划和调度、装配和调试，以及制造过程中的质量管理等等。

装备制造准备工作主要包括以下几个方面。

1）设计图纸的工艺分析与审查；

2）制定工艺方案；

3）编制工艺文件；

4）设计和制造工艺装备；

5）装备的制造工艺。

为保证石油化工装备的质量，必须严格遵守国家行业的有关标准和法规。如压力容器的制造应遵守 GB150《钢制压力容器》的有关规定，焊接则应遵守 JB4078《钢制压力容器焊接工艺评定》、JB4420《锅炉焊接工艺评定》、JB4709《钢制压力容器焊接工艺规程》及《锅炉压力容器焊工考试规则》等有关标准。

（三）装备的安装工程管理

1. 安装工程计划的编制

（1）编制安装计划的依据。

（2）计划编制程序及安装费用预算。

2. 安装计划的实施

（1）装备管理部门提出安装工程计划及安装作业进度表。

（2）装备的入库、出库、移装等按有关规定执行。

（3）工艺技术部门负责提供安装平面位置图；装备管理部门根据设计要求和有关规定负责提供基础图及施工技术要求；动力管理部门负责动力配套线和水、气等管网路图及施工技术要求；修建部门负责基础施工；装备管理部门安装技术人员及基础设计人员负责安装技术指导，并有责任对现场施工质量提出意见。

（4）装备安装部门负责安装工程的组织和协调工作，并具体实施装备搬运、定位、找平、配电及配水管、气管等工作（配管路、配电工作或由动力部门实施）。安装质量的验收由安装部门提出，会同装备管理部门（或调试单位）和使用部门共同进行。

（5）装备的调试一般装备的调试工作（包括清洗、检查、调整、试车）原则上由使用部门组织进行。精、大、稀、关装备及特殊情况下的调试由装备管理部门与工艺技术部门协同组织。自制装备由制造单位调试，设计、工艺、装备、使用部门参加。

（6）装备调试的辅助材料（包括油料、清洗剂、擦拭材料等）其费用可在装备安装费专项内支付，一般零星安装项目可在生产费用中摊销，辅料的领用由使用部门负责。

（7）装备安装计划的执行情况由装备管理部门会同生产部门进行检查。

3.装备安装工程的验收

（1）装备基础的施工验收由修建部门质量检查员会同土建施工员进行验收，填写施工验收单。基础的施工质量必须符合基础图和技术要求，符合《装备安装基础施工规范》。

（2）装备安装工程的最后验收在装备调试合格后进行，由装备管理部门及安装单位负责组织，检查部门、使用部门等有关人员参加，共同做出鉴定，填写有关施工质量、精度检验、试车运转记录等凭证和验收移交单。装备管理部门主管领导签"同意启用"，使用部门负责人签"同意接收"，方告竣工。

4.装备安装工程的费用管理

（四）装备的试车

试车工作一般可分为试车准备、模拟试车、投料试车与性能测试、报告确认等阶段。应该说明的是在整个过程中必须注重安全操作、安全检查、事故处理、局部整改等各项工作。

（五）装备使用初期管理

使用初期管理的内容主要有：

（1）装备初期使用中的调整试车，使其达到原设计预期的功能。

（2）操作工人使用维护的技术培训工作。

（3）对装备使用初期的运转状态变化观察、记录和分析处理。

（4）稳定生产、提高装备生产效率方面的改进措施。

（5）开展使用初期的信息管理，制定信息收集程序，做好初期故障的原始记录，填写设备初期使用鉴定书及调试记录等。

（6）使用部门要提供各项原始记录，包括实际开动台时、使用范围、使用条件；零部件损伤和失效记录；早期故障记录及其他原始记录。

（7）对典型故障和零部件失效情况进行研究，提出改善措施和对策。

（8）对装备原设计或制造上的缺陷提出合理化改进建议，采取改善性维修的措施。

（9）对使用初期的费用与效果进行技术经济分析，并做出评价。

（10）对使用初期所收集的信息进行分析处理。

（六）装备运行安全管理

装备经过试车和初期使用阶段，即进入运行阶段。在运行阶段，一般应注意以下几点：

1）定人定机制；

2）操作证管理制；

3）装备操作维护规程；

4）装备使用岗位责任制；

5）交接班制度。

（七）装备的维护

1.日常维护（日常保养）

（1）每班维护（每班保养）。

（2）周末维护（周末保养）。

2.定期维护（定期保养）

各类装备的定期维护一般包含定期检查的内容主要有：

（1）拆卸指定的部件、箱盖及防护罩等；彻底清洗装备的外部；检查及清洗装备的内部。

（2）检查、调整各部的配合间隙，紧固松动部位，更换已磨损的易损件。

（3）疏通油路；增添油量；清洗或更换滤油器、油毡、油线；更换冷却液；清洗冷却液箱。

（4）清洗导轨等滑动面；清除毛刺；修正划伤。

（5）清洁、检查、调整电器线路及装置（由维修电工负责）。

（6）排除故障，消除隐患。

通过定期维护后的装备，要求达到：

（1）内外清洁，呈现本色；

（2）油路畅通，油标明亮；

（3）操作灵活，运转正常。

3.使用维护上的特殊要求

（八）装备的检查

1.装备检查的分类

（1）日常检查

点检：点检内容一般以选择对产品产量、质量、成本以及对装备维修费用和安全卫生这五个方面会造成较大影响的部位为点检项目较为恰当。如：

①影响人身或装备安全的保护、保险装置。

②直接影响产品质量的部位。

③在运行过程中需要经常调整的部位。

④易于堵塞、污染的部位。

⑤易磨损、损坏的零部件。

⑥易老化、变质的零部件。

⑦需经常清洗和更换的零部件。

⑧应力特大的零部件。

⑨经常出现不正常现象的部位。

⑩运行参数、状况的指示装置。为便于检查，可以编制点检卡，标明检查项目内容、检查方法、判别标准、检查结果标记等。以作为检查的依据，并作为检查记录。

（2）定期检查

2.检查记录和报告

（1）装备运行期间的检查记录。

（2）装备停运期间的检查记录。

检查报告应根据有关检验规程或主管部门的规定，按照规定的格式填报。现以压力容器为例，国家劳动部《在用压力容器检验规程》中规定了《在用压力容器检验报告书》的统一格式。其中，对压力容器检查和检验包括以下15项报告内容：

（1）在用压力容器检验结论报告；

（2）在用压力容器原始资料审查报告；

（3）在用压力容器内外部表面检查报告及缺陷及缺陷部位图（报告附录）；

（4）在用压力容器壁厚测定报告；

（5）在用压力容器磁粉探伤报告及探伤部位图（报告附录）；

（6）在用压力容器渗透探伤报告及探伤部位图（报告附录）；

（7）在用压力容器射线探伤报告及探伤部位图（报告附录）；

（8）在用压力容器超声探伤报告及探伤部位图（报告附录）；

（9）在用压力容器化学成分分析报告；

（10）在用压力容器硬度测定报告；

（11）在用压力容器金相分析报告；

（12）在用压力容器安全附件检验报告（一）；

（13）在用压力容器安全附件检验报告（二）；

（14）在用压力容器耐压试验报告；

（15）在用压力容器气密性试验报告。

《在用压力容器检验规程》规定凡从事该规程范围内检验工作的检验单位和检验人员，应按劳动部颁发的《劳动部门锅炉压力容器检验机构资格认可规则》及《锅炉压力容器检验员资格鉴定考核规则》的要求，经过资格认可和鉴定的考核合格，方可从事允许范围内相应项目的检验工作。检验单位应保证检验（包括缺陷处理后的检验）质量，检验时应有详细记录，检验后应出具《在用压力容器检验报告书》。凡明确有检验员签字的检验报告书必须由持证检验员签字方为有效。

（九）装备的维修（检修）

1.检修的基本方式

检修主要有如下四种基本方式：

（1）事后维修（Breakdown Maintenance；简写为 BM）；

（2）预防维修（Preventive Maintenance；简写为 PM）；

（3）状态监测维修（Condition-based Maintenance；简写为 CBM）；

（4）无维修设计（Design-out Maintenance；简写为 DOM。）

根据以上的分析，可归纳为如下的直观结论：

①对劣化型故障的零部件来说，如更换容易，且维修费用低，最适用定期维修方式。

②对故障发生前有一个可以观测的状态发展过程的零部件来说，如更换难，且维修费用高，可采用监测维修。

③对维修费用很高的零部件，不管更换难易，都应考虑无维修设计。

④对不能或不必要进行预防维修或无维修设计的零部件，可采用事后维修方式。

⑤对频频发生故障的零部件，则需采用改善维修。

2. 现行检修体制

（1）大修理（简称大修），它是计划修理工作中工作量最大的一种修理。它以全面恢复装备工作能力为目标，由专业修理工人进行。

（2）中修理（简称中修），它是计划修理工作中工作量介于大修和小修之间的一种修理。在中修时，须进行部分解体。这种修理类别目前于基本上为项修所替代。

（3）项目修理（简称项修，又称针对性修理），它是根据装备的实际技术状态，对装备精度、性能达不到工艺要求的某些项目，按实际需要进行针对性的修理。

在我国，项修已经逐渐取代了中修，而且在某种程度上这可以代替大修。

（4）小修理（简称小修），它是计划修理工作中工作量最小的一种修理。

（5）年修理石油化工企业中，除某些装备仍需采用大、中（项）、小修外，其装置装备由于生产是每天 24 小时连续运行的，不允许稍或中断，不允许发生故障停机，也就是要求有高度的可靠性。因此，对这种系统的装置装备需要在连续运行一年（约 7 000 小时）进行一次年修理，称为装置停车大修理（简称年修理）。它是指对装置中的大部分主要装备同时进行大、中（项）修。其工作内容有：对装置中的大部分主要装备和管道进行全面清洗、吹灰、除垢、检查、检测及零部件修理或更换。

（6）定期检修它是根据日常点检和定期检查中发现问题，拆卸有关的零部件，进行检查、调整、更换或修复失效的零件，以恢复装备的正常功能。其工作内容介于二级保养与小修之间。由于比较切合实际，因此目前已逐渐取代二级保养与小修。

3. 检修的技术管理

检修技术管理工作包括：技术资料、质量标准、修后检验与服务等内容。

（1）装备检修的技术资料管理

装备的技术资料是搞好装备检修和制造工作的重要依据，因此加强技术资料的管理至关重要。装备维修用主要技术资料包括：装备说明书；装备维修图册；各动力站装备布置图；装备修理工艺规程；备件制造工艺规程；专用工、检、研具图；修理质量标准；装备试验规程；其他参考技术资料。

（2）检修质量标准

在制定装备大修理质量标准时应遵循以下原则：

①以出厂标准为基础。

②修后的装备性能和精度满足产品、工艺要求，并有足够的精度储备。

③对于整机有形磨损严重，或多次大修已难以修复到出厂精度标准的装备，可适当降低精度要求，但应能满足加工产品和工艺的要求。

④标准的内容主要包括，几何精度、工作精度、外观、空运转试验、负荷试验及安全环保等方面的技术要求规定。其中劳动安全和环境保护则须达到有关法规的标准。

（十）石油化工装备的报废与更新

（十一）压力容器的使用和管理

由于压力容器是一种特殊装备，因此其使用和管理也有其特殊要求，加强企业压力容器管理是确保企业安全生产的重要措施。

1.压力容器的管理内容

装备管理部门是压力容器的主管部门，其主要职责有：

（1）贯彻执行国家劳动总局颁发的《压力容器安全监察规程》；

（2）参加容器安装的验收及试运行工作；

（3）监督检查压力容器的运行、维修和安全装置的校验工作；

（4）根据容器的定期检查周期，组织编制年、季度检验计划，并负责组织实施；

（5）负责组织编制压力容器的维护检修规程和修理、改造、检验及报废等技术审查工作；

（6）负责压力容器的登记、编号、建档及技术资料的管理和统计报表工作；

（7）参加压力容器事故的调查、分析和上报工作，并提出处理意见和改进措施；

（8）负责组织检验人员、焊接人员、操作人员进行安全技术培训和技术考核。

2.压力容器的技术档案管理

技术档案管理是压力容器管理的基础工作，必须做到"齐全、及时、准确"。档案内容除制造厂提供的原始档案资料（包括设计资料、制造资料等）外，尚应包括：

（1）安装、复验、首检记录资料（首检资料一般由各主管局压力容器监督站提供）。安装单位在移交给使用单位验收时，应将设计、制造、首检、安装、复验等有关资料一并移交。

（2）容器使用记录应包括：①操作条件（压力、温度、介质特性等）；②操作条件的变更。如压力、温度的波动范围，间歇操作周期，工作介质特性的变化等；③开始使用日期，开停车日期，变更使用条件等；④压力容器的检查、修理记录。包括检验或修理的日期、内容、结果、水压试验记录，发现的缺陷以及处理情况等记录。

3.压力容器的安装、使用、维护和检修

压力容器的安装、使用、维护和检修除要做到一般装备的要求外，尚须做到以下各点：

（1）安装压力容器时应注意的事项

①无论是安装在室外或室内，压力容器的防火设施都应符合国家建筑设计及防火规范的要求；

②安装在室外的压力容器通风条件要好，同时还要考虑防日晒和防冰冻措施。安装在室内的容器，其房屋必须宽敞、明亮、干燥，并保持正常温度和良好的通风；

③室内务容器之间的距离不得小于0.75m，容器和柱之间的距离不得小于0.5m；

④居屋的室内标高决定于室内安装容器的高度及吊装要求高度，一般不应低于3.2m；

⑤室内放置的容器有可能形成燃烧爆炸气体时，电气装置应达到防爆要求，容器要可靠地接地；存放有毒气体容器的屋内，要有通风装置；有些特殊场所还要考虑万一发生介质渗漏的中和处理设施。

⑥对安放高压和超高压容器的房屋还应做到：用防火墙把它与生产厂房隔开；尽可能有采有轻质屋顶；同时装有几台容器的房屋，要根据容器容量将容器分别安设在用防火墙隔开的单间内，每台容器应有单独的基础，并且不要与墙柱及其他装备的基础相连。

（2）压力容器的合理使用

①操作人员必须严格执行容器安全操作规程。其操作规程应包括如下内容：a.要规定操作工艺指标，如最高工作压力，最高、最低工作温度等；b.规定操作方法，如开停车操作程序及注意事项等；c.应标明容器运行中的重点检查部位与项目，并说明容器在运行中可能出现的异常现象与处理方法；d.应标明间歇生产容器停用时检查的部位与项目；e.应规定定时、定点进行巡回检查的内容等。

②建立岗位责任制。操作人员应经过培训考试合格，才能上岗操作。操作人员必须熟悉本岗位压力容器的技术性能、结构原理、工艺指标以及可能发生事故和应采取的措施，熟悉工艺流程和管线上阀门及盲板的位置，避免发生误操作。

③加强巡回检查。应认真进行对安全阀、压力表及防爆膜等安全附件的巡回检查。

④应严格控制工艺参数，严禁超压超温运行，如容器承受压力或温度超过最高允许压力或温度时，应立即按操作规程规定的程序，采取紧急措施。

⑤容器在加载时，速度不宜过快。应尽量避免操作中频繁地大幅度的压力波动，力求平稳操作。

⑥尽量减少容器的开停次数。

（3）压力容器的维护

①采取有效措施，防止大气与介质对容器的腐蚀（如喷涂、电涂、涂层、衬里等），并经常检查，保证完好。

②容器上的安全装置（安全阀、卸压孔、压力表及防爆膜等）应保持清洁、完好、灵敏、准确、可靠、并定期进行检查和校验。

③采取有效的措施，防止容器和有关连接管道的"跑、冒、滴、漏"，一有问题，应立即消除。

④经常检查容器上紧固件，力求保持齐全、完整、紧固、可靠。

⑤发现有振动、摩擦现象，应及时采取措施排除或减轻。

⑥检查容器的静电接地情况，保证接地装置完整、良好。

⑦保持绝热层及保温层完好。

⑧停用、封存的容器也应定期进行维护。

（4）压力容器的检修

压力容器的检修应符合国家劳动部及有关部门的规定，严格按周期有计划地进行检验与检修，在进行检验与检修时应注意以下几点：

①容器内部有压力时，不得对任何受压元件进行任何修理或紧固作业。

②泄压、降温要按操作程序进行。只有在扫线置换中合格，发给并交出动火证后，才能进行检修工作。要切断一切与之连接的汽源与物料道路，尤其是易燃有毒气体的物料，必要时加设盲板严密封闭，以防阀门泄漏，造成事故。

③检修人员在进入容器检验或检修时，要有专人监护，并有联络信号。检验结束，要指定专人消除容器内的杂物，并及时进行封密（较大容器要有封塔封罐证）。

④容器修理或改造后，必须保证受压元件的原有强度和制造质量。在进行修补、开孔、更换筒体、焊接或热处理时，必须预先提出方案，经过校核验算，按技术规范和制造工艺要求提出正确的焊接工艺方法。经使单位主管容器技术人员同意，二、三类容器还应经本单位技术总负责人批准，三类容器还须报主管部门及同级劳动部门备案后，才能动工。

⑤容器如由本单位自行检修时，应派考试合格技术较好的焊工进行。如委托外单位施工，必须是经批准的施工单位并持有合格证的焊工才能进行修理。焊缝的质量十分重要，必须予以保证。

⑥不得在压力容器上任意开孔或加工改装。

⑦检修后要进行必要的检验和试验。

4.压力容器的定期检验

（1）定期检验的意义

压力容器在经过长期运行后，会产生下列情况：

①长期频繁地加压减压，或大幅度地压力波动，使材料中有缺陷的地方或应力集中的部位，会产生疲劳裂纹；

②由于设计不合理，如强度不够，应力大，或操作不当，超载运行等原因，使材料产生塑性变形；

③容器内的工作介质，很多是有腐蚀性的，材料受到各种腐蚀，使壁厚减薄（局部或均匀减薄），甚至导致材料的物理性能变化、机械性能下降，以致不能承受规定的工作压力；

④制成的容器可能由于材质或制造过程中的微小缺陷而在产品检验中未能发现，但会

在使用中逐渐扩大；

⑤长期处于高温高压下工作，使材料产生蠕变；

⑥由于结构材料焊接工艺不当或焊接质量低劣，造成焊缝附近的材料应力过大或晶格变粗，因而产生裂纹。

定期检验是在压力容器使用过程中，根据它的使用条件，每隔一定期限对它进行一次全面的技术检查，包括必要的试验，以便及早发现缺陷，采取措施，防止重大事故发生。

（2）定期检验的周期

压力容器的定期检验一般可分为外部检查、内外部检验和全面检验三种。检验是在容器停用期中进行的，其周期应根据容器的技术状况、使用条件和有关规定由使用单位结合具体情况自行确定。但每年至少进行一次外部检查，每三年至少进行一次内外部检验，每六年至少进行一次全面检验。

遇到下列情况时，定期检验间隔期应缩短：

①装有强烈腐蚀介质和运行中发现有严重缺陷时，每年至少进行一次内部检验；

②无法进行内部检验时，每三年进行一次耐压试验；

③使用期达 15 年后，每二年至少进行一次内外部检验；使用期达 20 年后，每年至少进行一次内外部检验，并据以确定全面检验的时间或能否继续使用；

④介质对容器材料的腐蚀情况不明，材料焊接性能差或制造时曾多次产生裂纹者，一般要求投产使用一年就应立即进行内部检验。对外部有保温层的压力容器进行全面检验时，应根据缺陷情况拆除保温层。

（3）外部检查内容

外部检查内容有：

①容器外表面有无腐蚀现象，铭牌是否完好；

②容器本体、接口部位、受压元件、焊接接头等有无裂纹、过热、变形、泄漏等不正常现象；

③容器的保温层、防腐层有否破损、脱落、潮湿、跑冷现象；

④检漏孔、信号孔有无漏液、漏气；检漏管是否畅通；

⑤与压力容器相邻的管道和构件有无异常振动、响声及互相摩擦现象；

⑥安全附件是否齐全、灵敏、可靠；

⑦紧固螺栓是否完好；基础有无下沉、倾斜、开裂；支承及支座有否损坏；

⑧排放（疏水、排污）装置是否畅通正常。

（4）内外部检验内容

内外部检验内容包括：

①外部检查的全部内容；

②进行结构检验。应重点检验下列各部位是否完好：筒体与封头的连接；方型孔、人孔、检查孔及其补强；角接、搭接以及布置不合理的焊缝；封头（端盖）；支座及支承；法兰盘；排污口。

③所有焊缝、封头过渡区或其他应力集中部位有无断裂或裂纹。对有怀疑的部位，应进行表面检查，如发现裂纹，应采用超声波或射线进一步抽查，抽查长度不小于焊缝总长的 20%。

④有衬里的容器，其衬里是否有凸起、开裂及其他损坏现象，如发现衬里有上述缺陷而可能影响容器本体时，应将该处衬里部分或全部拆除，并检查容器壳体是否有腐蚀或裂纹。

⑤通过检查，如发现容器内外表面有腐蚀等现象时，应对怀疑部位进行多处壁厚测定，测得的壁厚如小于所规定的最小壁厚时，应重新进行强度核算，并提出可否继续使用的意见和许用工作压力。

· ⑥容器内壁因受温度、压力、介质腐蚀作用，怀疑金属材料的金相组织有可能破坏时（如脱炭、应力腐蚀、晶间腐蚀、疲劳裂纹等），就应进行金相检验和表面硬度测定，并做出检验报告。

⑦对高压、超高压容器的主要紧固螺栓应逐个进行外形检查（螺纹、圆角过渡部位、长度等），并用磁粉或着色探伤检查有无裂纹。

（5）全面检验内容

全面检验内容包括：

①包括上述外部检查和内外部检验的全部内容。

②对主要焊缝进行无损探伤抽查，抽查长度不小于该焊缝长度的 20%。对高压、超高压的反应容器，应进行 100% 超声波探伤，必要时还需表面探伤。

③对设计压力 < 0.29MPa 且 Pw·V < 490MPa·L，其工作介质为非易燃或无毒的容器，如采用 10 倍以上放大镜检查或表面探伤，没有发现缺陷时，可不作射线或超声波探伤抽查。

④容器内外部检验合格后，按规定进行耐压试验。

（6）定期检验的方法

压力容器的定期检验可分为破坏性检验和非破坏性检验两大类，采用何种方法要根据生产情况、技术要求和有关标准确定。

（7）耐压试验和气密性试验

①耐压试验

耐压试验是指压力容器停机检验时，所进行的超过最高工作压力的液压试验。

有下列情况之一的压力容器。内外部检验合格后必须进行耐压试验。

a. 用焊接方法修理或更换主要受压元件的；

b. 改变使用条件且超过原设计参数的；

c. 更换衬里在重新换上衬里的；

d. 停止使用两年重新启用的；

e. 新安装的或移装的；

f. 无法进行内部检验的；

g. 使用单位对压力容器的安全性能有怀疑的。

②气密性试验

有的容器不能进行水压试验，一般由气密试验代替。如：容积特大的容器；容器基础不能承受容器充水后的总重量；不宜充水的容器（如隔热层衬里容器等）。

六、石油化工设备的检测

无损检测是保证石油化工设备质量的有效检测的方法。常用的无损检测方法有：

（一）超声波检测

超声波检测，属于反射波检测法，即根据反射波的强弱和传播时间来判断缺陷的大小和位置的。

（1）超声波厚度计。

高温压电测厚仪。

电磁式声波发射器（EMAT），可用于高温在线检测。可以用到 650℃。

（2）超声波缺陷探测仪。

超声波缺陷控测仪通常是用于探测焊接的裂纹。

（二）射线检测

射线检测，属透射波检测法，即射线经过工件时会产生衰减，而当遇到缺陷时，衰减量就发生变化，因而引起底片感光程度的不同，根据底片感光的程度即可判断缺陷的情况。

x 射线是用电的方式产生电子束撞击金属靶，则由金属靶发射出 x 射线。通过改变电能输入和靶的材料可以调节其强度和能量水平。

γ 射线是由放射线单体同位素的衰减而获得。其放射性强度和能量在一定范围内，通过单体同位素的选择和初始活性浓度而改变。所选择的同位素的放射性强度决定其应用的范围，且在任何时间周期都固定不变。同位素的强度不断在衰减，衰减的速率取决于同位素。γ 射线源通常携带十分方便。

x 射线及 γ 射线设备使用时都要求有特殊安全规程。人过度暴露于两种射线中会使健康受到损害。

（三）声发射检测

通过接收和分析材料的声发射信号来评定材料性能或结构完整性的无损检测方法。材料中因裂缝扩展、塑性变形或相变等引起应变能快速释放而产生的应力波现象称为声发射。1950 年联邦德国 J.凯泽对金属中的声发射现象进行了系统的研究。1964 年美国首先将声发射检测技术应用于火箭发动机壳体的质量检验并取得成功。此后，声发射检测方法获得迅速发展。

1.简介

声发射是指伴随固体材料在断裂时释放储存的能量产生弹性波的现象。利用接收声发射信号研究材料、动态评价结构的完整性称为声发射检测技术。

声发射技术是 1950 年由德国人凯泽（J.Kaiser）开始研究的，1964 年美国应用于检验产品质量，从此获得迅速发展。声发射检测的基本原理见图。材料的范性形变、马氏体相变、裂纹扩展、应力腐蚀以及焊接过程产生裂纹和飞溅等，都有声发射现象，检测到声发射信号，就可以连续监视材料内部变化的整个过程。因此，声发射检测是一种动态无损检测方法。

2.检测仪器

声发射检测仪器分单通道和多通道两种。单通道声发射仪比较简单，主要用于实验室材料试验。

多通道声发射仪是大型声发射检测仪器，有很多个检测通道，可以确定声发射源位置，根据来自各个声源的声发射信号强度，判断声源的活动性，实时评价大型构件的安全性。主要用于大型构件的现场试验。

3.声发射技术应用

声发射技术的应用已较广泛。可以用声发射鉴定不同范性变形的类型，研究断裂过程并区分断裂方式，检测出小于 0.01mm 长的裂纹扩展，研究应力腐蚀断裂和氢脆，检测马氏体相变，评价表面化学热处理渗层的脆性，以及监视焊后裂纹产生和扩展等等。

在工业生产中，声发射技术已用于压力容器、锅炉、管道和火箭发动机壳体等大型构件的水压检验，评定缺陷的危险性等级，做出实时报警。在生产过程中，用声发射技术可以连续监视高压容器、核反应堆容器和海底采油装置等构件的完整性。

声发射技术还应用于测量固体火箭发动机火药的燃烧速度和研究燃烧过程，检测渗漏，研究岩石的断裂，监视矿井的崩塌，并预报矿井的安全性。

4.声发射技术特点

声发射法适用于实时动态监控检测，且只显示和记录扩展的缺陷，这意味着与缺陷尺寸无关。而是显示正在扩展的最危险缺陷。这样，应用声发射检验方法时可以对缺陷不按尺寸分类，而按其危险程度分类。

按这样分类，构件在承载时可能出现工件中应力较小的部位尺寸大的缺陷不划为危险缺陷，而应力集中的部位按规范和标准要求允许存在的缺陷因扩展而被判为危险缺陷。

1.声发射法的这一特点原则上可以按新的方式确定缺陷的危险性。因此，在压力管道、压力容器、起重机械等产品的荷载试验工程中，若使用声发射检测仪器进行实时监控检测，既可弥补常规无损检测方法的不足，也可提高试验的安全性和可靠性。同时利用分析软件可对以后的运行安全做出评估。

2.AET 技术对扩展的缺陷具有很高的灵敏度。其灵敏度大大高于其他方法，例如，声发射法能在工作条件下检测出零点几毫米数量级的裂纹增量，而传统的无损检测方法则无法实现。

3.声发射法的特点是整体性。用一个或若干个固定安装在物体表面上的声发射传感器可以检验整个物体。缺陷定位时不需要使传感器在被检物体表面扫描（而是利用软件分析获得），因此，检验及其结果与表面状态和加工质量无关。假如难以接触被检物体表面或不可能完全接触时，整体性特别有用。例如：绝热管道、容器、蜗壳；埋入地下的物体和形状复杂的构件；检验大型的和较长物体的焊缝时（如：桥机梁、高架门机等），这种特性更明显。

4.声发射法一个重要特性是能进行不同工艺过程和材料性能及状态变化过程的检测。声发射法还提供了讨论有关物体材料的应力—应变状态的变化。所以，AET 技术是探测焊接接头焊后延迟裂纹的一种理想手段。同样，象引水压力钢管的凑合节环焊缝，由于拘束度很大，在焊后冷却过程中，焊接造成的拉应力和冷缩产生的拉应力，可能会使应力集中系数较大的缺陷（如：未融合、不规则的夹渣、咬边等）萌生裂纹，这是不允许存在的。为了找出和避免这种隐患，用 AET 监测也是比较理想的手段。

5.对于大多数无损检测方法来说，缺陷的形状和大小、所处位置和方向都是很重要的，因为这些缺陷特性参数直接关系到缺陷漏检率。而对声发射法来说，缺陷所处位置和方向并不重要，换句话说，缺陷所处位置和方向并不影响声发射的检测效果。

6.声发射法受材料的性能和组织的影响要小些。例如：材料的不均匀性对射线照相和超声波检测影响很大，而对声发射法则无关紧要。因此，声发射法的适用范围较宽（按材料）。例如，可以成功地用以检测复合材料，而用其他无损检测方法则很困难或者不可能。

7.使用声发射法比较简单，现场声发射检测监控与试验同步进行，不会因使用了声发射检测而延长试验工期。检测费用也较低，特别是对于大型构件整体检测，其检测费用远低于射线或超声检测费用。且可以实时地进行检测和结果评定。

（四）磁粉检测

应用磁粉检测应按以下步骤进行：

（1）待检测的表面要用硬钢丝刷刷洗或用喷砂的方法全面清洗，除去油泥，清理干净。

（2）诱发磁场。

（3）施加磁粉。

（4）轻轻吹去多余的粉末。

（五）着色渗透检测

着色渗透检测可以检测非磁性材料的表面缺陷，从而对磁粉检测不能检测非磁性材料，提供了一项补充的手段。

着色渗透检测方法是这样的：先将工件的表面清洗干净。待干燥后，用刷涂或喷涂的方法把渗透剂涂到表面上，使染料渗透到缺陷里，大约 5min 后，将多余的染料用水或用溶剂洗去。接着在其表面上喷一层白垩滑石显色剂。显色剂一接触上，就干燥成白色，裂纹等缺陷很快就显示出来。也可用一种干的显色剂，通过其吸附性能和毛细管作用，显色剂把渗透到缺陷里的染料抽吸出来，即可显示出表面缺陷的范围和大小。如果没缺陷，则什么也不会发生，最后将部件上的显色剂清洗掉，准备使用。工件的表面越接近38℃，显色剂的作用就越快。然而，如果表面超过120℃，显色剂就可能蒸发，而得不到令人满意的效果。不过，目前已有新型的渗透剂材料可以成功地用于288℃。

（六）荧光检测

荧光检测方法是这样进行的：先将工件的表面清洗干净，用布擦干，再把荧光渗透剂喷到表面上，使其渗透5～30min，视需检测的缺陷类型而定。然后用清洁剂来除去表面的荧光渗透剂，再用布擦干。涂上薄薄一层显色剂，待显色片刻后，用高强度的紫外线照射，表面缺陷即可通过闪光的荧光渗透剂显示出。裂纹以荧光线条显示出；气孔等类似缺陷以荧光的彩色斑点显示出。

（七）电磁检测

用电磁检测的方法可以确定工件材料的性能及存在的缺陷。这类检测仪器一般可分为磁感应型及涡流型。

我国石油化工厂目前应用的GWH-1型涡流测厚仪是由武汉材料保护研究所与湖北化肥厂研制成功的，主要用于无损检测大型尿素装置高压换热器不锈钢管束和管壁厚度。它可以快速、准确、全面无损地测量每根管子的壁厚。其壁厚的误差为 ±0.05mm。探头移动速度可为10～30m/min，其全部功率为105W。

（八）红外热像检测

红外热像检测方法主要是通过测量设备及部件不同温度的红外线辐射量显示其温度的。

红外热像检测方法特别适用于以下目标的测量。

（1）高温无法靠近的部件，如加热炉的耐火砖、炉膛的温度的测量。

（2）工艺设备、管线的表面温度，如催化裂化装置反应器、再生器及油气管线大面积的表面温度，球缸的聚氨酯保温层、蒸汽、烟道气等热力管道的保温状况的检测。

（3）电力系统，如高压电力输送电缆、瓷屏、接口的温度，三相电路不平衡的负载，开关及断路器过松和腐蚀，很难接触表面的电线绕组以及变电站、电容器及其他设备的过热检测。

（4）运动中的部件，如转动轴、变速箱及轴承等温度的检测。

（5）泄漏检测，如热态介质安全阀、蒸汽管道疏水器的检漏。

（6）换热器的效率检测等。

（九）频闪检测

频闪就是在一个电器的屏幕里看另一种电器的屏幕，另一种电器的屏幕会有一条亮线从屏幕的底部推移到顶部，又从底部出现。这样无穷下去，给我们的感觉就是图像在闪烁。绝对意义上的无频闪实际是不可能的，中国行业标准对合格产品的频闪要求是3 125Hz。

显示器的显示原理。我们在显示器上所看到的动态图像，其实是由一幅幅静态图像组成的，相邻两幅图像之间略有差别。每一幅图像称为一帧，显示极短时间后切换成下一帧。在两帧之间的过渡是全黑，时间极短，但可以为显示下一幅图像作好充分准备。由于人的眼睛有视觉暂留现象，看到的图像不会立即消失，所以看到的各帧是连贯的。

有一种显示器叫 CRT，是"阴极射线显示器"，工作原理是这样的，利用高温的电子发生装置（称为电子枪）发射大量电子束，利用强磁场来控制电子束的偏转，以轰击荧屏而产生亮点。图像处理装置告诉强磁场，哪些点应当发光，哪些点不发光。

如前所述，动态画面是由一系列略有差别的帧组成的。在显示一帧时，不是一下子完全显示整幅图像，而是由电子枪按照一定的路径逐个扫射荧屏点的。一般是一行一行地扫下来。显示过程是这样的，先全黑短暂时间，再一行一行扫射下来，直到所有行都被扫射到，一帧图像显示完成，然后再全黑，为显示下一幅图像做好准备。所以在某个时刻，可能一帧图像刚刚结束，也可能才刚刚开始，也可能显示了一半，还有可能是全黑。

摄像机也是一幅一幅静态图像拍摄的，各帧之间差别很小。极短时间内的变化可能拍摄不下来，我们可以把它想象为一台高速照相机。

电脑的显示器一秒钟能显示 60 幅以上的图像（这种能力称为刷新率），这里假定为70，而摄像机一般是每秒 24 帧。就是说，在摄像机完成一幅图像的拍摄过程中，电脑已经完成了数帧显示。假设在电脑开始新帧的时刻摄像机开始拍摄第一幅图像，那么 1/24秒后，电脑显示了 70/24=3-2/24 帧，即三帧还差一点点。根据上面的介绍我们可以知道，电脑显示器还有下面几行没有扫射完成，即下面几行还是黑的，而上面已经发光，于是上面的发光了三次，下面只发光了两次，这就造成显示出来的图像上面亮下面暗，有一条界线，上部亮下部暗，就在 22/24 处。再过 22/24 秒，这条界线就会往上面再推移 2/22，推移到顶部后又从底部出现。这样无穷下去，给我们的感觉就是图像在闪烁。可以推知，当刷新率是 69 甚至是 68 里，闪烁会变得严重。

频闪的根本原因就是两种电器的刷新频率不同。对于很多无频闪的"护眼台灯"，通常情况下我们肉眼无法检测是否有"频闪"，但是我们可以巧妙地使用手机进行检测，也就是打开手机的摄像头对准 LED 灯具，如果出现高频率的闪烁的话，就证明这款 LED 灯具可能存在严重的"频闪"问题。

（十）激光检测

激光检测技术应用十分广泛，如激光干涉测长、激光测距、激光测振、激光测速、激光散斑测量、激光准直、激光全息、激光扫描、激光跟踪、激光光谱分析等都显示了激光测量的巨大优越性。激光外差干涉是纳米测量的重要技术。激光测量是一种非接触式测量，不影响被测物体的运动，精度高、测量范围大、检测时间短，具有很高的空间分辨率。

1. 测距原理

先由激光二极管对准目标发射激光脉冲。经目标反射后激光向各方向散射。部分散射光返回到传感器接收器，被光学系统接收后成像到雪崩光电二极管上。雪崩光电二极管是一种内部具有放大功能的光学传感器，因此它能检测极其微弱的光信号。记录并处理从光脉冲发出到返回被接收所经历的时间，即可测定目标距离。激光传感器必须极其精确地测定传输时间，因为光速太快。如，光速约为 $3 \times 10^8 m/s$，要想使分辨率达到 1mm，则测距传感器的电子电路必须能分辨出以下极短的时间：0.001m（$3 \times 10^8 m/s$）=3ps 要分辨出 3ps 的时间，这是对电子技术提出的过高要求，实现起来造价太高。但是如今的激光传感器巧妙地避开了这一障碍，利用一种简单的统计学原理，即平均法则实现了 1mm 的分辨率，并且能保证响应速度。远距离激光测距仪在工作时向目标射出一束很细的激光，由光电元件接收目标反射的激光束，计时器测定激光束从发射到接收的时间，计算出从观测者到目标的距离；LED 白光测速仪成像在仪表内部集成电路芯片 CCD 上，CCD 芯片性能稳定，工作寿命长，且基本不受工作环境和温度的影响。因此，LED 白光测速仪测量精度有保证，性能稳定可靠。

2. 测位移原理

激光发射器通过镜头将可见红色激光射向被测物体表面，经物体反射的激光通过接收器镜头，被内部的 CCD 线性相机接收，根据不同的距离，CCD 线性相机可以在不同的角度下"看见"这个光点。根据这个角度及已知的激光和相机之间的距离，数字信号处理器就能计算出传感器和被测物体之间的距离。同时，光束在接收元件的位置通过模拟和数字电路处理，并通过微处理器分析，计算出相应的输出值，并在用户设定的模拟量窗口内，按比例输出标准数据信号。如果使用开关量输出，则在设定的窗口内导通，窗口之外截止。另外，模拟量与开关量输出可独立设置检测窗口。

（十一）振动监测

对旋转设备而言，绝大多数故障都是与机械运动或振动相密切联系的，振动检测具有直接、实时和故障类型覆盖范围广的特点。因此，振动检测是针对旋转设备的各种预测性维修技术中的核心部分，其他预测性维修技术：如红外热像、油液分析、电气诊断等则是振动检测技术的有效补充。

1. 简介

在振动预测性维修项目中，不仅是帮助掌握相关软硬件设备的使用，更重要的是，有足够的能力和丰富的经验去帮助客户有效地掌握振动分析技术。当然，也可以委托专业的人员来进行振动数据的采集和分析，不需要为拥有振动检测系统而进行固定资产投入和雇佣这方面的专业人员，减少因人员变动对预测性维修项目的影响风险。他们可以承接临时性的振动检测与故障诊断服务合同，也可以与客户签订长期的外包服务合同。

2. 概述

振动监测这一名词国外早在 50 多年前就已经提出，但由于当时测试技术和振动监测诊断故障特征知识的不足，所以这项技术在 20 世纪 70 年代前都未有明显发展。国内提出振动监测也有 30 多年的历史，由于国内设备机组振动的特殊性，因而在振动监测故障诊断方法、故障机理的研究方面，具有独特的见解。经过 50 多年的现场故障诊断的实践，在机组振动故障特征方面积累了丰富的知识和经验，对其中许多故障的生成和产生振动的机理，都做了长期、深入的研究。纠正了传统的误解。在诊断思维模式方面，提出了正向推理，彻底扭转了振动监测故障原因难以查明的局面。若采用正向推理，诊断机组振动故障准确率一般都可达 80% 以上。

振动监测故障诊断就目前来分，可分为在线诊断和离线诊断。前者是对运行状态下的机组振动故障原因做出线条的诊断，以便运行人员做出纠正性操作，防止事故扩大。因此，在线诊断在诊断时间上要求相对比较紧迫，目前采用计算机实现，故又称为自动专家诊断系统。系统的核心是专家经验，但是如何将分散的专家经验进行系统化和条理化，变成计算机的语言，是目前国内外许多专家正在研究的一个技术问题，因此不能将这种诊断系统误解为能完全替代振动专家。即使到来，也是诊断专家设计和制造诊断系统，为缺乏振动知识和经验的运行人员服务，而不是诊断系统替代振动专家。

振动监测离线诊断是为了消除振动故障而进行的诊断，这种诊断在时间要求上不那么紧迫，可以将振动信号、数据拿出现成，进行仔细的分析、讨论或模拟实验，因此称它为振动监测离线诊断。离线诊断在故障诊断深入程度上要比在线诊断具体的多，因此难度也较大。

振动监测离线故障诊断技术包括诊断思维方法、振动故障范围及其特征（包括数据处理）和机理。但一般所说的故障诊断技术主要是指故障特征和机理，对于故障诊断思维方式和故障范围的研究，目前还未能引起应有的关注。

3. 定义

可通过对机器或结构在工作状态振动的下状态监测，对机器或结构可进行故障诊断、环境控制、等级评定；测量机器或结构的受迫振动获得被测对象的动态性能：固有频率、阻尼、响应、模态等信息，找出薄弱环节，通过改进设计提高其抗震能力，或通过隔振处理改善机械的工作环境和性能。

（十二）铁谱分析检测

铁谱分析是一种借助磁力将油液中的金属颗粒分离出来，并对这些颗粒进行分析的技术。铁谱分析仪主要有两种类型：一种是直读铁谱仪，一种是分析铁谱仪，其中分析铁谱仪又可分为直线式铁谱仪和旋转式铁谱仪两种。

1. 简介

铁谱分析是一种借助磁力将油液中的金属颗粒分离出来，并对这些颗粒进行分析的技术。铁谱分析仪主要有两种类型：一种是直读铁谱仪，一种是分析铁谱仪，其中分析铁谱仪又可分为直线式铁谱仪和旋转式铁谱仪两种。直读铁谱仪依据颗粒的沉积位置不同，将磨损颗粒大致区分为大颗粒和小颗粒，其读数分别以 D_l 和 D_s 表示，但这种区分缺乏严格的物理意义，如果实验数量多，其趋势线可以反映零件磨损的变化。

2.原理

分析铁谱主要是借助高倍显微镜来观察磨损颗粒的材料（颜色不同）、尺寸、特征和数量，从而分析零件的磨损状态。分析铁谱也是一种强烈依赖个人经验的技术，结论的正确与否与分析者的个人经验关系极大，这也是这项技术仍在推广之中的原因之一。

3.方法

方法比其他诊断方法，如振动法、性能参数法等能更加早期地预报机器的异常状态，证明了这种方法在应用上的优越性。因此尽管这种方法出现较晚，但发展非常迅速，应用范围日益扩大，已成为机械故障诊断技术中举足轻重的方法了。

4.磨损颗粒

利用分析铁谱技术，可将磨损颗粒分为以下几种：

（1）粘着擦伤磨损颗粒；

（2）疲劳磨损颗粒；

（3）切削磨损颗粒；

（4）有色金属颗粒；

（5）污染杂质颗粒；

（6）腐蚀磨损颗粒。

由于不同的磨损颗粒代表不同的磨损类型，因此很容易从磨损颗粒的特征看出设备的主要磨损类型。除了要分析磨损颗粒的特征外，还必须分析磨损颗粒的尺寸和数量，只有这样，才能正确地判断设备的磨损状态。

5.技术特点

（1）由于能从油样中沉淀 $1 \sim 250\mu m$ 尺寸范围内的磨粒并进行检测，且该范围内磨粒最能反映机器的磨损特征，所以可及时准确的判断机器的磨损变化。

（2）可以直接观察、研究油样中沉淀磨粒的形态、大小和其他特征，掌握摩擦表面磨损状态，从而确定磨损类型。

（3）可以通过磨粒成分的分析和识别，判断不正常磨损发生的部位，铁谱仪比光谱仪价廉，可适用于不同机器设备。

（十三）泄漏检测

石油化工厂常用的泄漏检测方法有：水压或气压试验检测泄漏；超声和声发射仪器辅助确定泄漏；示踪气体探测器探测泄漏以及化学指示剂显示泄漏等等。

（1）水压或气压试验检测泄漏。

（2）超声和声发射器辅助确定泄漏。

（3）示踪气体探测泄漏。示踪气体探测泄漏是利用示踪气体探测仪器采用卤素或氢气等示踪气体探测泄漏的一种十分有效的方法。

需要引起注意的是：在卤素会引起破坏的地方不应用卤素探测的方法。如果卤素滞留在有水气的地方，就会引起腐蚀或应力腐蚀开裂，需视所接触的合金材料而定。

（4）化学指示剂检测泄漏。化学指示剂检漏常以气体的形式来应用。常用的有两种：一种化学指示剂是用来对试验装置充装或加压；另一种化学指示剂则是用作显示剂或探测剂。一种经常使用的化学指示剂是氨和二氧化硫的化合物。氨和二氧化硫通常均有不可见的蒸气。当二者彼此化合时，它们就会产生一种可辨别、易检测的白色蒸气。

（十四）设备监测诊断系统

运用现代电子、信息工程和多学科技术成果开发出的设备状态监测、故障诊断技术为预知设备劣化趋势，探测深层次故障和隐患，从而为实现状态监测维修提供了可能。

（十五）压力试验和致密性试验

1.压力试验

容器制成后必须进行压力试验。压力试验一般采用液压试验。对于不适合做液压试验的容器，如由于结构不能充满液体的容器，可以采用气压试验。

（1）气压试验

在进行气压试验时，应有安全措施。该措施应经试验单位总负责人批准，并经本单位安全部门检测监督。试验用的气体应为干燥、洁净的空气、氮气或其他惰性气体。

①试验压力 P_T：

a. 对内压容器：

取两者中的较大值。

式中：P——设计压力，MPa；$[\sigma]$——试验温度下的材料许有应力，MPa；$[\sigma]t$——设计温度下的材料许用应力，MPa。

当 $[\sigma]/[\sigma]t > 1.8$ 时，按 1.8 计算。

b. 对于外压容器：

$P_T = 1.25P$MPa

式中：P—设计外压力，MPa。

②试验温度：对于碳素钢和低合金钢，介质温度应大于 15℃；对其他钢种，介质温度按图样规定。

（2）液压试验

①液压试验压力 P_T：

a. 内压容器：

取二式中较大值，式中符号意义同前。

$[\sigma]/[\sigma]t > 1.8$ 时，按 1.8 计算，

b. 外压容器和真空容器：

$P_T = 1.25P$MPa

式中：P—设计外压力，MPa。

c.夹套容器；

d.直立容器：若卧置试压，应在计算值上加液柱静压力。

②试验温度；

③试验液体；

④液压试验工艺流程。

（3）对作压力试验的容器，必须对压力试验时的应力进行校核。

2.致密性试验

致密性试验可用气密性试验和煤油渗漏试验等方法进行。

（1）气密性试验；

（2）煤油渗漏试验。

七、典型石油化工装备事故分析

（一）压力容器事故技术分析

压力容器事故的原因，一般来说往往是多方面的，因此，必须认真检查现场，仔细调查事故的经过和设备情况，认真进行技术检验和鉴定，做出综合分析，确定事故原因。

1.事故现场检查

（1）容器本体的破裂情况检查容器本体的破裂情况是事故现场检查最主要的内容。

（2）安全装置的完好情况容器发生事故后，在初步检查安全阀、压力表、温度测量仪表后，再拆卸下来进行详细检查，以确定是否超压或超温运行。

（3）现场破坏及人员伤亡情况

2.事故过程的调查

（1）事故发生前的运行情况。

（2）事故发生经过。

（3）对容器设计、制造情况的调查。

（4）技术检验和鉴定工作。

3.容器钢材的分析

（1）化学成分检查。

（2）机械性能测定。

（3）金相检查。

（4）工艺性能试验。

4.容器断口分析

（1）断口的搜集及其保护、保存。

（2）断口宏观分析。金属的拉伸断口，一般有三个区域组成，即：纤维区、放射区和剪切唇。据观察这三个区域在整个断口所占有的断面积，大体上可确定其断裂类型。

（3）断口的微观分析。韧性断裂形成的断口叫作韧性断口。

5.综合分析

（1）爆炸事故性质及过程的判断

①容器在工作压力下破裂即容器在工作压力下的应力超过了材料的屈服极限、强度极限或工作应力低于屈服极限两种情况，后者称为低应力破坏。

②容器超压发生破裂。容器超压爆炸往往是指容器内的压力或夹套压力较多的超过工作压力而发生的物理性爆炸。

③容器内化学反应爆炸。容器内化学反应爆炸是指发生不正常的化学反应，使气体体积增加或温度剧烈增高致使压力急剧升高导致的容器破裂。

④容器破裂后的二次空间爆炸。容器破裂后的二次空间爆炸，是指盛装易燃介质的容器在其破裂后，器内逸出的易燃介质与空气混合后，在爆炸极限范围内又发生的第二次爆炸。

（2）破裂形式的鉴别及其事故预防

①韧性破裂

a.破裂容器发生明显变形

b.断口呈暗灰色纤维状

c.容器一般不是碎裂

d.容器实际爆破压力接近计算爆破压力

要防止压力容器发生韧性破裂事故，关键在于保证容器在任何情况下受压元件的应力要低于器壁材料的屈服极限，为此应该做到：

②脆性破裂

a.容器没有明显的伸长变形

b.裂口齐平、断口呈金属光泽的结晶状

c.容器常破裂成碎块

d.破坏时的实际应力较低

e.破坏多数在温度较低的情况下发生

从大量的压力容器脆性破裂事故的分析可以看出，造成脆断的主要因素是材料的韧性低。容器物件中焊缝残余应力和工作应力的叠加，使实际应力超过材料的屈服极限；按断裂力学观点，在较大残余应力条件下，裂纹附近的应力强度因子大于材料的断裂韧性时，将导致容器的脆性破裂。因此，容器制造过程中，如冷加工变形、组装过程中，尤其是焊接中应尽力减少残余应力和消除残余应力的热处理，都是防止脆性断裂的重要措施。这里要说明的是，必须加强对容器制造过程中的检验，应按规定的探伤标准进行，探伤过程中应有足够的灵敏度，以发现和消除裂纹缺陷，防止先天不足；容器投产后，要加强定期检验工作，及时发现裂纹，防止裂纹扩展后的脆性断裂。

③疲劳破裂

是在反复的交变载荷的作用下出现的金属疲劳破坏。一类是通常所说的疲劳，它是在应力较低，交变颜率较高的情况下发生的；另一类是低周疲劳，它是在应力较高（一般接近或高于材料的屈服极限）而应力交变频率较低（如 102 ~ 105 次之间）的情况下发生。

容器疲劳破裂的特征有：

a. 没有明显的塑性变形

b. 破裂断口存在两个区域

c. 容器常因开裂泄漏失效

d. 疲劳裂纹的产生比脆性断裂要慢得多。

④腐蚀破裂：压力容器腐蚀破裂形式有均匀腐蚀和点腐蚀、应力腐蚀和疲劳腐蚀等。其中最危险的是应力腐蚀破裂。

应力腐蚀的破裂是由于腐蚀介质和拉伸应力及其造成应力腐蚀环境，导致应力腐蚀裂纹及其扩展破裂。应力腐蚀裂纹可以是沿晶界分布的，也可是穿晶分布的，或兼有沿晶界开裂，穿晶开裂两种特征的混合型裂纹。应力腐蚀破裂的容器应力往往低于材料强度极限下发生。应力腐蚀的断裂面一般是与主应力相垂直。常见的应力腐蚀形式及其特征有：

a. 钢制容器的氢脆

b. 钢制容器的碱脆

c. 氯离子引起的奥氏体不锈钢制容器的应力腐蚀断裂

d. 疲劳腐蚀

⑤蠕变破裂在高温下工作的压力容器，若金属发生蠕变，在应力的作用下，严重时导致蠕变破裂。

压力容器的蠕变破裂原因：错用碳钢来代替抗蠕变性能好的合金钢，某些钢材长期在高温作用下发生金相组织变化，如晶粒长大、再结晶、碳化物和氮化物以及合金组成的沉淀、钢的石墨化等；结构不合理，使容器的部分区域产生过热；操作不正常，维护不当，致使容器局部过热等。

（二）上报和处理事故的一般要求

（1）容器发生爆炸或重大事故造成人员伤亡时，单位领导要参加事故调查，按《锅炉压力容器事故报告办法》及"三不放过"的原则，应立即（用电报和电话等方式）上报企业主管部门，将事故情况、原因及改进措施书面报告当地劳动部门，对一般事故则应组织有关人员进行分析，采取适当的改进措施。

（2）填报事故原因时按以下原则分类：

①设计制造类事故；

②使用管理类事故；

③安全附件不全、不灵造成的事故；

④安装、改造、检修质量不好以及其他方面引起的事故。

（3）凡发生爆炸事故或重大事故的单位，在事故调查处理结案后一周之内，向地（州）、市劳动局报送《锅炉压力容器事故报告书》一式四份，同时应附事故照片。

（4）凡涉及追究行政、经济或刑事责任的事故，还应将事故报告书分别报送有关部门。

（5）从事故发生之日算起，一个月之内应调查处理结案。由于情况特殊，在一个月之内不能结案的，由发生事故的单位向当地劳动部门申述延报原因。

第四节　石油化工控制系统概论

一、石油化工过程控制及其发展

（一）过程控制系统的发展历史

1940 年—1950 年单回路 PID 控制系统开发，开始有单元控制室；

1950 年—1960 年信号变送与开发，在线分析仪的应用，电子单元控制回路开始应用；

1960 年—1970 年控制室开始紧凑化，数字计算机控制，可编程逻辑控制器开始应用，高密度单回路控制器的应用；

1970 年—1980 年中央控制室、电子化仪表，改进仪表供电系统 CRT 操作的分散控制开始应用，微处理器引起测量仪表装置的革命；

1980 年—1990 年数字计算机控制广泛使用，出现相关的复杂数字仪表装置，复杂的测量装置更加可靠，生产过程优化控制。

单回路控制系统是由一个检测变送器、一个调节器、一个执行器和被控对象所组成的反馈控制系统。

石化工业的特点是连续大生产，特别强调安全、稳定、长期、满负荷、优化的运行。随着生产装置的大型化、复杂化，过程控制在生产上占有的地位日趋重要。多年来，我国石化工业也努力采用先进的电子技术改造传统生产方法，积极开发投资少、见效快、经济效益好的微机过程控制项目。例如催化裂化监控系统、常减压控制系统、加热炉低氧燃烧控制、油品调和的离线调优等。同时在一些工艺复杂、效益较高、管理有一定基础的关键生产装置上采用 DCS。

随着过程控制的迅猛发展，自动讯号、连锁和保护系统则更为重要。

催化裂化装置工艺复杂、操作参数多，保持好两器的压力平衡和催化剂的正常循环很重要。与此有紧密关联的主风机—烟气能量回收机组和富气压缩机机组也是安全生产的关键。如果出现任何可能破坏两器的压力平衡和催化剂循环的异常情况，不仅使生产操作难于维持，如果处理不及时或处理不当，还可能发生恶性事故。为了及时处理操作中的意外情况。防止生产设备遭受严重破坏或把事故区域隔离开来，在一些重要的操作环节、重要的工艺参数和设备上都装有自动连锁系统装置，它是保障安全生产和设备安全的最后紧急措施，一般不以轻易动作，但要求在动作时必须快速可靠。

1.自动报警装置

当操作出现异常情况时，为了使操作工人能及时发现并引起注意，做到及时故障，避免事故发生，对生产过程中主要工艺参数和设备运行状态有报警系统。催化裂化装置常用报警装置有灯光和音响，一般配合使用效果较好。

2.自动保护装置

自动保护装置一般有以下几种：

（1）自动切断反应器进料和通入事故蒸汽。

（2）自动切断两器，关闭各单动滑阀，停止两器之间的流化。

（3）自动切断能源，中断电、汽、燃料的供给。

（4）各种调节阀门、挡板的最大开度和最小开度，可根据装置操作安全规定，保持应有值。

（5）连锁是为了避免不正确的操作程序发生，如果程序错了就会进一步扩大事故。

二、安全检测仪器与安全保护系统

（一）安全检测仪器

安全检测的任务就是依靠新的科学知识、新的科学技术、新型的检测仪器仪表，采用现代化的管理方法，杜绝和预防暴露和潜在的不安全因素，做到防患于未然，从而创造良好的劳动条件，实现安全生产。

1.可燃性气体检测报警装置

常用的检测报警器可分为两大类：一类是便携式检测报警器；另一类是多点固定式检测报警装置。

便携式检测报警器只有一个可燃性气体传感器，并与报警器装在一起，体积小，重量轻，便于携带，可随时用来检测生产装置及环境中有无可燃性气体泄漏。

多点固定式检测报警装置的型号有多种，功能也不尽相同，有的只是电子电路检测，有声、光报警功能；有的是采用单片机和微机检测控制的。

2. 静电检测仪表

常用静电检测仪表：

测量对象	仪表名称	仪表原理	测量范围	使用场所	特点	备注
电压	QV 型静电电压表	利用静电作用力使张丝偏转	数十伏到十万伏（但同一台仪器范围小）	实验室现场	仪器与被测对象接触，宜测取导体上的电位，工频电流也可用	受空气温度及测量系统电容等影响，会产生一定误差
	静电电压表	利用静电感应，经过直流放大指示读数	数十伏到数万伏	实验室现场	体积小、非接触式测量	
电压	静电电压表	利用静电感应，先经传动机构变成交流信号，然后指示读数	数十伏到数万伏	实验室现场	体积小、非接触式测量	
	集电式静电电压表	利用放射性元素电离空气，改变空气绝缘电阻	数十伏到数万伏	实验室现场	体积小、非接触式测量	
电阻	GY 型高阻表	用振动电容器将直流		实验室现场	耗电小、体积小、操作方便	可测导电地面电阻
高绝缘电阻	ZC 型振动电容式超高阻计	微弱信号变成交流信号后放大并指示		实验室	宜用于固体介质高绝缘测量	可测量的微电流
微电流	AC 型复射式检流计	线圈的作用力矩使张丝偏转	<1.5x	实验室		
电容	QS–18A 型万能电桥	电桥原理	数皮法到数十微法	实验室现场	携带式	仪表种类较多
电荷	法拉第筒或法拉第笼	测取法拉第筒的电容及电位	较宽	实验室	设备容易筹备	按 Q=CV 计算

3. 噪声检测仪器

工业噪声常用检测仪器有声级计、频率分析仪和磁带录音机等。

4. 有毒物质检测

作业环境有毒物质检测方法：

物质名称	捕集方法	采样器材	分析方法	定量下限（g/mL）
硫化氢	液体吸收采样 直接采样	气体检测管 小型气体吸收管 气体采样袋，真空取气瓶	比色分光光度法"次甲基蓝法" 气相色谱法"火焰光度检测器"	1.0ppm0.5ppm 0.2 0.5ppm/g
氟化氢	液体吸收采样	小型冲击吸收管 大型气泡吸收管	比色分光光度法"茜素络合物法" 氟离子选择电极法	0.03 2
二硫化碳	液体吸收采样 固体吸附采样 直接采样	小型气体吸收管 硅胶管 气体采样袋，真空取气瓶	比色分光光度"二乙基二" 比色分光光度计"硫脲酸" 气相色谱法"火焰光度检测器"	0.3 0.5 0.5ppm/2ml（g）
丙酮	液体吸收采样 直接采样 固体吸附采样	小型气体吸收管 气体采样袋，真空取气瓶 硅胶管	比色分光光度法"水杨醛法" 气相色谱法 气相色谱法	0.5 1ppm/2ml（g） 2.0
汞	液体吸收采样 液体吸收采样 固体吸附采样	小型冲击吸收管 一般冲击吸收管（2支串联） 金棉	比色分光光度法"二硫腙—氯仿法" 原子吸收分析法"还原汽化法" 原子吸收分析法"加热气人法"	0.2 0.005
氰化钾	液体吸收采样	小型冲击式吸收管	比色分光光度法"吡啶—吡唑啉酮法"	0.04 "CN"
氯化氢	液体吸收采样	小型冲击式吸收管	比色分光光度法"吡啶—吡唑啉酮法"	0.05
苯	液体吸收采样 直接采样 固体吸附采样	小型冲击式吸收管 气袋采样，真空取气瓶 硅胶管	气相色谱法 气相色谱法	0.1 1ppm/2（g） 1
铅	滤膜采样 滤膜采样 滤膜采样	玻璃纤维滤纸 玻璃纤维滤纸 玻璃纤维滤纸	比色分光光度法"双硫宗—氯仿法" 极谱法 原子吸收分析法"直接法或DDTC–MIBK萃法"	0.22～0.6 2

续 表

物质名称	捕集方法	采样器材	分析方法	定量下限（g/mL）
溴甲烷	直接采样 液体吸收采样	气体采样袋 鼓泡式吸收管（2支串联）	气相色谱法 比色分光光度法"硫氰酸亚汞法"	5ppm/mL（g） 2
三氧化二砷	滤膜采样 滤膜采样	玻璃纤维滤纸 玻璃纤维滤纸	钼蓝法 原子吸收分析法	0.02 1.0025
四氯化碳	液体吸收采样 固体吸附采样 固体吸附采样	小型气体吸收管 硅胶管 活性炭管	比色分光光度法"吡啶法" 气相色谱法 气相色谱法	0.4 5.0 20.2
甲醇	液体吸收采样 直接采样 固体吸附采样	小型气体吸收管 真空取气瓶 硅胶管	比色分光光度法"铬变酸法" 气相色谱法 气相色谱法	0.1 1ppm/2ml 5.0
正乙烷	直接采样 固体吸附采样 固体吸附采样	气体采样袋，真空取气瓶 硅胶管 活性炭管	气相色谱法 气相色谱法 气相色谱法	0.1ppm/2mL（g） 0.5 0.6
甲苯	液体吸收采样 直接采样 固体吸附采样	气体采样管、真空取气瓶 硅胶管	比色分光光度法"硫酸甲醛法" 气相色谱法 气相色谱法	1.0 1ppm/2mL（g） 4-0
三氧乙烯	液体吸收采样 直接采样 固体吸附采样	小型气体吸收管 气体采样袋，真空取气瓶 硅胶管	比色分光光度法"吡啶法"气相色谱法 气相色谱法	0.5 1ppm/2mL（g） 8.0

有毒物质分析测定仪器使用比较：

有毒物质	库仑计	离子选择电极	紫外可见分光光度计	红外分光光度计	比色计	质谱分析仪	气相色谱	红外气体分析器	导电仪	比色式气体分析计	其他气体分析计	气体检测管	环境污染分析专用仪	电位差滴定计
硫化氢 H	不用	不用	最适用	不用	最适用	适用	适用	不用	不用	不用	不用	最适用	最适用	不用
二氧化硫 SO	不用	适用	适用	适用	适用	适用	适用	最适用	最适用	不用	最适用	最适用	最适用	不用
二硫化碳	不用	不用	最适用	适用	最适用	适用	最适用	不用	不用	不用	适用	适用	不用	不用

续　表

有毒物质	库仑计	离子选择电极	紫外可见分光光度计	红外分光光度计	比色计	质谱分析仪	气相色谱	红外气体分析器	导电仪	比色式气体分析计	其他气体分析计	气体检测管	环境污染分析专用仪	电位差滴定计
氨	不用	不用	最适用	适用	最适用	适用	适用	最适用	最适用	不用	不用	最适用	最适用	适用
氰化氢	不用	不用	最适用	适用	最适用	适用	适用	适用	适用	不用	不用	最适用	不用	适用
二氧化氮		不用	最适用	适用	最适用	适用	适用	不用	适用	最适用	不用	适用	最适用	不用
氮氧化物	最适用	最适用	最适用	适用	最适用	不用	不用	最适用	适用	最适用	不用	适用	最适用	不用
一氧化碳	不用	不用	不用	适用	不用	不用	最适用	最适用	不用	不用	不用	最适用	最适用	不用
二氧化碳	不用	不用	不用	适用	不用	不用	适用	最适用	不用	不用	不用	适用	适用	不用
汽油脂肪烃	不用	不用	不用	不用	不用	不用	适用	不用	不用	适用	不用	适用	不用	不用
己烷	不用	不用	不用	适用	不用	适用	适用	不用	不用	不用	不用	适用	不用	不用
苯	不用	不用	最适用	适用	最适用	适用	最适用	不用	不用	不用	不用	最适用	不用	不用
氯化氢	不用	适用	最适用	适用	最适用	适用	适用	不用	最适用	不用	不用	适用	最适用	适用
苯酚	不用	不用	最适用	适用	最适用	适用	适用	不用	不用	不用	最适用	不用	不用	不用
氟	不用	不用	最适用	不用	最适用	适用	不用	不用	适用	不用	不用	适用	最适用	不用
氟化氢	不用	适用	最适用	适用	最适用	适用	不用	不用	不用	不用	不用	适用	最适用	不用
溴化氢	不用	最适用	最适用	适用	最适用	适用	不用	不用	不用	不用	不用	不用	不用	适用
氯	不用	不用	最适用	不用	最适用	适用	适用	不用	不用	最适用	不用	最适用	最适用	不用
磷化氢	适用	不用	最适用	不用	最适用	适用	最适用	适用	适用	适用	不用	最适用	不用	不用
臭氧	不用	不用	适用	不用	不用	不用	不用	不用	适用	不用	适用	适用	适用	不用
甲苯	不用	不用	适用	适用	适用	适用	适用	不用	不用	不用	不用	适用	不用	不用
甲醇	不用	不用	适用	适用	适用	适用	适用	不用	不用	不用	不用	适用	不用	不用
丙酮	不用	不用	适用	适用	适用	适用	不用	不用	不用	不用	不用	适用	不用	不用
四氯化碳	不用	不用	不用	适用	不用	适用	不用	不用	适用	不用	不用	不用	不用	不用
丙烯腈	不用	不用	适用	适用	适用	适用	不用	不用	不用	不用	不用	不用	不用	不用
吡啶	不用	不用	最适用	适用	最适用	适用	最适用	不用	不用	不用	不用	不用	不用	不用

5.放射性监测

放射性监测就是对放射性工作场所、环境和从事放射性工作的人员所受剂量的监测；从而估价可能对从事放射性工作人员和周围人群造成的危害的程度，一遍采取防护措施，保证从事放射工作人员和周围人群的安全。

放射性监测仪器的用途分为4类：个人计量计；外照射剂量测量仪；表面污染测量仪；其他测量样品放射性活度等仪器。使用时可根据实际监测需要选择合适的测量及个人剂量计。

6.粉尘浓度的测定方法

粉尘浓度的测定事实上是指抽取一定体积的含尘空气，将粉尘阻留在已知质量的滤膜上，由采样后滤膜的增量，求出单位体积空气中粉尘的质量（mg/m^3）

7.电磁辐射监测

（1）超高频辐射的测试方法。

（2）微波辐射测试方法。

（3）电磁辐射监测。

（二）连锁保护系统

连锁保护系统是一种能够按照规定的条件或程序来控制有关设备的制动操作系统。连锁保护的目的大致包括两个方面：

1.由于工艺参数越限而引起联锁保护

当生产过程出现异常情况或发生故障时，按照一定的规律和要求，对个别或者一部分设备进行自动操作，从而使生产过程转入正常运行或安全状态，达到消除异常、防止事故的目的，这一类联锁往往跟信号报警系统结合在一起。根据联锁保护的范围，可以分为整个机组的停车联锁（全部停车）、部分装置的停车联锁（局部停车）以及改变机组运行方式的联锁保护。根据参加联锁的工艺参数的数目，可以分为单参数联锁和多参数联锁。

2.设备本身正常运转或者设备之间正常联络所必需的联锁

在生产过程中，不少设备的开、停车及正常运转都必须在一定的条件下进行，或者遵守一定的操作程序。在设备之间也往往存在着互相联系、互相制约的关系，必须按照一定的条件或者程序来自动控制。通过联锁，不但能够实现上述要求，而且可以简化操作步骤，避免误操作。

3.紧急停车系统

紧急停车系统ESD（Emergency Shut Down），是对生产装置可能发生的危险或不采取措施将继续恶化的状态进行响应和保护，使生产装置进入一个预定义的安全停车工况，从而使危险降低到可以接受的最低程度，以保证人员、设备、生产和装置或工厂周边社区的安全。

三、信息安全技术概论

（一）计算机安全

1.计算机安全定义

计算机安全是指计算机资产安全，即计算机信息系统资源和信息资源不受自然和人为有害因素的威胁和危害。具体含义有四层：（1）系统设备及相关设施，运行正常，系统服务适时；（2）软件（包括操作系统软件、数据库管理软件、网络软件、应用软件及相关资料）完整；（3）系统拥有的和产生的数据或信息完整、有效、使用合法、不被破坏或泄露；（4）系统资源和信息资源使用合法。

2.计算机安全的条件（分不同层次或角度）

就某个系统的安全管理角度讲：第一是实体安全管理；第二是行政安全管理；第三是信息安全管理；第四是系统存取控制；第五是安全审核。这五个方面最重要和最基本的是实体安全管理、行政安全管理和系统存取控制。三者的关系是：实体安全管理是基础，行政安全管理是关键（做好有关计算机工作人员的工作），存取控制技术是保障。

3.软件安全

（1）密码加密。

（2）磁盘加密。

（3）软件狗加密。

（4）扩展卡加密。

4.数据库安全

数据库也是一种计算机软件系统，它和一般的软件系统一样，有着安全保密问题。为什么我们要对它的安全保密问题（包括完整性问题）特别关注呢？主要原因可以归纳为以下几点：

（1）一方面在数据库中存放着大量的数据，这些数据从其重要程度以及保密级别来讲可以分成好几类；另一方面这些数据由许多由户共享，而这些用户又有着各种不同的职责和权利。因此，从安全保密的角度来讲，必须限制数据库的用户，使他们能够得到不是整个数据库中的数据，而只是一些他们所必需的，与他们权利相适应的数据。

（2）由于数据库具有数据共享的特性，因此必须更严格地控制用户修改数据库中的数据，以免因为一个用户地未经许可的情况下修改了数据，而对其他用户的工作造成不良的影响。

（3）在数据库中，数据的更新都是在原地进行的，因此新值一产生，旧值就被破坏了，而且几乎没有冗余的数据来帮助重新恢复原来的值。这一点和传统的数据操作是大不相同的，那时一般都保留着数据的副本。因此，现在我们必须有一套全新的数据恢复技术，保证在系统或者程序出现故障后能够重新恢复数据库。

（4）数据库是联工作的，这可以支持多个用户同时进行存取，因此，有必要采取措施来防止由此引起的破坏数据库完整性的问题。

四、电气安全技术概论

1. 电气安全技术的基本内容和概念

电气安全工程是一项综合性科学，既有电气安全工程技术的一面，又有组织管理的一面，彼此相辅相成，关系十分密切。我们仅从安全技术的角度出发，研究各种电气事故及其预防措施；同时也研究如何用电气作为手段，创造安全的工作环境和劳动保护条件。电气事故不仅指触电事故，也包括电压（工频过电压、操作过电压和雷击）、有关电气火灾和爆炸等危及人身安全的电路故障。电气安全的技术措施是随着科学技术和生产技术的发展而发展的。当前，石化基本的安全通用技术主要指绝缘防护、屏障防护、安全间距防护、接地接零保护、漏电保护、电气闭锁和自动控制等内容。这些安全技术是防止直接电击或间接电体，常采取绝缘防护、屏障防护和安全间距防护；为了防止触及意外带电的导体，常采取保护接地、保护接零和等化对地电位等措施。随着自动控制技术和电子计算机在电气方面的广泛应用，为防止触电和其他电气事故提供了新的防护技术措施。这些措施，不论是什么行业，不论周围环境如何，不论是什么电气设备，都应当充分考虑到；同时也必须满足采用这些技术措施的要求。

2. 绝缘防护

电气设备和线路都是由导电部分和绝缘部分组成的。良好的绝缘能保证设备正常运行和人不会接触到带电部分。绝缘水平应根据电气设备和线路的电压等级来选择，并能适应周围的环境和运行条件。

（1）绝缘破坏。

（2）绝缘指标和绝缘测定。

①电工材料和电器的绝缘电阻指标及测量。

②电工材料和电器的耐压试验和泄漏电流的测量。

3. 屏障防护和安全间距防护

屏障防护和安全间距防护都是防止人触及或接近带电体时遭受电击危害所采取的安全措施。

4. 电气设备和设施的保护接地与保护接零

（1）接地的基本概念

接地是指把电气设备的某一部分通过接地装置同大地紧密连接在一起。按不同用途，接地可分为正常接地和事故接地两类。事故接地是指带电体与大地与之间发生意外连接；正常接地又有工作接地和安全接地之分。工作接地是指利用大地作导线的接地和维持系统安全运行的接地；安全接地是指防触电的保护接地、防雷接地、防静电接地和屏蔽接地等。接地电阻是接地体流散电阻与接地装置电阻的总和。当电流通过接地体流入大地时，接地体处具有最高的电压，离开地体电压逐渐下降；离开接地体半径约 20m 处（简单接地体）电压降为零。由此而形成接触电压和跨步电压。

所谓接地，就是把电气设备某一部分通过接地线同大地（非冻土）作良好的电气连接。

（2）保护接零的基本原理及应用范围。

保护接零就是把电气设备在正常情况下不带电的金属部分与电网的零线作电气连接，以避免人体出现触电。

（3）保护接地和保护接零的配合和计算。

（4）保护接地和保护接零的安全要求。

五、静电及其防治

1. 静电的定义和危害

（1）静电的定义

所谓静电，就是一种处于静止状态的电荷或者说不流动的电荷（流动的电荷就形成了电流）。当电荷聚集在某个物体上或表面时就形成了静电，而电荷分为正电荷和负电荷两种，也就是说静电现象也分为两种即正静电和负静电。当正电荷聚集在某个物体上时就形成了正静电，当负电荷聚集在某个物体上时就形成了负静电，但无论是正静电还是负静电，当带静电物体接触零电位物体（接地物体）或与其有电位差的物体时都会发生电荷转移，就是我们日常见到火花放电现象。例如北方冬天天气干燥，人体容易带上静电，当接触他人或金属导电体时就会出现放电现象。人会有触电的针刺感，夜间能看到火花，这是化纤衣物与人体摩擦人体带上正静电的原因。（有基本物理知识我们就知道橡胶棒与毛皮摩擦，橡胶棒带负电，毛皮带正电）。

静电并不是静止的电，是宏观上暂时停留在某处的电。人在地毯或沙发上立起时，人体电压也可高 1 万多伏，而橡胶和塑料薄膜行业的静电更是可高达 10 多万伏。

物质都是由分子构成，分子是由原子构成，原子由带负电荷的电子和带正电荷的质子构成。在正常状况下，一个原子的质子数与电子数量相同，正负平衡，所以对外表现出不带电的现象。但是电子环绕于原子核周围，一经外力即脱离轨道，离开原来的原子 A 而侵入其他的原子 B，A 原子因减少电子数而带有正电现象，称为阳离子；B 原子因增加电子数而呈带负电现象，称为阴离子。造成不平衡电子分布的原因即是电子受外力而脱离轨道，这个外力包含各种能量（如动能、位能、热能、化学能等）在日常生活中，任何两个不同材质的物体接触后再分离，即可产生静电。当两个不同的物体相互接触时就会使得一个物体失去一些电荷如电子转移到另一个物体使其带正电，而另一个物体得到一些剩余电子的物体而带负电。

若在分离的过程中电荷难以中和，电荷就会积累使物体带上静电。所以物体与其他物体接触后分离就会带上静电。通常在从一个物体上剥离一张塑料薄膜时就是一种典型的"接触分离"起电，在日常生活中脱衣服产生的静电也是"接触分离"起电。固体、液体甚至气体都会因接触分离而带上静电。这是因为气体也是由分子、原子组成，当空气流动时分子、原子也会发生"接触分离"而起电。我们都知道摩擦起电而很少听说接触起电。实质上摩擦起电是一种接触又分离的造成正负电荷不平衡的过程。摩擦是一个不断接触与分离的过程。因此摩擦起电实质上是接触分离起电。在日常生活，各类物体都可能由于移动或摩擦而产生静电。另一种常见的起电是感应起电。当带电物体接近不带电物体时会在不带电的导体的两端分别感应出负电和正电。

（2）静电的危害

静电的危害很多，它的第一种危害来源于带电体的互相作用。在飞机机体与空气、水气、灰尘等微粒摩擦时会使飞机带电，如果不采取措施，将会严重干扰飞机无线电设备的正常工作；在印刷厂里，纸页之间的静电会使纸页黏合在一起，难以分开，给印刷带来麻烦；在制药厂里，由于静电吸引尘埃，会使药品达不到标准的纯度；在放电视时荧屏表面的静电容易吸附灰尘和油污，形成一层尘埃的薄膜，使图像的清晰程度和亮度降低；就在混纺衣服上常见而又不易拍掉的灰尘，也是静电捣的鬼。静电的第二大危害，是有可能因静电火花点燃某些易燃物体而发生爆炸。漆黑的夜晚，人们脱尼龙、毛料衣服时，会发出火花和"叭叭"的响声，这对人体基本无害。但在手术台上，电火花会引起麻醉剂的爆炸，伤害医生和病人；在煤矿，则会引起瓦斯爆炸，会导致工人死伤，矿井报废。总之，静电危害起因于用电力和静电火花，静电危害中最严重的静电放电引起可燃物的起火和爆炸。人们常说，防患于未然，防止产生静电的措施一般都是降低流速和流量，改造起电强烈的工艺环节，采用起电较少的设备材料等。最简单又最可靠的办法是用导线把设备接地，这样可以把电荷引入大地，避免静电积累。细心的乘客大概会发现；在飞机的两侧翼尖及飞机的尾部都装有放电刷，飞机着陆时，为了防止乘客下飞机时被电击，飞机起落架上大都使用特制的接地轮胎或接地线；以泄放掉飞机在空中所产生的静电荷。我们还经常看到油罐车的尾部拖一条铁链，这就是车的接地线。适当增加工作环境的湿度，让电荷随时放出，也可以有效地消除静电。潮湿的天气里不容易做好静电试验，就是这个道理。科研人员研究的抗静电剂，则能很好地消除绝缘体内部的静电。然而，任何事物都有两面性。对于静电这一隐蔽的捣蛋鬼。只要摸透了它的脾气，扬长避短，也能让它为人类服务。比如，静电印花、静电喷涂、静电植绒、静电除尘和静电分选技术等，已在工业生产和生活中得到广泛应用。静电也开始在淡化海水、喷洒农药、人工降雨、低温冷冻等许多方面大显身手，甚至在宇宙飞船上也安装有静电加料器等静电装置。

静电的累积不可避免。静电严重时会灼伤人的皮肤，各种电器电磁波和有害射线超量时会干扰人的内分泌系统。随着人民生活水平的提高，以及环保防护意识的增强，防静电金属布的应用范围也日益扩大，防静电金属布的服装如职业装、工装、防护服日见普及，防静电金属布也因此异军突起，成为面料市场上的明星产品。最新市场动态显示，许多发达国家的防静电布已经用于家纺用品领域，例如床上盖的、铺的、垫的都用上了防静电金属布。需求量十分庞大，订单不断。但是，生产厂家要有三个条件：第一，产品要达到进口商的指标要求。第二，后处理要过关。第三，要在宽幅织机上织造。以日本、欧洲的订单居多。国内北方市场也有了一定销量。毫无疑问，防静电金属布的市场前景十分广阔。

1）火花放电

2）伤害人体

3）妨碍生产

2.静电危害的消除

（1）静电导致火灾爆炸的条件

①具备产生静电电荷的条件。

②具备产生火花放电的电压。

③有能引起火花放电的合适间隙。

④产生的电火花要有足够的能量。

⑤在放电间隙及周围环境中有易燃易爆混合物。

上述 5 个条件必须同时具备，方会造成火灾爆炸危害，若只要消除了其中之一，就可以达到防止静电引起燃烧爆炸危害的目的。

（2）消除静电的基本途径

①工艺控制法。

②泄漏导走法。

③中和电荷法。

④封闭削尖法。

⑤人体防静电。

第五节　石油化工经济安全概论

一、安全经济学概论

（一）主要概念

1.安全经济学

安全经济学是研究事故在经济上可能造成的损失以及获得最大可能的安全保证的经济评价的一门学科。安全经济学根据研究对象的不同分为狭义的安全经济学和广义的安全经济学。狭义的安全经济学是研究工业生产和交通运输中的事故损失，研究预防、控制措施，最大限度地减少事故损失的经济评价的经济学科；广义的安全经济学是研究环境、社会、国家及精神等方面不安全因素的经济损失及其影响，以及最大限度保证安全的措施的经济评价的经济学科。

2.最优安全投资

最优安全投资是指在一定条件下以最少的资金投入取得最大的经济效益。

3.净现值法

净现值法是一种根据净效益评价方案优劣的方法，它把安全措施方案所需的费用及其产生的收益，都按照一定收益率折算为现值来比较、评价。

4.内部收益率法

内部收益率法是通过计算安全措施方案内部收益率，并与基准收益率相比较的经济评价方法。所谓内部收益率，是指各计算期内收益现值与费用现值之差累计等于零时的收益率。

5.费用—收益比法

费用—收益比法是以单位安全投资获得收益多少来评价安全措施方案的方法，多用于两种以上安全措施方案的比较选优。

6.投资回收期法

投资回收期法是按安全措施方案投资回收期长短来评价方案优劣的方法。所谓投资回收期，是指方案实施后收益抵偿全部投资所需的时间。

（二）主要内容要点

1.国内外对伤亡事故直接经济损失和间接经济损失的划分

（1）国外对伤亡事故直接经济损失和间接经济损失的划分

在国外，特别在西方国家，伤害的赔偿主要由保险公司承担。于是，把由保险公司支付的费用定义为直接经济损失，而把其他由企业承担的经济损失定义为间接经济损失。

美国的海因里希规定，伤亡事故的间接经济损失包括以下内容：

①受伤害者的时间损失。

②其他人员由于好奇、同情、救助等引起的时间损失。

③工长、监督人员和其他管理人员的时间损失。

④医疗救护人员等不由保险公司支付酬金人员的时间损失。

⑤机械设备、工具、材料及其他财产损失。

⑥生产受到事故的影响而不能按期交货的罚金等损失。

⑦按职工福利制度所支付经费。

⑧负伤者返回岗位后，由于工作能力降低而造成的工作损失，以及照付原工资的损失。

⑨为进行事故调查，付给监督人员和有关工人的费用。

⑩其他损失。

（2）我国对伤亡事故直接经济损失和间接经济损失的划分

《企业职工伤亡事故经济损失统计标准》（GB6721-86）把因事故造成人身伤亡及善后处理所支出的费用，以及被毁坏的财产的价值规定为直接经济损失；把因事故导致的产值减少、资源的破坏和受事故影响而造成的其他损失规定为间接经济损失。

伤亡事故直接经济损失包括以下内容：

①人身伤亡后支出费用，其中包括：医疗费用（含护理费用）；丧葬及抚恤费用；补助及救济费用；歇工工资。

②善后处理费用，其中包括：处理事故的事务性费用；现场抢救费用；清理现场费用；事故罚款及赔偿费用。

③财产损失价值，其中包括：固定资产损失价值；流动资产损失价值。

伤亡事故间接经济损失包括以下内容：

②工作损失价值。

③资源损失价值。

④处理环境污染的费用。

⑤补充新职工的培训费用。

⑥其他费用。

（3）伤亡事故直接经济损失与间接经济损失的比例

海因里希通过对 5 000 余起伤亡事故经济损失统计分析，得出直接经济损失与间接经济损失的比例为 1∶4 的结论。即伤亡事故的总经济损失为直接经济损失的 5 倍。这一结论至今仍被国际劳联（ILO）所采用，作为估算各国伤亡事故经济损失的依据。

由于国内外对伤亡事故直接经济损失和间接经济损失划分不同，直接经济损失与间接经济损失的比例也不同。我国规定的直接经济损失项目中，包含了一些在国外属于间接经济损失的内容。一般来说，我国的伤亡事故直接经济损失占的比例应该较国外的大。目前，在所我国就这一问题的研究刚刚开始。根据对少数企业伤亡事故经济损失资料的统计，直接经济损失与间接经济损失的比例约为 1∶1.2～1∶2 之间。

2.伤亡事故经济损失计算方法

伤亡事故经济损失可由直接经济损失与间接经济损失之和求出。

（1）海因里希算法

这种计算方法主要用于宏观地估算一个国家或地区的伤亡事故经济损失。

（2）西蒙兹算法

西蒙兹把死亡事故和永久性全失能伤害事故的经济损失单独计算。然后，把其他的事故划分为 4 级：

①暂时性全失能和永久性部分失能伤害事故。

②暂时性部分失能和需要到企业外就医的伤害的事故。

③在企业内治疗的、损失工作时间在 8 小时之内的伤害的事故，以及与之相当的 20

美元以内的物质损失事故。

④相当于损失工作时间 8 小时以上价值的物质损失事故。

根据实际数据统计出各级事故的平均间接经济损失后，按下式计算各级事故的总经济损失：

由于该算法按不同级别事故发生次数，平均间接经济损失来考虑，其计算结果较海因里希算法的结果准确，因而在美国被广泛采用。

（3）辛克莱算法

该计算方法与西蒙兹算法类似，其不同之处主要在于辛克莱（Sinclair）把伤亡事故划分为死亡、严重伤害和其他伤害事故三级。首先，计算出每级事故的直接经济损失和间接经济损失的平均值，然后，按各级事故发生频率和事故平均经济损失计算每起事故的平均经济损失。

（4）斯奇巴算法

斯奇巴把经济损失划分国固定经济损失和可变经济损失两部分，分别计算各部分损失的基本损失后，以修正系数的形式考虑其余的损失。

（5）直接计算法

该计算方法以保险公司提供的保险等待期为标准，把伤亡事故划分为三级。

①受伤害者能够在发生事故当天恢复工作的伤害事故。

②受伤害者丧失工作能力的时间少于或等于保险等待期的伤亡事故。

③受伤害者丧失工作能力的时间超过保险等待期的伤害事故。

3. 最优安全投资

确定最优安全投资的原则：（1）安全投资的效益最大；（2）安全投资与事故经济损失的总和最小。

4. 安全措施的技术经济分析方法

（1）费用—收益比法；（2）净现值法；（3）内部收益率法。

二、风险管理基础

（一）主要概念

1. 风险：是指引起损失产生的不确定。

2. 风险因素：是指足以引起增加风险事件发生的机会或影响损失严重程度的因素。风险因素一般分为实质性风险因素、道德风险因素和心理风险因素。

3. 实质性风险因素：指引起或增加损失发生机会或损失严重程度的实质性条件。

4. 道德风险因素：指由于个人不诚实或居心不良故意促使风险事件发生，增加风险发生的因素。

5. 心理风险因素：指由于不谨慎小心等行为导致增加风险事件发生的机会及损失的严

重程度。

6.风险事件：是指直接导致损失发生的偶发事件并能引起经济损失和人身伤亡。

7.损失：在风险管理中，是指非故意的、非计划性的和非预期的经济价值的减少。它包含两方面的要素：一是非故意的、非计划性的和非预期的；二是经济价值指可用货币单位衡量的。损失分为直接损失和间接损失。前者指实质的、直接的损失；后者包括额外费用损失、收入损失和责任损失三种。

8.风险管理：是指各经济单位通过识别风险、衡量风险、分析风险，并在此基础上有效控制风险，用最经济合理的方法来综合处置风险，以实现最大安全保障的科学管理方法。此定义包含三个要点：（1）指明风险管理的主体是经济单位即个人、家庭、企业或政府单位；（2）指明风险管理是通过风险的认识与衡量而以选择最佳的风险管理技术为中心；（3）指明风险管理的目标是达成最大的安全保障。

（二）内容要点

1.风险因素、风险事件和损失三者之间的联系

风险因素、风险事故和损失三者之间有密切联系，风险因素引发风险事故，风险事故导致损失，而损失的不确定性即为风险。

2.风险的分类

按损失产生的原因分为：自然风险、社会风险、经济风险、政治风险、技术风险。

按风险的性质分为：纯粹风险、投机风险。

按风险的特征分为：静态风险、动态风险。

按风险的潜在损失形态划分为：财产风险、人身风险、责任风险。

按承受能力分为：可接受的风险、不可接受的风险。

按是否可管理划分为：可管理之风险、不可管理之风险。

3.风险管理的分类

根据风险的种类，可分为：财产风险管理、人身风险管理、责任风险管理、利润风险管理等。

按照风险的成因，可分为：火灾风险管理、洪灾风险管理、地震风险管理、海损风险管理、社会风险管理、政治风险管理、经济风险管理等。

按风险的实施范围，可分为：企业风险管理、个人风险管理、国际风险管理，这是最普遍的一种分法。

从企业管理的角度，可分为：生产风险管理、销售风险管理、财务风险管理、技术风险管理、信用风险管理、人事风险管理等。

4.风险管理的程序

（1）风险的识别；（2）风险的衡量；（3）风险管理对策的选择；（4）执行与评估。

三、经济风险的管理

（一）主要概念

1.经济风险学：是从经济学角度研究经济风险的一门新学科。该学科以经济风险在社会经济中的运行规律，以及由此产生的各种经济关系为研究对象，通过研究，使人们能够充分认识和利用经济风险的客观作用，以促进社会经济的稳定发展。

2.经济风险：是指在商品的生产和流通过程中，由于各种事先无法预料的（即不确定的）因素的影响，使商品生产经营者的实际收益与预期收益发生背离，有蒙受经济损失或获得额外收益的机会或可能性。

3.效用：在决策理论中，是指决策者对期望收益和损失的独特兴趣、感受或取舍反应。它表示决策者对在风险情况下获得一定期望损益的态度和偏好，实质上是对带有风险的损益的一种新的价值衡量和判断。一般地，效用 u 取值于 0 ~ 1 之间，记作 $0 \leq u \leq 1$。

4.避免风险：是指由于考虑到风险损失的存在或可能发生，主动放弃或拒绝实施某项可能引起风险的方案。这一方法包括：拒绝承担风险，至不惜付出一些代价；放弃以前所承担的风险，来避免财产、人身或活动的损失。避免风险的多数情况都属于第一类。

5.损失控制：是指在损失发生前全面地消除损失发生的根源，并竭力减少致损事故发生的概率，在损失发生后减少损失的严重程度。

6.结合法：即将同类风险单位加以集中而有助于未来损失的预测，以降低风险的一种方法。

7.风险转移：指一些单位或个人有意识地将损失或与损失有关的财务后果转嫁给另一些单位或个人承担的方式。

8.自留风险：也叫自担风险或保留风险，是一种由企业或单位自行承担损失发生后财务后果的方式。

9.保险：就是以集中起来的保险费建立保险基金，用于补偿因自然灾害或意外事故所造成的经济损失，或对个人的死亡、伤残给付保险金的一种方法。

10.非保险转移：是指受补偿的人将风险所致损失的财务负担转移给补偿的人（其中保险人除外）之一种风险管理技术。

（二）内容要点：

1.风险识别的技术和工具

（1）核对表；（2）项目工作分解结构；（3）常识、经验和判断；（4）实验或试验结果；（5）敏感性分析；（6）事故树分析。

2.风险估计的方法

（1）确定型风险估计：盈亏平衡分析；敏感性分析；组合分析。

（2）非确定型风险估计和情报价值：不确定型风险估计（小中取大原则、大中取大原则、遗憾原则、最大数学期望原则）；情报的价值（完全情报的价值、不完全情报的价值）。

（3）随机型风险估计：最大可能原则；最大数学期望原则；最大效用数学期望原则；贝叶斯后验概率法。

3. 效用的性质

不相容性；传递性；相对性；等价性。

4. 期望效用值标准

任何具有一定概率和一定损益的随机事件，总可以找到一个具有一定损益值的确定事件与此等价。这个结论也可推广到具有任意多个可能结果的随机事件。即说，有几个可能结果，而每个可能结果具有出现概率的随机事件，其效用也可以等价于具有确定型当量的效用。即风险决策中评价和选择备择方案的标准可以以各备择方案的期望效用为依据，这个原则并不要求同一决策必须反复出现，因为它是建立在随机事件的效用可等价于确定型事件的假设之上，所以效用期望值标准可以应用于一次性风险型决策。

期望效用值决策标准一方面适用于一次性风险型决策，另一方面考虑了决策者对风险的态度对于决策的影响。而且便于多目标决策中各目标值的合并，从这个意义上讲，期望效用值是比较通用的决策标准。

5. 效用曲线的类型图

直线 A 表示决策的效用与决策损益的货币效果呈线性关系，对应于这种效用函数的决策者对决策风险抱中立态度，他或是认为决策的后果对大局无严重影响，或是因为该项决策可以重复进行从而获得平均意义上的成果，因此不必对决策的某项后果特别关注而谨慎从事。由于这类效用函数呈线性关系，因此效用期望值最大的方案也必是货币期望值最大的方案，这种类型决策者没有必要求出效用函数，而可以直接用货币的期望值作为评价与选择方案的标准；曲线 B 表示效用随着期望货币额的增多而递增，但递增速度越来越慢，这样的决策者对于亏损特别敏感，而大量的收益对他的吸引力却不是很大，所以这类决策者厌恶风险，而上凸越厉害，表示厌恶风险的程度越高。由于大多数人是厌恶风险的，所以这类效用函数有较大的通用性；曲线 C 表示效用随着货币损益额的增多而递增，而递增速度越来越快，曲线中间部分呈下凹形状，表示决策者专注于想获得大的收益而不十分关心亏损，是追求风险的；曲线 D 表示决策者在货币损益额不太大时，决策者具一定的冒险胆略，追求风险，但当损益额增大到一定数量时，他就转化为厌恶风险的决策者了，这种类型更符合实际。

6. 效用函数的测定方法

询问式；数学模型法。

7. 风险评价的目的

（1）对项目诸风险进行比较和评价，确定它们的先后顺序；（2）表面上看起来不相干的事件常常是由一个共同的风险来源所造成，风险评价就是要从项目整体出发，弄清各风险事件之间确切的因果关系，只有这样，才能制定出系统的风险管理计划；（3）考虑各种不同风险之间相互转化的条件，研究如何才能化威胁为机会，还要注意，原以为是机会的在什么条件下会转化成威胁；（4）进一步量化已识别风险的发生概率和后果，减少风险发生概率和后果估计中的不确定性，必要时根据项目形势的变化重新分析风险发生的概率和可能的后果。

8. 风险评价的步骤

（1）确定风险评价基准，即项目主体针对每一种风险后果确定的可接受水平。（2）确定项目整体风险水平，是综合了所有的个别风险之后确定的。（3）风险水平同评价基准比较。比较之后有三种可能：风险是可以接受的、不能接受的和不可行的。

9. 风险评价的方法

（1）定性风险评价方法（包括主观评分法和层次分析法）；（2）定量风险评价方法（包括等风险图法和决策树法）。

10. 层次分析法的步骤

（1）构造一个层次结构模型；（2）确定因素两两比较的标度；（3）写出判断矩阵；（4）计算判断矩阵的特征向量；（5）计算综合矩阵向量；（6）进行判断矩阵的一致性检验。

11. 风险管理的两个基本途径

一是风险管理者通过实施各种风险控制工具，力图在损失发生之前，消除各种隐患，减少损失产生的原因及实质性因素，连篇累牍产在损失发生之时，积极实施抢救与补救措施，将损失的严重后果减少到最低限度；二是当风险事件出现后，运用风险财务工具，对损失的严重后果及时实施经济补偿，促其迅速恢复，而免其遭受更大的损失。

12. 风险控制措施

主要包括：回避；损失控制；结合；某些种类的转移。

13. 风险财务工具

主要包括：财务型风险转移与自留风险，其中财务型风险转移又分为非保险的转移风险和保险的转移风险，保险的转移风险是财务型风险工具的核心。

14. 避免风险的适用

最适于采用避免风险手段有以下两种情况：第一，某特定风险造成的损失频率和损失幅度相当高。第二，应用其他的风险管理手段的成本超过其产生的效益。

在这两种情况下，应用其他风险管理手段都将形成净损失，而用风险避免的方法则使企业遭受损失的可能性为零。

15. 几种风险控制工具之间的区别

通过放弃而实现回避，与财产、人员，或活动向他人的转移不同。风险回避则是中断风险的来源。风险的回避无论是通过放弃，还是通过拒绝接受实现，都不同于损失控制方法。损失控制方法避免企业仍保留有风险的资产、人员或活动，企业则将以尽可能安全的方式从事经营活动。

16.企业如果用避免方法来处理风险，则应当考虑以下因素

第一，有些风险是无法避免的。事实上，避免所有风险的唯一途径是停止活动。第二，在经济活动中采用避免的手段也许是不适当的。意即对于某些风险即使可避免，但就经济效益而言也许不适当。第三，是否会由于避免某一风险而产生另一风险。回避风险的定义越狭隘，回避这种风险越容易产生另外的风险。

17.损失控制的分类

损失预防措施；减少损失措施；分离法。

损失预防措施：指在损失发生前消除或减少可能引起损失的各项因素，从而减少损失发生概率的具体措施。

损失预防措施包括纯预防性措施和保护性或半预防性措施。纯预防性措施旨在消除造成损失的原因。保护性或半预防性措施是指保护处在危险或可能伤害中的人或物。

减少损失措施：是损失发生后所采取的各种措施以减少损失的严重程度和不利后果。减少损失措施的实质在于尽可能地保护受损财产价值与受损人员的身体机能，从而减少损失的严重程度。

损失减少方案又可分为最小化方案和挽救方案，这两种方案都试图限制损失额。最小化方案旨在将损失控制在尽可能小的范围内，使损失控制后果减少至最低限度。挽救方案则旨在尽可能地保存受损财产及其价值或受害人的身体机能。两者区别在于，最小化方案在损失之前或损失发生时就起作用，而挽救方案在损失产生后发生作用。在企业风险管理中，减少损失的措施还应包括为应付实际的或严重的损失环境而制订的应急计划。应急计划包括若干挽救措施及企业发生损失后如何继续进行各业务活动的计划，旨在减轻财产损失和人员伤害。

分离法：这种风险控制对策是指企业面临的风险单位分离出许多独立小单位，而不是将它们集中于都可能遭受同样损失的同一地点，从而达到缩小损失幅度的目的。

18.实施损失控制的步骤

损失与风险因素的分析；选择损失控制工具；实施损失控制技术；检查与评估。

19.结合法与分离法的不同

分离指将风险单位分成若干个较小的价值少的独立单位，其主要目的在于限制任何一次损失发生中可能的最大损失的幅度。而结合法恰恰相反，它并非将风险单位予以分割，而是寻求更多的风险单位来预测未来的损失。所以结合法亦称合并法。合并法的一种途径是内部扩张；合并法还可以通过企业兼并或一个企业吞并另一个企业进行。

20. 转移风险的类别

其一是转移会引起风险及损失的活动，即将可能遭受损失的财产及有关活动转移出去。这种随所有权转移而实现的转嫁属于风险控制型转移。其二是保险转嫁，即将标的物面临的财务损失转嫁给保险人承担。其三是非保险转移，即除保险转移外，旨在转移财务后果的方式。后两种风险转移的形式同属于风险管理的财务工具，即将风险及损失的有关财务后果转嫁出去而不转移财产本身。

21. 转移与其他方式的比较

转移风险作为一种处置风险的方法，有别于避免风险、损失控制和保险。

转移风险是指将产生风险的有关活动转移出去时，它与避免风险密切相关，或者说，它是避免风险的一种特殊形式。对于风险转移者来说，将潜在的产生风险的种种活动转移出去，在事实上就能够避免由此活动带来的种种风险损失。因而也可以说这种风险转移是损失控制的组成部分。

当然，转移风险与避免风险也有区别。这种区别在于：避免风险旨在停止或放弃某些计划或活动，于是风险不会发生也不会存在。但转移风险之后，风险以及有关引起损失的活动仍然存在。只是转移给另一些人承担，对全社会而言，损失后果仍存在。

转移风险与损失控制的区别在于后者旨在采取积极防御与抢救措施，以减少损失出现的可能性和减少损失的后果。前者只将损失机会与损失后果转由其他人承担，只是绕开风险而行。

控制型风险转移与保险同是风险转移，但也有根本的区别。前者属于风险控制形式，其转移的是可能遭受损失的财务及有关活动；后者属于财务风险管理工具，其转嫁的只是风险损失的财务后果。

22. 控制型风险转移实现的途径

通过三种途径来实现：（1）担有风险的财产或活动可以转移给其他人或转移给其他群体；（2）风险本身，不是财产或活动，也可以转移；（3）风险的财务转移使受让人产生了损失风险，受让人撤销这种协议可以被视为风险控制转移的第三种情况，这种协议撤销后，企业对它原先同意的经济赔偿不再负有法律责任。

23. 财务型风险转移与控制转移型风险转移的区别

其区别在于：控制型风险转移是转移会引起风险及损失的活动，即将可能遭受损失的财产及有关活动转移出去，通过这种转移可以减少转移者的风险。而财务型风险转移是指转移风险及损失的有关财务后果而不转移财务本身，如通过一些合同的签订，谈判技巧的运用等把此种风险转移出去。

24. 非保险转移的形式

中和；免责约定；保证；公司化。

中和：是将损失机会与获利机会平衡的一种方法，是为投机风险的主要处理对策，由于纯粹风险并无获利机会，所以无法适用。"中和"利用在商业价格风险时，称之为"套购"。所谓套购，系透过买卖双方交易的进行互相约定以使可能的价格风险彼此抵销的一种程序。

免责约定：是指约定的一方将于契约下所产生对他人的体伤财损责任损失转移给另一方承担。其主要形态有：不动产租赁约定、工程契约、委托契约等。

保证：是指由保证人对被保证人因为行为的不忠实或不履行契约义务所致权利人的损失予以赔偿的契约。

25. 非保险转移的作用

一般表现为：企业可转移某些无法透过保险转移的潜在损失；此法的成本也许比投保便宜，节省企业的成本开支；将损失转移比直接予以控制也许较好，提高企业抗风险的能力。

26. 非保险的转移的方式及途径

作为一种转移损失后果的方式，非保险的转移主要是通过合同条款转移风险，通过变更、修正、承诺合同条款，可以将某些损失后果巧妙地转移给合同的另一方来承担，这也是转移风险的一种形式。

这些合同主要有：租赁合同；建筑工程合同；委托合同；产品供给和服务合同；保证合同；

27. 自留风险的类型

计划性的自留风险（包括以准备金的方式自留和以基金的方式自留）；非计划性的自留风险（由于疏忽或损失过小）

28. 运用自留风险的前提

（1）运用自留风险的前提条件：损失的最坏后果及财力限度；能够直接预测的损失额；无其他方式可供选择。

（2）内部自留风险的能力：将损失分摊入营业成本；应付意外损失基金。

第六节　石油化工企业安全生产应急管理

石油化工是我国国民经济的重要基础产业和支柱产业。随着国民经济和科学技术的发展，石油化工企业在我国国民经济建设中占据了越来越重要的地位，石油化工产品的应用已渗透到人们的生产生活的各个领域。但是，由于石油化工生产企业由于其特殊性，自身存在着众多危险源，在生产过程中具有高温高压或低温低压、易燃易爆的特点，甚至产生极大的火灾及爆炸危险，所以组织安全生产的难度较大。

本文就石油化工企业安全生产问题结合 HSE 管理体系做了比较系统全面的介绍，并且简单介绍了危险化学品的管理和应急管理体系。

现代石油石化生产技术的发展，一方面给人类带来了大量的财富和舒适的生活环境，另一方面由于火灾、爆炸、中毒等重大事故的频频发生，不仅给企业带来了高额的经济损失，也使石油石化产业长期处于高能耗、高污染、高破坏的境地。

一、石化安全生产面临形势与现状

随着我国石油和化工行业的迅速发展，面临的挑战和竞争是前所未有的，同时暴露出的问题也愈来愈多，特别是关于安全、健康、环境等方面的问题和潜在威胁日益突出。主要表现有以下几方面：

1. 超大型石化生产装置、储存装置的日益增多，重大危险源的数量不断增加；

2. 化学品经营、运输业的快速发展，形成了大量流动危险源；

3. 大量长输油、输气的管线建设，由于横跨不同地区，所处地理环境十分复杂，构成了新的危险因素；

4. 由于城市的快速发展和城市规划管理的薄弱，很多化工企业建在市区，或十年前处于城市郊区但现在已被城市包围，居民区、生产区混杂，特别是城市加油站、加气站均建于市区，并有相当数量建在人口密集区，潜在危险性增大。

安全生产形式十分严峻，加强安全管理的任务非常艰巨。近年来，随着我国石化工业的发展，安全管理部门积累并探索出大量组织安全生产的经验。

二、大力做好石油化工企业安全生产

石油化工安全生产规定：石油化工生产经营单位必须按照国家相关规定建立健全本企业的安全生产规章制度、操作规程、档案、事故应急预案和安全管理体系，定期进行安全生产检查；并且要对重大危险源、重大事故隐患，必须登记建档、评估，制定应急预案。对重大危险源，采取相应的防范、监控措施，对重大事故隐患，采取整改措施，并报安全生产监督管理部门备案。

石油化工企业实现安全生产首先要考虑的是人的安全意识教育，让安全教育深入人心。按照《安全生产法》国家局 20 号令《安全生产培训管理办法》国家总局 3 号令《生产经营单位安全培训规定》的要求，企业必须履行好安全生产和安全生产培训的责任和义务，做好安全教育，加强安全宣传教育活动，努力提高全员的安全意识，加强职工的操作技术培训，推行上岗资格取证制度，经常不断地开展反事故演练，练就职工过硬的安全操作技能和识别安全隐患的火眼金睛，增加安全生产的保障系数。

建立健全各项安全生产规章制度，积极推行 HSE（健康、安全、环境）体系管理。HSE 管理体系将健康、安全、环境融为一体，将企业追求最大利润的天性逐步变为保全生命质量、保护环境的持续利用与追逐利润并重，使企业的管理目标特别突出了人的健康、安全和环境保护。安全生产责任制是安全生产管理的中心，围绕工艺的每一个环节，抓好一岗一责制的落实，做到全员、全方位、全天候抓安全生产，逐步形成自我完善、自我约束的安全生产管理局面。

近年来，石化企业的安全教育可谓声势浩大，每年的第一份文件、第一个会议的内容都是安全生产，层层签订安全生产目标责任书、安全承诺书，交纳安全风险抵押金，表彰上年度安全生产先进等。适时开展安全生产周、安全生产宣传月活动，开展班组事故预想发布会、反事故演练活动等，营造出浓厚的安全生产氛围，职工的安全意识和安全技能得以提升。中石化一贯坚持安全生产是企业生命的思想，大力推行健康、安全、环境（HSE）管理体系，制定了《安全卫生科技"十五"发展纲要和2015年远景规划》

其次是设备的安全管理。

主要通过以下三点实现：一是建立关键装置、要害部位领导负责制度，对一些大型反应器、压缩机、燃烧炉等关键设备实施单位领导负责制，查找并及时整改事故隐患是石化企业安全生产的中心环节，领导带头深入现场，掌握设备的运行状况，与经济责任制挂钩；二是要建立常年事故隐患排查制度，发动职工针对生产控制的每一个环节查找隐患，大患大治，小患小治，绝不拖延，以看板的形式及时向有关人员说明隐患的名称、部位、治理期限等；三是加大用火、安装施工现场的安全管理力度。化工装置在停工检修、扩建或临时抢修状态下，必须加强动火条件的确认、审批、监护制度及作业人员的管理，明确职责，加强教育，对不符合作业条件的坚决制止。

第三是化工原料和化工产品的安全管理，尤其是危险化学品的管理。

对于化工原料产品也建立关键部位领导负责制度，做好安全流畅生产和销售经营。由于危险化学品所固有的易燃易爆、有毒有害的特性，使得安全问题尤其重要。目前，我国的石油化工安全形势比较严重，各类事故和职业危害频繁，已成为制约我国石油化学工业健康发展的重要问题。

我国危险化学品的管理总体思路是：实施危险化学品从生产、储存、运输到经营、废弃全过程的动态"户籍"式监控管理，尤其是剧毒品、爆炸品全程的监控管理，化学品运输车辆的监控，长输管道的监控管理。

当前，国家安全生产管理监督总局针对危险化学品已经采取系列措施：

1. 严格执行危险化学品安全许可制度，提高市场准入门槛。根据《危险化学品安全管理条例》《安全生产许可证条例》的规定，国家建立了企业设立和建设项目安全审查批准制度；包装物、容器专业生产企业定点审批制度；危化品生产企业安全生产许可制度；危险化学品经营许可制度；剧毒化学品购买和准购制度；危化品运输企业资质条件认定和通行管理制度等。

2. 加强对重点品种的监管，落实两个主体责任。要坚持"安全第一，预防为主，综合治理"的方针，加强对液氯、液化石油气、液氨、剧毒溶剂等重点品种的道路运输安全监控，重点打击超载，防范翻车泄漏事故。强化各级政府行政首长和企业法定代表人两个责任制，加强政府执法监管力度和部门履行职责能力，落实政府监管主体责任；危险化学品从业单位要严格规章制度，认真排查和整治隐患，建立健全以第一责任人为中枢的安全责任体系，横向到边，纵向到底，把安全责任分解落实到厂和车间，班组、岗位，落实到人头。

3. 开展安全标准化活动，杜绝"三违"现象。国家安全监管总局下发了《危险化学品从业单位安全标准化规范》（试行）和《危险化学品从业单位安全标准化考核机构管理办法（试行）》，开始在全国范围内的危险化学品从业单位实施安全标准化活动。该《安全标准化规范》共有 10 个 A 级要素、51 个 B 级要素。这些要素从系统管理的角度覆盖危险化学品从业单位安全各个方面，是提升安全的重要手段。应该说，考核机构对照每个要素给企业进行考评，能够分析得出企业目前的安全状况。通过安全标准化工作，可以杜绝违章指挥、违章操作、违反劳动纪律，将传统的事后处理，转变为事前预防，加强企业"双基"工作，推进本质安全型企业的建设进程。同时，政府部门根据考评结果，明确重点监管对象，把它作为发证后监管的重要内容，及时消除事故隐患，防范事故发生。

4. 依靠科技进步，加大隐患治理和技术改造。贯彻落实"科技兴安"战略，加大科技投入，研发、继承和推广石油化工安全工艺、新技术、新设备和新材料。利用现代化信息，不断提高对重大危险源的监管预警能力。

5. 开展联合执法，完善化学事故应急预案。在危化品安全监管上，形成由政府统一领导，有关部门共同参与的联合执法机制。特别是公安、交通、安全监管部门要加强道路、水路安全监管，建立区域化学品运输安全监控体系，联合严厉打击非法生产经营活动。各地、各企业要制定并完善事故应急预案，组织演练。对已发生的化学品事故，要按照"四不放过"原则，认真查清事故原因，采取教训，依法追究相关责任人的责任，采取有效防范措施，防止类似事故发生。

另外，加大安全生产技改投入，不断提升安全管理的技术含量，可以利用计算机编制安全生产监控软件，实施安全生产动态监控，形成现场管理与网络管理双管齐下的良好局面。

另外，要加强施工作业的安全检查，发现事故苗头坚决排除。

三、应急管理体系

（一）建立预防好措施使安全预警疏而不漏

预防措施是防止事故重复发生的一种有效手段，也是 HSE 管理的一个重要因素。HSE 管理目标是"通过对员工进行 HSE 宣传教育和培训，不断促进员工的 HSE 意识；最大限度地查出事故隐患，使事故发生率逐年减少，创造良好的工作环境，确保员工的健康与安全，安全生产实施'四杜绝、三不超、一稳定'；杜绝重大环境污染事故，尽可能减少环境污染，保护生态环境，把对环境的影响因素降低到最低程度"。企业 HSE 方针是"遵守所在国和地区有关健康、安全与环境保护的法律、法规；安全第一，预防为主；以人为本，保护健康；科学管理，持续发展"。

建立重大事故隐患预防控制体系是石化工业安全生产的必由之路，对降低事故发生、提高安全生产系数意义重大。

第一，要正确识别石化企业生产的危险源，按照相关标准对工艺生产控制过程中的诸危险要素进行分析、研究和评价，找出潜在的工艺缺陷、失误要素和预防重点，建立近期和长远的防治计划，进行动态监测，发现险情及时报警、及时整改。

第二，建立切实可行的事故隐患应急处理系统，围绕石化生产中的具体环节，按照HSE体系要求，有针对性地编制风险评估、预警、应急处理方案，有效地抑制突发事件，减少社会危害和企业经济损失。

第三，加大安全生产的监察力度。石化企业的安全主管领导和部门必须将隐患治理和安全监察始终列为企业的头等大事，坚持"安全第一、预防为主"的原则，认真实施企业安全管理监察体系，积极运用新工艺、新技术、新设备，不断提升石化企业安全生产的监控能力和水平。

1. 组好检查与监督工作

检查与监督是实施HSE管理的一种有效方法，也是检验HSE管理体系好坏的一种有效手段。企业制定完善的安全操作规程、设备保养制度、设备定期巡回检查制度、设备管理人挂牌制度、生产运行记录台账等，有效地保证了生产装置的安全高效运行。企业组织专业安全检查、季节检查与抽查等，能够有效地促进各项规章制度的全面实施。要严格按照HSE管理规范要求执行，确保了施工质量，按时完成治理达标工作。对重点生产装置、关键部位、油气站、库等都制定了应急安全防范措施，如防火安全应急措施，防硫化氢中毒安全防范措施，触电抢救应急计划，油、气运输安全应急计划，井控应急计划，油、气储罐泄漏与灭火应急计划等。

2. 风险评价和隐患治理

风险评价和隐患治理是抓好安全环保工作的一个重要环节，只有通过安全风险评估和隐患治理工作，才能控制事故源头，确保安全。如钻井一公司对新井位的确定，首先是对井下地质、周围环境、搬运、安装、钻井等过程进行风险评估，做到事前管理，心中有数。其次，在钻井作业过程中，进行安全检查，做到发现隐患和问题，及时进行整改

安全生产应急管理工作是安全生产工作的重要组成部分。《国民经济和社会发展第十一个五年规划纲要》把加强应急能力建设（包括安全生产应急救援体系建设）作为重要任务明确。去年，国务院下发了《关于全面加强应急管理工作的意见》，明确了包括安全生产应急管理在内的整个应急管理工作的指导思想、工作目标、主要任务和政策措施。

安全生产应急管理的指导思想是：坚持"安全发展"的指导原则和"安全第一、预防为主、综合治理"的方针，全面落实《国民经济和社会发展第十一个五年规划纲要》《国家突发公共事件总体应急预案》《安全生产"十一五"规划》和国家安全生产事故灾难有关应急预案，推动"一案三制"（预案、体制、机制和法制）及应急管理体系、队伍、装备建设，切实提高预防和处置安全生产事故灾难的能力，最大限度地减少人员伤亡和财产损失，促进全国安全生产形势进一步好转。

安全生产应急管理的目标是，在"十一五"期间，落实和完善安全生产应急预案，到2007年底形成覆盖各地区、各部门、各生产经营单位"横向到边、纵向到底"的预案体系；建立健全统一管理、分级负责、条块结合、属地为主的安全生产应急管理体制和国家、省（区、市）、市（地）三级安全生产应急救援指挥机构及区域、骨干、专业应急救援队伍体系；建立健全安全生产应急管理的法律法规和标准体系；依靠科技进步，建设安全生产应急信息系统和应急救援支撑保障体系；形成统一指挥、反应灵敏、协调有序、运转高效的安全生产应急管理机制和政府统一领导，部门协调配合，企业自主到位，社会共同参与的安全生产应急管理工作格局。

对于石油化工行业应急管理工作，国家安全监督管理局制定了四个预案，《危险化学品事故灾难应急预案》《陆上石油储运事故灾难预案》《陆上石油开采事故灾难预案》《海洋石油开采事故应急预案》。

安全是永恒的主题，实现安全发展，就要始终坚持以人为本，不断探索，共同促进石化行业健康、快速发展。

（二）事故处理

石油化工行业具有野外、高空、高温、高压、生产工艺复杂多变、生产装置大型化、作业过程连续化、生产原料及产品易燃易爆、有毒有害和易腐蚀等危险特点。在生产作业过程中，如稍有不慎，就有可能发生事故，造成人身伤害和财产损失，一些国内外的事故案例给了我们很好的安全警示。

化工安全事故处理基本形式有事故单位自救和社会救援

其基本任务是及时控制危险源，抢救受伤人员，这是重要任务；指导群众防护；做好现场清理，清除危害后果对事故外溢的有毒有害物质和可能对人和环境继续造成危害的物质；处理后要做好统计分析。

一般企业为紧急事故处理做好设备和设施，比如：应急电话、常用药品、急救药品、消毒用品等急救物品和眼科常备药物及器械等。

1. 大力宣贯 HSE 管理体系标准

《石油天然气工业健康、安全与环境管理体系》

《石油地震队健康、安全与环境管理规范》

《石油天然气钻井健康、安全与环境管理指南》

《中国石油化工集团公司安全、环境与健康（HSE）管理体系》

《油田企业安全、环境与健康（HSE）管理规范》

《炼油化工企业安全、环境与健康（HSE）管理规范》

《油田企业安全、环境与健康（HSE）管理规范》

《销售企业安全、环境与健康（HSE）管理规范》

《油田企业基层队 HSE 实施程序编制指南》等 14 个企业标准。

HSE 管理体系可简单概括为：

危害识别；风险评价；风险控制；持续改进。

2.建议

（1）加大宣贯 HSE 标准的力度，大力宣传实施 HSE 的重要性、必要性；

（2）强化全员 HSE 培训，不断提高全员安全技能与安全意识；

（3）要注重 HSE 的总结和评审工作，以利改进和提高；

（4）着重加强对基层队、站领导及业务骨干的 HSE 业务指导；

（5）实施 HSE 管理，要因地制宜，以点带面，夯实基础，然后逐步推进，整体实施。

随着 HSE 管理体系的不断推广实施，全员安全意识正逐渐提高，安全基础工作逐年得到加强，事故发生率明显下降，重特大事故得到有效遏制，取得了明显的经济效益和社会效益。

结　语

　　石油化工在生产过程工艺中其条件复杂多变，它的化工原料主要为来自石油炼制过程产生的各种石油馏分和炼厂气，以及油田气、天然气等，因此，它的原材料及产品多为易燃易爆、有毒有害物质，同时也采用高温高压、真空、深冷等生产工艺，对工艺条件及工艺参数要求比较苛刻，导致石油化工产业生产过程的不安全因素和危险程度大大超过其他行业，危险事故发生的概率也显著提高。因此，加强石油化工的风险研究与管控，以及落实相应的安全防范措施，就非常的重要了。因此需要建立立体的管理机构，落实安全责任，做到"人人有职责、事事讲安全"，使员工的安全意识由"要我安全"，向"我要安全"逐渐转变，并使安全意识和行为与个人业绩考核挂钩。加强和完善考核制度，规范员工劳动纪律，促进企业安全生产管理，建立劳动纪律的考核标准，实行奖惩制度，加强员工的自身规范，转变员工工作作风，提高整体的安全效率。加强安全教育培训，"培训不到位是最大的安全隐患"，员工从入厂到进行相应的工作岗位，一定要进行三级安全教育，即公司级、车间级和班组级，使员工能够清楚的认识的身边存在的各种危害，并掌握紧急应对的各种措施和保护方法。加强现场管理，加大巡检力度，现场管理是安全管理工作的中心环节。针对几大高位作业，要强化安全巡检制度，制定防范措施，演练应急预案，坚持定期组织安全检查，力争把事故隐患消灭在萌芽状态。落实各项安全防范措施和应急预案，增加安全生产事故演练的真实性，提高演练的效果，要求广大员工力戒麻痹大意思想，粗枝大叶作风，脚踏实地地严格按操作规程作业，以防止各类事故的发生。